青少年万有书系

优秀青少年课外知识速递系列

环境与自然

HUANJING YU ZIRAN

青少年万有书系编写组 编写

北方联合出版传媒（集团）股份有限公司
辽宁少年儿童出版社
沈阳

编委会名单（按姓氏笔画排序）

方　虹　冯子龙　朱艳菊　许科甲

佟　俐　郎玉成　钟　阳　谢竞远

谭颜葳　薄文才

图书在版编目（CIP）数据

环境与自然/青少年万有书系编写组编写.一沈阳：辽宁少年儿童出版社, 2014.1（2021.8 重印）

(青少年万有书系.优秀青少年课外知识速递系列)

ISBN 978－7－5315－6030－2

Ⅰ.①环… Ⅱ.①青… Ⅲ.①环境科学－青年读物 ②环境科学－少年读物③自然科学－青年读物④自然科学－少年读物 Ⅳ.①X-49 ②N49

中国版本图书馆CIP数据核字(2013)第003562号

出版发行：北方联合出版传媒（集团）股份有限公司
辽宁少年儿童出版社
出 版 人：胡运江
地　　址：沈阳市和平区十一纬路25号
邮　　编：110003
发行（销售）部电话：024－23284265
总编室电话：024－23284269
E－mail：lnse@mail.lnpgc.com.cn
http://www.lnse.com
承 印 厂：三河市嵩川印刷有限公司

责任编辑：朱艳菊　谭颜葳
责任校对：那一文
封面设计：红十月工作室
版式设计：揽胜视觉
责任印制：吕国刚

幅面尺寸：170mm×240mm
印　　张：12　　字数：330千字
出版时间：2014年1月第1版
印刷时间：2021年8月第3次印刷
标准书号：ISBN 978-7-5315-6030-2
定　　价：45.00元

版权所有　侵权必究

全案策划　唐码书业（北京）有限公司
WWW.TANGMARK.COM

图片提供　台湾故宫博物院　时代图片库 等
www.merck.com　www.netlibrary.com
digital.library.okstate.edu　www.lib.usf.edu　www.lib.ncsu.edu

版权声明

经多方努力，本书个别图片权利人至今无法取得联系。请相关权利人见书后及时与我们联系，以便按国家规定标准支付稿酬。

联系人：刘　颖　联系电话：010-82676767

ZONGXU 总序

青少年最大的特点是多梦和好奇。多梦，让他们心怀天下，志存高远；好奇，让他们思维敏捷，触觉锐利。而今我们却不无忧虑地看到，低俗文化在消解着青少年纯美的梦想，应试教育正磨钝着青少年敏锐的思维。守护青少年的梦想，就是守护我们的未来。葆有青少年的好奇，就是葆有我们的事业。

正是基于这一认识，我社策划编写了《青少年万有书系》丛书，试图在这方面做一些有益的尝试。在策划编写过程中，我们从青少年的特点出发，力求突出趣味性、知识性、神秘性、前沿性、故事性，以最大限度调动青少年读者的好奇心、探索性和想象力。

考虑到青少年读者的不同兴趣，我们将丛书分为"发现之旅系列"、"探索之旅系列"、"优秀青少年课外知识速递系列"、"历史地理系列"、"最应该知道的为什么系列"和"最惊奇系列"六大系列。

"发现之旅系列"包括《改变世界的发明与发现》《叹为观止的世界文明奇迹》《精彩绝伦的世界自然奇观》和《永无止境的科学探索》。读者可以通过阅读该系列内容探究世界的发明创造与奇迹奇观。比如神奇的纳米技术将如何改变世界？是否真的存在"时空隧道"？地球上那些瑰丽奇特的岩洞和峡谷是如何形成的？在该系列内容里，将会为读者一一解答。

"探索之旅系列"包括《揭秘恐龙世界》《走进动物王国》《打开奥秘之门》。它们将带你走进神奇的动物王国一探究竟。你将亲临恐龙世界，洞悉动物的奇趣习性，打开地球 生命的奥秘之门。

"优秀青少年课外知识速递系列"涵盖自然环境、科学科技、人类社会、文化艺术四个方面的内容。此系列较翔实地列举了关于这四大领域里的种种发现和疑问。通过阅读此系列内容，广大青少年一定会获悉关于自然以及人类历史发展留下的各种谜团的真相。

"历史地理系列"则着重于为青少年朋友描绘气势恢宏的世界历史和地理画卷。其中《世界历史》分金卷和银卷，以重大历史事件为脉络，并附近千幅珍贵图片为广大青少年读者还原历史真颜。《世界国家地理》和《中国国家地理》图文并茂地让读者领略各地风情。该系列内容包含重大人类历史发展进程的介绍和自然人文风貌的丰富呈现，绝对是青少年读者朋友不可错过的知识给养。

“最应该知道的为什么系列”很好地满足了广大青少年朋友的好奇心和求知欲。此系列分生物、科技、人文、环境四卷，很全面地回答了许多领域我们关心的问题。比如，生命从哪里来？电脑为何会感染病毒？为什么印度人发明的数字会被称作阿拉伯数字？厄尔尼诺现象具体指什么？等等，诸多贴近我们生活的有意义的话题。

“最惊奇系列”则为广大青少年读者朋友介绍了许多世界之最和中国、世界之谜。在这里你会知晓世界上哪种动物最长寿，宇宙是如何起源的，中国人的祖先来自哪里，传说中的所罗门宝藏又在哪里等一系列神秘话题。这些你都可以通过阅读《青少年万有书系》之“最惊奇系列”找到答案。

现代社会学认为，未来社会需要的是更具有想象力、创造力的人才。作为编者，我们衷心希望这套精心策划、用心编写的丛书能对青少年起到这样的作用。这套丛书的定位是青少年读者，但这并不是说它们仅属于青少年读者。我们也希望它成为青少年的父母以及其他读者群共同的读物，父女同读，母子共赏，收获知识，收获思想，收获情趣，也收获亲情和温馨。

谁的青春不迷茫？愿《青少年万有书系》能够为青少年在青春成长的路上指点迷津，带去智慧的火花，带来知识的宝藏。

Contents

目录>>

HUANJING YU ZIRAN

PART 1

宇宙篇 1

第二个食肉动物
第一个食肉动物
食草动物
植物

Part 1
宇宙篇

广阔无垠的宇宙

宇宙有多大

“宇宙”一词最早由我国著名哲学家墨子提出。他用“宇”来指东、西、南、北四面八方的空间，用“宙”来指古往今来的时间，合在一起便指天地万物。

从最新的资料看，地球与人们已观测到的距我们最远的星系之间有130亿光年的距离。说得再明确一些，我们今天所知道的宇宙范围，是一个以地球为中心，以130亿光年为半径的球形空间。在这个球形空间里有数以亿计的天体，这些天体巧妙而有规律地相互组合。多个天体构成星系，多个星系再构成星系团。宇宙中最少有10万个大大小小的星系团。宇宙空间是十分广阔的，单是我们地球所在的银河系，跨度就有10万光年。那么，宇宙究竟有多大呢？这还有待于科学家们继续探索。

星系：宇宙中的岛屿

星系是宇宙中数量庞大的星星的“岛屿”，它也是宇宙中最大天体系统之一。到目前为止，人们已观测到了约1250亿个星系。它们有的离我们较近，可以通过科学仪器清楚地观测到它们的结构；有的离我们非常遥远，目前所知最远的星系离地球有130亿光年。

每一个星系都有自己独特的外貌。在多种星系分类系统中，美国天文学家哈勃提出的分类系统是应用得最广泛的一种。哈勃根据星系的形态把它们分成三大类：椭圆星系、旋涡星系和不规则星系。宇宙中的大部分星系都是旋涡星系，其次是椭圆星系，不规则星系占的比例最小。

【百科链接】

天体：

以各种形式存在于宇宙空间的物质。

浩瀚的宇宙

天文学中的“宇宙”，是指人类目前所能观测到的最大的天体系统。浩瀚的宇宙中有很多五颜六色、千姿百态的天体。

宇宙中约有10亿个星系的中心有一个超大质量的黑洞，这类星系被称为“活跃星系”，类星体就属于这类星系。此外还有一类“矮星系”，其数量比所有其他类型星系之和都多，银河系附近就有许多矮星系。星系的形状一般在其诞生之时就已经确定了，此后一直相对稳定，除非发生星系碰撞或邻近星系的引力干扰，否则它们一般不会轻易变形。

星系

宇宙中的星系离我们有远有近，目前为止，已知的最远的星系离我们有130亿光年；还有的离我们非常近，近到我们可以通过科学仪器清楚地观测到它们的结构。

旋涡星系：巨大的旋臂

旋涡星系的外形呈旋涡结构，有明显的核心，核心呈透镜形，核心球外是一个薄薄的圆盘，有几条旋臂。在旋涡星系中，有的核心不是球形，而是棒状，旋臂从棒的两端生出，称为棒旋星系。

旋涡星系都有几条美丽动人的长臂——旋臂。然而，旋臂的存在却令人费解，一般说来，在引力作用下，星系应该是一个扁圆盘，不可能形成旋涡结构。即使暂时出现旋臂，在星系自转过程中，由于靠里面的恒星转得快，外边的转得慢，星系形成不久旋臂就会缠紧。可是从银河系诞生到现在，却没有发现旋臂逐渐缠紧的观象。这究竟是怎么回事呢？

密度波理论能较好地回答这个问题。密度波是一种形象的比喻。假设有一段马路正在翻修，路面上只留了一条窄小的通道，那么这个地方就会显得非常拥挤，尽管汽车还是一辆辆地过去了，但如果从天空中鸟瞰，就会觉得这里一天到晚挤满了车辆。在星系中，旋臂就好像翻修路段的窄小通道，由于这个地方恒星比较多，引力强，所以不仅吸引了大量的气体尘埃，而且当恒星通过这里时，都减慢了速度，使这里显得拥挤，远远看去，就呈现出旋臂状的结构。

旋涡星系

这是大熊星座里美丽的大旋涡星系M81。它是地球上能看到的最明亮的星系之一。

巨大的椭圆星系

椭圆星系是河外星系的一种，呈圆球形或椭圆球形。中心区最亮，边缘较暗，离地球相对较近的椭圆星系，用大型望远镜可以分辨出其外围的恒星。

椭圆星系

同一类型的河外星系，质量差别很大，有巨型和矮型之分，其中以椭圆星系的质量差别最大。椭圆星系根据哈勃的分类，分为E0、E1、E2、E3……E7共八个次型，E0型是圆星系，E7型是最扁的椭圆星系。

有一种星系形成理论认为，椭圆星系是由两个旋涡扁平星系相互碰撞、混合、吞噬而成的。旋涡扁平星系盘内的恒星的年龄都比较小，而椭圆星系内恒星的年龄都比较老，即先形成旋涡扁平星系，两个旋涡扁平星系相遇、混合后再形成椭圆星系。加拿大天文学家考门迪在观测中发现，某些比一般椭圆星系质量大得多的巨型椭圆星系的中心部分，其亮度分布异常，仿佛在中心部分另有一个小核。他认为这是由于一个质量特别小的椭圆星系被巨型椭圆星系吞噬的结果。但是，星系在宇宙中分布的密度毕竟是非常低的，它们相互碰撞的几率极小，要通过观测发现两个星系恰好处在碰撞和吞噬阶段是非常困难的，所以，这种理论还有待人们去深入探索。

【百科链接】

密度：

单位体积内某种物质的质量，叫做这种物质的密度。

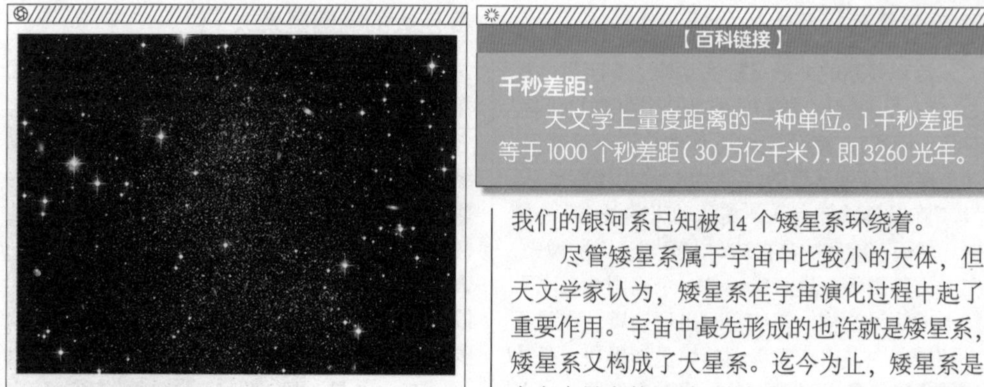

人马座不规则矮星系

人马座不规则矮星系是一个位于人马座的矮星系，距地球约1500光年。

■ 年轻的不规则星系

不规则星系的外形不规则，没有明显的核和旋臂，没有盘状对称结构。在所有星系中，不规则星系只占5%。

按星系分类法，不规则星系分为Irr I型和Irr II型两类。Irr I型除具有上述一般特征外，有的还有隐约可见不甚规则的棒状结构，它们是矮星系，质量为太阳的1亿到100亿倍不等。Irr II型没有固定的外貌，分辨不出恒星和星团等组成成分，而且往往有明显的尘埃带。一部分Irr II型不规则星系可能是正在爆发或爆发后的星系，另一部分则是受伴星系的引力干扰而扭曲了的星系。

■ 数目众多的矮星系

在浩瀚宇宙中，最常见的不是旋涡星系、椭圆星系或者不规则星系，而是矮星系。

矮星系是一种比较小的星系，通常由数十亿颗恒星组成，远远小于银河系拥有的2000亿至4000亿颗恒星。从形态上说，有的矮星系属于椭圆星系，有的则属于不规则星系。

矮星系是光度最弱的一类星系，但它们的数量比其他所有类型星系之和都要多。矮星系大多环绕着大星系，如银河系、仙女座星系运转。我们的银河系已知被14个矮星系环绕着。

【百科链接】

千秒差距：

天文学上量度距离的一种单位。1千秒差距等于1000个秒差距（30万亿千米），即3260光年。

尽管矮星系属于宇宙中比较小的天体，但天文学家认为，矮星系在宇宙演化过程中起了重要作用。宇宙中最先形成的也许就是矮星系，矮星系又构成了大星系。迄今为止，矮星系是宇宙中最多的星系，它们组成了最基本的宇宙。

■ 美丽的银河系：我们的家

银河系是一个透镜形的系统，直径约为25千秒差距，厚为1000至2000秒差距。它的主体称为银盘，高光度星、银河星团和银河星云组成旋涡结构叠加在银盘上。银河系中心为一大质量核球。银河系被直径约30千秒差距的银晕笼罩。银晕中最亮的成员是球状星团。

银河系中恒星的质量约占90%，气体和尘埃组成的星际物质的质量约占10%。银河系整体在自转，太阳在银道面以北约8秒差距处，以每秒250千米的速度绕银心运转，2.5亿年转一周。银河系是一个旋涡星系，为该星系团中除仙女座星系外最大的巨星系。

美丽的银河

银河系侧看像一个中心略鼓的大圆盘或大铁饼，鼓起处为银心，是恒星密集区，远远望去白茫茫的一片。银河系这个“大铁饼”其实也在不停的自转中。太阳的自转速度约250千米/秒，太阳绕银心运转一周约2.5亿年。

星团：恒星的集团

星团是由于物理上的原因聚集在一起并受引力作用束缚的一群恒星。星团按形态和恒星的数量分为两类：疏散星团和球状星团。

疏散星团形态不规则，包含几十至两三千颗恒星不等。恒星分布得较为松散，少数疏散星团用肉眼就可以看见。在银河系中，已发现的疏散星团有1000多个，它们高度集中在银道面的两侧，大多数离太阳的距离在1万光年以内。据推测，银河系中疏散星团的总数有10万个左右。疏散星团的直径大多数在3至30多光年范围内。有些疏散星团很年轻，与星云在一起（例如昴星团），有的甚至还在形成恒星的过程中。

球状星团呈球形或扁球形，它们是紧密的恒星集团。这类星团一般包含1万到1000万颗恒星，成员星的平均质量比太阳略小。在银河系中已发现的球状星团有150多个，它们在空间上的分布颇为奇特，有1/3就在人马座附近。球状星团向银河系中心集中，它们离银河系中心的距离大多在6万光年以内，只有极少数分布在更远的地方。球状星团的亮度高，在很远的地方也能看到，而且其中没有年轻恒星，成员星的年龄一般都在100亿年以上。

球状星团

球状星团由1万到1000万颗恒星组成，外貌呈球形，越往中心恒星越密集。

【百科链接】

银道面：

银道所在的主平面。天球上沿着银河画出的一个大圆称为银道。

星云：星际间的云雾

恒星之间广阔无垠的空间也许是寂静的，但绝不是“真空”，而是存在着各种各样的物质。这些物质包括星际气体、尘埃和粒子流等“星际物质”。

星际气体主要由氢和氦两种元素构成，这跟恒星的成分是一样的。星际尘埃是一些很小的固态物质，包括碳合物、氧化物等。

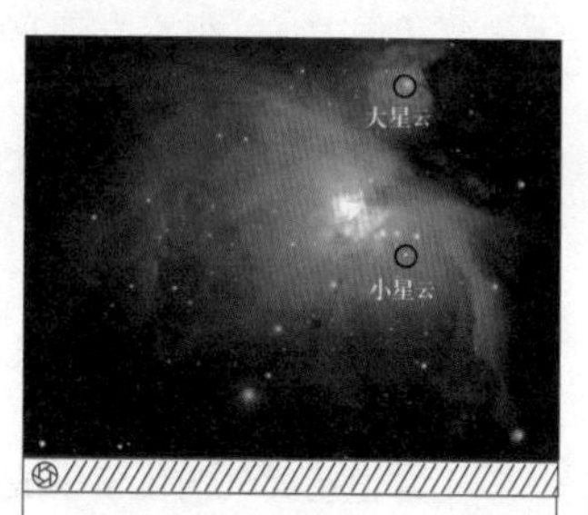

猎户座星云

图为猎户座中的星云状物质。中下方是M78小星云，上方是猎户座大星云。猎户座大星云肉眼可见，是辨认猎户座的指标之一。

星际物质在宇宙空间的分布并不均匀。在引力作用下，某些地方的气体和尘埃可能相互吸引而密集起来，形成云雾状，人们形象地把它们叫做星云。按照形态，银河系中的星云可以分为弥漫星云、行星星云等。

弥漫星云没有明显的边界，形状也不规则。它们的直径在几十光年左右，平均密度为每立方厘米10至100个原子。它们主要分布在银道面附近。

行星星云的中心是空的，它是由一颗很亮的恒星不断向外抛射物质而形成的。可见，行星星云是恒星演化的结果。比较著名的行星星云有宝瓶座耳轮状星云和天琴座环状星云。

天空中的星星

恒星：太空的长明灯

恒星是由炽热气体组成的能自己发光的球状或类球状天体。银河系中的恒星大约有2000亿至4000亿颗。恒星并非不动，只是因为离我们太远，很难发现它们在天上的位置变化。

从红巨星（左）到白矮星（右）

红巨星一旦形成，就朝恒星的下一阶段——白矮星进发。当外部区域迅速膨胀时，氦核受反作用力却强烈向内收缩，被压缩的物质不断变热，最终内核温度将超过1亿摄氏度，产生氦聚变。最后的结局是将在中心形成一颗白矮星。

恒星的体积极为庞大，太阳这颗恒星就比地球的体积大130多万倍。但在宇宙中，太阳只是一颗普通的恒星，比太阳大几十倍、几百倍的恒星有很多。

正常恒星大气的化学组成与太阳大气差不多。按质量计算，氢最多，氦次之。在演化过程中，恒星大气中的化学组成一般变化较小。

恒星也有自己的生命史，它们从诞生、成长到衰老，最终走向死亡。实际上，构成行星和生命物质的重原子就是在某些恒星生命结束时发生的爆发过程中创造出来的。

恒星的亮度常用星等来表示，恒星越亮，星等越小。在地球上测出的星等叫视星等；离地球10秒差距处的星等叫绝对星等。

红巨星：恒星的晚年

在巨星阶段，恒星的体积将膨胀10亿倍之多。在这颗恒星迅速膨胀的同时，它的外表面离中心越来越远，所以温度将随之而降低，发出的光也就越来越偏红。虽然温度降低了一些，可巨星的体积是如此之大，它的亮度也变得很大，极为明亮，故此称之为“红巨星”。肉眼看到的最亮的星中，许多都是红巨星。

恒星之所以能够发光，是因为其内部的热核聚变而熊熊燃烧着。处于主序期阶段的恒星，核聚变主要在中心部位发生。氢在燃烧过程中消耗极快，中心形成氦核并且不断增大，随着时间的推移，氦核周围的氢越来越少，产生的能量已经不足以维持其辐射，于是平衡被打破，引力占了上风。有着氦核和氢外壳的恒星在引力作用下收缩，其密度、压强和温度也逐渐升高。氢的燃烧向氦核周围的一个壳层推进。

总之，恒星演化的过程是：内核收缩、外壳膨胀——燃烧壳层内部的氦核向内收缩并变热，而其外壳则向外膨胀并不断变冷，表面温度大大降低。这个演化过程持续数十万年，这颗恒星在迅速膨胀中也就变为了红巨星。

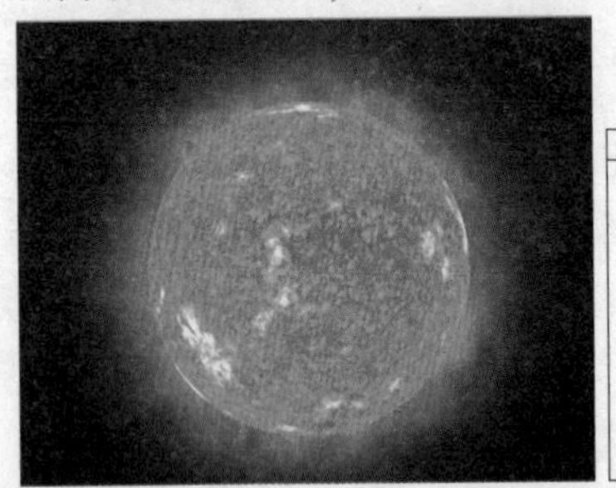

太阳

太阳是银河系中一颗普通的恒星，目前已经度过了主序期（恒定的稳定期称为主序期）的一半左右。

【百科链接】

核聚变：

原子在一定条件下发生核间聚合作用，生成新原子核并释放巨大能量的一种核反应形式。

昙花一现的超新星

超新星是对多种恒星爆炸的总称。恒星爆炸过程中会释放出大量等离子体，并且持续数周至数年时间，以致天球上好像突然出现了一颗“新”星。这种大爆炸令周围的空间充满了氢、氦及其他元素，这些尘埃和气体最终会组成星云。爆炸所产生的冲击波也会压缩附近的星云，一个著名的例子是蟹状星云的形成。

超新星

据说超新星在几天内倾泻的能量，就相当于一颗恒星在几亿年里所辐射出的那样多，以致它看上去明亮异常。

超新星爆发会令它周围的星际物质充满金属（天文学家认为，金属就是比氦重的所有元素）。所以每一代恒星（及行星系）的组成成分都有所不同，由纯氢、氦组成到金属的组成，不同元素的比重对于一颗恒星的生命，以至围绕它的行星的存在都有很大的影响。

超新星的名字是由国际天文联合会根据发现的年份再加上1至2个拉丁字母组成。一年里第一颗被发现的超新星就是A，第二颗就是B，依此类推，第二十六颗以后的则是aa、ab、ac等。如超新星1987A就是在1987年发现的第一颗超新星。

忽明忽暗的变星

变星是指由于内在的物理原因或外界的几何原因而发生亮度变化的恒星。

变星按其光变原因，可以分成内因变星和外因变星。前者的光变是亮度的真实变化，光谱和半径也在变，又称物理变星；而后者的光度、光谱和半径不变，它们是双星，光变的原因是由于轨道运动中子星的相互掩食（称为食双星或食变星）或椭球效应，所以外因变星又称为几何变星或光学变星。内因变星占变星总数的80%，又可分为脉动和爆发两大类。脉动变星又占内因变星的90%，光变是由星体脉动引起的；爆发变星的光变是由一次或多次周期性爆发引起的。脉动变星和爆发变星又可以分成若干次型。变星的分类法随着人们认识的不断深化而逐渐改变，近年来，科学家们发现，许多的双星不仅是几何变星，也是物理变星。

变星种类繁多，涉及恒星演化的各个阶段。变星的研究必然促进恒星理论的发展，对银河系结构和动力学的研究也有重要意义。

【百科链接】

光谱：

复色光经过色散系统（如棱镜、光栅）分光后，按波长（或频率）的大小依次排列的图案。

麒麟座变星 V838

2002年1月，麒麟座的这颗恒星突然变亮了上万倍，光芒一时压倒了银河系里所有恒星，比太阳还亮60万倍。而它的变光机制现在还没有得到很好的解释。

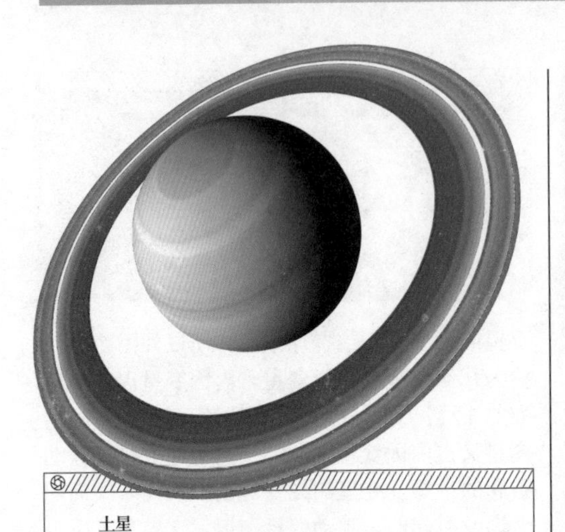

土星

土星是太阳系第二大行星，其公转周期约为29.5年，我国古代有二十八宿，土星几乎每年都在一个宿中，有镇住或填满该宿的意味，所以又称为镇星或填星。土星与木星十分相像，表面也是液态氢和氦的海洋，上方同样覆盖着厚厚的云层。

行星：恒星的追随者

行星，又称惑星，是自身不发光的环绕着恒星运动的天体。一般来说，行星需要具有一定的质量，而且质量要足够大，质量不够的被称为小行星。历史上，行星的名字来自于它们的位置在天空中不固定，就好像在行走一般。太阳系内肉眼可见的五颗行星——水星、金星、火星、木星和土星早在史前时期就已经被人类发现了。后来人类了解到，地球本身也是一颗行星。望远镜发明后，人类又发现了天王星和海王星。20世纪末，人类在外星系统中也发现了行星，现在已有近百颗太阳系外的行星被确定。

我们平常所说的行星是沿椭圆轨道环绕太阳运行的、近似地球的天体。按距离太阳的远近，有水星、金星、地球、火星、木星、土星、天王星、海王星八大行星。由于行星本身不发光且有一定的视圆面，所以不像恒星那样有星光闪烁的现象。行星环绕太阳公转时，天空中相对位置在短期内有明显的变化，它们在群星中时现时隐、时进时退，所以“行星”在希腊语中为“流浪者”的意思。

【百科链接】

小行星：

太阳系内类似行星环绕太阳运动，但体积和质量比行星小得多的天体，大多数集中在火星与木星轨道之间的小行星带里。

卫星：行星的卫士

卫星也按固定轨道不停地运行，只是与行星绕恒星公转不同，卫星始终围绕某个大行星旋转，即是某个行星的卫星。比如月亮围绕地球旋转，月亮就是地球的卫星。太阳系中不少行星有自己的卫星，有的还不止一颗，例如，土星的卫星仅观测到的就有23颗之多。据天文学家统计，太阳系中较大的卫星约有50颗，其中有些是肉眼看不到的。

有些卫星的运行轨道与行星相似，有共面性、同向性，称为规则卫星；不具有这些性质的卫星，称为不规则卫星。有的卫星与行星绕太阳运行的方向一致，称为顺行；有的相反，称为逆行。卫星的起源至今仍无定论。

随着现代科技的不断发展，人类研制出了各种人造卫星，它们和天然卫星一样，也绕着行星（大部分是绕地球，少数绕金星、火星等）运转。人造卫星不仅能用于科学研究，而且在通信、天气预报、地球资源探测和军事侦察等方面已成为一种不可或缺的工具。

木星和它的卫星们

已知木星有16颗卫星，它们都围绕着木星公转，图中为木星与木卫一和木卫二。

彗星：拖曳的长裙

彗星，我国民间形象地称其为“扫帚星”。

彗星的密度很小，只是一团稀薄的气体，但它的体积非常庞大，大于太阳系里任何一个星体，最长可达 3.5 亿千米。

完整的彗星分为彗核、彗发和彗尾三个部分。彗核由比较密集的固体物质组成，彗核周围云雾状的光辉就是彗发，彗核与彗发又合称为彗头，后面长长的尾巴叫彗尾。彗尾是彗星在靠近太阳时在太阳光的压力下形成的，所以常背着太阳延伸出去。

彗星大都有自己的轨道，不停地围着太阳沿着扁长的椭圆轨道运行，每隔一定时期就会运行到离太阳和地球比较接近的地方，这时在地球上就可以看到。不过，不同彗星绕太阳旋转的周期不相同，最短的恩克彗星每 3.3 年接近地球一次，自 1786 年发现以来已经出现过 50 多次; 有的彗星的椭圆形轨道非常扁，周期极长，可能几万年才接近地球一次。

彗星密度低，它的“生命”不如其他星体那样久远。它每接近太阳一次就会有一定的损耗，日子一长，就会逐渐崩裂，成为流星群和宇宙尘埃，散布在广阔的宇宙空间里。

流星：从天而降

晴朗的夜晚，在闪烁的繁星中间常常划过一道白光，我国民间称之为“贼星”，天文学上把它叫做流星。

流星雨

成群的流星汇集在一起，就形成了流星雨。流星雨看起来像是流星从夜空中的一点迸发并坠落下来的。这一点或这一小块天区叫做流星雨的辐射点。通常以流星雨辐射点所在天区的星座给流星雨命名，以区别来自不同方向的流星雨。例如，每年 11 月 17 日前后出现的流星雨辐射点在狮子座区域中，就被命名为狮子座流星雨。

太阳系内，除了太阳、八大行星及其卫星、小行星、彗星外，还存在着大量的尘埃微粒和微小的固体块，它们也绕太阳运动。它们在经过地球附近时会受地球引力的作用而改变轨道，从而闯入地球大气圈，同大气摩擦燃烧产生光迹，这种现象就叫做流星现象。它一般发生在距地面 80 至 120 千米的高空中。一般的流星体密度都极低，约是水密度的 1/20。每天都约有数十亿，甚至上百亿流星体进入地球大气，它们的总质量可达 20 吨。流星有单个流星、火流星、流星雨三种。

火流星看上去非常明亮，像条闪闪发光的巨大火龙，发着“沙沙”的响声，有时还有爆炸声。火流星的出现是因为它的质量较大，进入地球大气后来不及在高空燃尽而继续闯入稠密的低层大气，以极高的速度和地球大气剧烈摩擦，产生耀眼的光亮。

流星

小天体靠近地球时，和大气层的摩擦越来越激烈，最终会燃烧起来产生光和热而成为流星。

【百科链接】

宇宙尘埃：

飘浮于宇宙间的岩石颗粒与金属颗粒。

星空与星座

群星拱卫的北极星

北极星

北极星位于小熊星座，距地球约400光年，是夜空能看到的亮度和位置较稳定的恒星。由于北极星最靠近正北的方位，千百年来地球上的人们靠它的星光来导航。

北极星是天空北部的一颗亮星，距地球北极很近，差不多正对着地轴。由于地轴的运动，北天极在天空中的位置总是不断地变动，因此，北极星也随之不断地移位。地球的赤道部分比两极凸起，太阳、月亮对地球赤道凸起部分的引力作用，使地轴向黄道面方向倾斜，造成北天极在天空位置发生变动，北极星便随之移位，因为地轴所指方向不会变，所以，我们不论从什么位置，也不论在什么时候，北极星的位置总是在北方。

北极星位于地球北极指向的天空。正是因为它所处的位置重要，所以才大名鼎鼎。其实，按亮度，它只是一颗普通的二等星，属于小字辈。

在中国传统文化中，北极星有着非比寻常的意义。它由于看起来在天空中固定不动，被众星拱卫，故被视为群星之主。但事实上，北极星并不是固定不变的。现在的北极星是小熊座 α 星，距离我们有400光年，到31世纪后，少卫增八（仙王座 γ 星）将会成为北极星。14000年后，天琴座 α 星（织女星）将成为北极星。

【百科链接】

地轴：

地球自转的假想轴，与地球轨道面的夹角为66度34分，始终正对着北极星。

勺柄指北的北斗星

在晴朗的夜晚，我们在北方天空很容易发现7颗构成勺子图形的星星，这就是我们常说的北斗星。1928年，国际天文学联合会把它们定名为大熊，符号为OMa。

北斗七星的中国名称是天枢、天璇、天玑、天权、玉衡、天阳和摇光，它们的符号分别是 α、β、γ、δ、ε、ζ、η。前4颗连接起来的几何形状像个斗勺，所以称它们为斗魁；后3颗像是斗勺的柄，所以又称斗柄。北斗七星中，玉衡最亮，近乎一等星；天权最暗，是一颗三等星；其他5颗星都是二等星。在天阳附近，有一颗很小的伴星，叫辅。北斗七星中的天璇和天枢两星，有特别的效用：从天璇过天枢向外画一条直线，延长约5倍，就是与北斗遥相辉映的北极星。地动星旋，东升西落，而北极星居其中，近乎不动。

北斗七星

北斗七星属大熊星座的一部分，呈柄勺状，在天空中非常明显。季节不同，北斗七星在天空中的位置也不尽相同。因此，我国古代人民就根据它的位置变化来确定季节："斗柄东指，天下皆春；斗柄南指，天下皆夏；斗柄西指，天下皆秋；斗柄北指，天下皆冬。"

人类的祖先根据北极星和北斗七星的斗柄"春指东、夏指南、秋指西、冬指北"的运转规律，来确定方向。北斗星成了漂泊在茫茫大海上的船员和陷入荒漠的迷路人的指北针。

天狼星：冬季夜空最亮的恒星

天狼星位于大犬星座之中。它的质量是太阳的 2.3 倍，半径是太阳的 1.8 倍，光度是太阳的 24 倍。天狼星为什么如此之亮呢？主要是它距离我们比较近，只有 8.65 光年。

天狼星是炽热的恒星，但是，也许是历史文化的原因，也许是个人心情的原因，苍白并带有蓝色光亮的天狼星却无法让人心情愉悦，也许正是因为这种独特的个性，它吸引了无数孤寂的心。

天狼星实际上是一对相互绕转的双星，不过这要用较大的望远镜才可分辨出来。直到 1862 年，美国天文学家克拉克才发现了天狼星的伴星，它是一颗白矮星。

天狼星

天狼星是大犬座中的一颗双星，其中的亮子星是一颗比太阳亮 23 倍的蓝白星，表面温度高达 10000 摄氏度。

牛郎与织女：隔河相望的情侣

河鼓二即天鹰 α 星，俗称“牛郎星”。它呈银白色，距地球 16.7 光年，直径为太阳直径的 1.6 倍，表面温度在 7000 摄氏度左右，与“织女星”隔银河相望。

织女星位于天琴座中，位于银河西岸，与河东的牛郎星隔河相望。它离地球 26.4 光年，直径为太阳的 3.2 倍，体积约为太阳的 33 倍，表面温度为 8000 摄氏度左右，发光本领比太阳大 8 倍。由于地轴运动，公元 14000 年时，织女星将是北极星。

在织女星旁，有一个由 4 颗暗星组成的小菱形，传说这是织女的梭子，她一边织布，一边深情地望着银河对面的丈夫（牛郎）和两个儿子（河鼓一和河鼓三），热切期待着鹊桥相会的那一天。古代传说牛郎织女每年七月初七在鹊桥相会。实际上，牛郎织女相距 14 光年，即使乘现代最快的火箭，几百年后也不会相会。

88 个星座：88 个传说

为了便于认识星空，人们把星空分成许多区域，这些区域称为星座，每个星座可由其中亮星的特殊分布而辨认出来。我国古代将星空分为三垣和二十八宿。1928 年，国际天文联合会正式公布 88 个通用的星座名称，其中北天 28 个、黄道 12 个、南天 48 个。

这些星座中，大部分都是以古希腊神话中的人物和动物命名的，也有根据天文学或其仪器命名的。

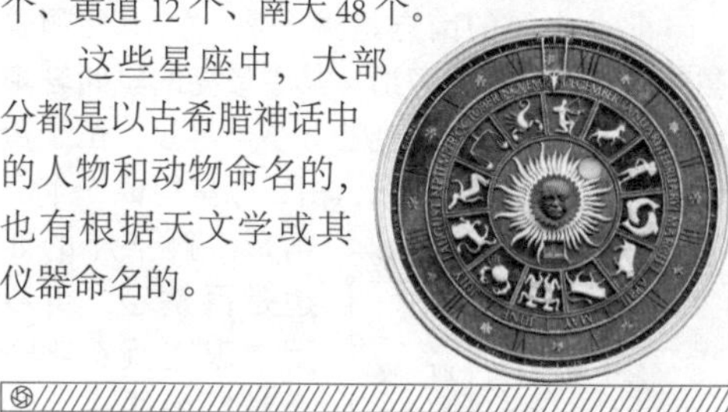

黄道十二星座

“星座”一词起源于四大文明古国之一的古巴比伦，古代巴比伦人将天空分为许多区域，称为“星座”。古希腊天文学家对古巴比伦的星座进行了补充和发展，编制出了古希腊星座表。2 世纪，古希腊天文学家托勒密综合了当时的天文成就，编制了 48 个星座，并用假想的线条将星座内的主要亮星连起来，把它们想象成动物或人物的形象，结合神话故事给它们起了适当的名字。此后，人们对星座的探究不断深入，直到 1928 年，国际天文联合会正式公布了 88 个星座的名称。

【百科链接】

主星、伴星：

双星中较亮的一颗称为主星，较暗的一颗叫做伴星。

织女星

织女星是天琴座中的一颗亮星，学名叫天琴座α。它是夏夜星空中最著名的亮星之一。

春夜星空

春季星空中，最引人注目的是高悬于北方天空的北斗七星（即大熊座α、β、γ、δ、ε、ζ、η星）。

北斗七星的南方是狮子座，它由几颗较亮的星组成弯弯镰刀形，其中最亮的星叫轩辕十四，发出青白色的光芒，是一等星，位于黄道上；狮子的尾巴在东，由三颗星组成一个三角形。狮子座的西边是巨蟹座，可以用肉眼直接看到一个朦胧的光斑，叫蜂巢星团。在狮子座的左下方是室女座。顺着斗柄上几颗星（δ、ε、ζ、η）的曲线延伸出去，可以画成一条大弧线，沿此弧线即能找到橙色亮星大角(牧夫座α星)，继续南巡，可找到另一颗亮星角宿一（室女座α星），再继续西南巡去，可找到由4颗小星组成的四边形，这就是乌鸦座。这条始于斗柄、止于乌鸦座的大弧线，就是著名的“春季大曲线”。由大角、角宿一和狮子座构成的三角形，称为“春季大三角”；由“春季大三角”和猎犬座α星构成的不等边四边形，称为“春季大钻石”。

狮子座

狮子座的轩辕十四、牧夫座的大角以及室女座的角宿一，组成了春季星空里很著名的“春季大三角”。古埃及人对狮子座非常崇拜，据说，著名的狮身人面像就是由这头狮子的身体配上室女的头塑造出来的。狮子座里的星在我国古代也很受重视，我国古人把它们喻为黄帝之神，称为轩辕。

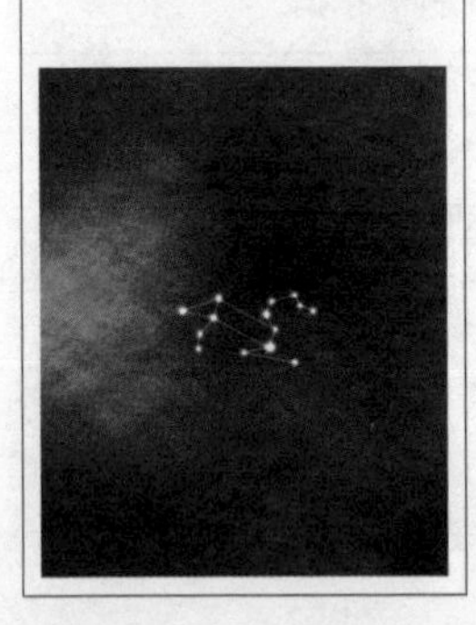

夏夜星空

夏季地球处在银河系中心的位置上，晚上看见的星星很多。

依旧从北斗七星开始，它的斗柄此时指向南方，而银河则在勺口张开所对的方向，两旁的牛郎星和织女星遥遥相望。织女星是天琴座的α星，紧靠织女星的东南方，有一个小小的平行四边形，它是由暗星组成的。由织女星向东南方看，隔着淡淡的银河会看见一颗略显黄色的亮星，那就是天鹰座的α星（河鼓二），也就是我们常说的牛郎星。在牛郎星和织女星之间的银河上，可以看见一个很大的十字形的星座，这是天鹅座。在我国民间传说中，它就是那搭桥的喜鹊。天鹅座是夏夜星空的代表星座。天鹅座东北端的那颗白色亮星是天鹅座的α星（天津四）。

在初夏的星空里，西方还残留着春季夜晚出现的星座，如室女座、乌鸦座等。当我们顺着北斗七星斗柄弯曲的方向延伸，就会看到一颗亮星，它就是牧夫座α星（大角星）。

夏季星空中，我们把牛郎星、织女星和天津四连接起来，得到一个巨大的直角三角形，这就是“夏季大三角”。

【百科链接】

银河系：

地球和太阳所属的星系。因其主体部分投影在天球上的亮带称为银河而得名。

秋夜星空

“飞马当空，银河斜挂”，这是秋季星空的特征。巡视秋季星空，可从头顶的“秋季四边形”（又称“飞马—仙女大方框”）开始，其四条边恰好各代表一个方向。“秋季四边形”由飞马座的三颗亮星（α、β、γ）和仙女座的一颗亮星（α）构成，十分醒目。

将四边形的东侧边线向北方天空延伸（即由飞马座 γ 星向仙女座 α 星延伸），经由仙后座，可找到北极星；沿此基线向南延伸，可找到鲸鱼座的一颗亮星（β）。将四边形的西侧边线向南方天空延伸（即由飞马座的 β 星向 α 星延伸），在南方低空可找到秋季星空的著名亮星南鱼座 α 星，沿此基线向北延伸，可找到仙王座。

从“秋季四边形”的东北角沿仙女座继续向东北方向延伸，可找到由三列星组成的英仙座。“秋季四边形”的东南面是双鱼座和鲸鱼座，西南面是宝瓶座和摩羯座。仙王、仙后、仙女、英仙、飞马和鲸鱼诸星座，构成灿烂的王族星座，这是秋季星空的主要星座。

秋季星空的亮星较少，但像仙女座和外星系这样的深空天体比比皆是。

冬夜星空

许多著名的亮星都出现在冬季的星空里。最引人注目的当然是高悬于南方天空的猎户座：夹在红色亮星参宿四（猎户座 α 星）和白色亮星参宿七（猎户座 β 星）之间的三星（猎户座 δ、ε、ζ）颇为吸引人。顺着三星向南偏东寻去，可找到全天最亮的天狼星（大犬座 α 星）。在参宿四的正东，另有一颗亮星南河三（小犬座 α 星）。参宿四、天狼星和南河三组成著名的“冬季大三角”，淡淡银河从中穿过——这部分是银河中最暗淡的部分。

猎户座

猎户座中 α、γ、β 和 κ 这四颗星组成一个四边形，在它的中央，δ、ε、ζ 三颗星排成一条直线。世界许多国家都把猎户座视为力量、坚强、成功的象征，总把它比作神、勇士、超人和英雄。

沿猎户座三星向西北望去，可找到另一颗红色亮星毕宿五（金牛座 α 星）。毕宿五附近的几颗小星属于著名的“毕星团”，再继续向北天寻去，可看到由六七颗小星组成的“昴星团”，它们皆属于金牛座。金牛座的东北，是五边形的御夫座，御夫座主星五车二也是一颗很亮的星。顺着参宿七和参宿四的连线向东北望去，可找到两颗亮星，它们是北河三（双子座 β 星）和北河二（双子座 α 星）。把五车二、北河三、南河三、天狼星、参宿七、毕宿五连接起来，可以组成壮观的“冬季大六边形”。

北落师门

白色恒星北落师门是南鱼座的主星，也是秋夜星空中最亮的一颗星。

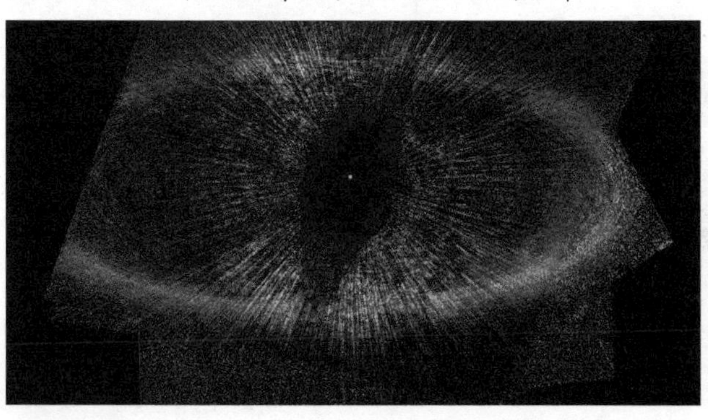

【百科链接】

英仙座：

著名的北天星座之一，由几颗二到三等的星排列成一个弯弓形或“人”字形，在南纬 31 度以北居住的人们可看到完整的英仙座。

太阳家族

太阳系大家庭

太阳系是由太阳、八大行星及其卫星、小行星、彗星、流星和星际物质构成的天体系统，太阳是太阳系的中心天体。

在这个家族中，离太阳最近的行星是水星，向外依次是金星、地球、火星、木星、土星、天王星和海王星。它们按质量、大小、化学组成以及和太阳之间的距离等标准，大致可以分为三类：类地行星（水星、金星、地球、火星），巨行星（木星、土星），远日行星（天王星、海王星）。它们在公转时有共面性、同向性、近圆性的特征。在火星与木星之间，存在着数十万颗大小不等、形状各异的小行星，天文学把这个区域称为小行星带。除此以外，太阳系还包括许许多多的彗星和无法计数的天外来客——流星。

太阳：万物生长之源

看到这个充满生机的世界，人们不能不热爱和赞美赐予我们生命和力量的万物主宰——太阳。

太阳的表层从内到外分为三个部分：光球层、色球层、日冕。太阳的中心温度高达1500万摄氏度，表面温度达6000摄氏度，每秒钟辐射到太空（包括我们所在的地球）的能量，相当于1亿亿吨煤燃烧后产生的热量。太阳的光和热的来源是氢聚变，能量通过辐射和对流传到表层，然后由表层发出光和热。

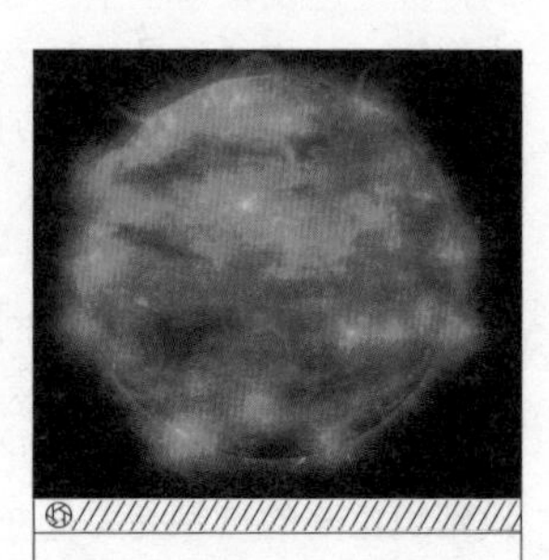

太阳耀斑

日面上突然出现并迅速发展的亮斑闪耀，寿命仅在几分钟到几十分钟之间，亮度上升迅速、下降较慢，即为太阳耀斑。

太阳的质量是地球质量的33万倍，体积大约是地球的130万倍，半径约为70万千米，是地球半径的109倍多。

壮观的太阳活动

太阳黑子是太阳的光球层上发生的一种太阳活动。一般认为，太阳黑子实际上是太阳表面一种炽热气体的巨大旋涡，温度大约为4500摄氏度。因为它们比太阳的光球层表面温度要低，所以看上去像一些深色的斑点。太阳黑子很少单独活动，常常成群出现。活动周期大约为11年，届时会对地球的磁场和各类电子产品和电器产生损害。

太阳系

太阳系是由太阳以及在其引力作用下围绕它运转的天体构成的天体系统。它包括太阳、八大行星及其卫星、小行星、彗星、流星以及星际物质。

【百科链接】

辐射：

自然界中的一切物体，只要温度在绝对温度零度以上，都以电磁波的形式时刻不停地向外传送热量，这种传送能量的方式称为辐射。

真空 在给定的空间内低于1个大气压力（标准大气条件下海平面的气压，约为101325帕斯卡）的气体状态，人们将这种极其稀薄的气体状态看作真空状态。

光斑是在太阳的光球层上出现的一种太阳活动，它是一些比光球上其他地方明亮的区域，平均寿命只有半小时。

太阳耀斑是在太阳的色球—日冕过渡层中发生的一种局部辐射突然增加的太阳活动。

日珥是在太阳的色球层产生的一种非常强烈的太阳活动，是太阳活动的标志之一。

水星：离太阳最近的行星

水星距离太阳平均约5800万千米，是离太阳最近的行星。它的表面干枯荒凉，有环形山以及平原和盆地，没有水。朝向太阳的一面温度高达400摄氏度以上，而背向太阳的一面则为零下173摄氏度左右，可以说，水星是太阳系中温差最大的行星。

水星赤道直径大约为4900千米，质量只有3.3×10^{26}千克，密度为5.46克/立方厘米。它的表面引力也很小，只有地球的2/5。在太阳的强大引力作用下，水星围绕太阳运行的速度很快，其公转周期只有88天。水星的自转速度很慢，自转一周要58.6天。

水星上只有非常稀薄的大气，其密度还不足地球大气的0.3%。在水星大气中，似乎存在一种轻而松散的白色云雾。这缥缈的烟雾是什么目前还不清楚，很可能是尘埃。

水星虽名为“水”，可是目前还没有证据表明水星含有水或水蒸气。由于水星朝阳面温度很高，因此估计水星表面不可能有水分子存在。

水星

水星是八大行星中最小的行星，比月球大1/3，它同时也是最靠近太阳的行星。水星的英文名字Mercury来自罗马神墨丘利，他是罗马神话中的信使。以此比喻水星是太阳系中公转最快的行星。

金星：太阳西升东落

金星的亮度仅次于太阳和月亮。在我国古代，人们把它叫作“启明星”。金星距离太阳约1.1亿万千米，是离太阳第二近的行星。

金星的赤道直径接近于地球，约为地球的95%。金星上的重力几乎与地球一样。因此人们常把金星当作地球的孪生兄弟。金星上的一天比一年还长，因为金星公转周期是225天，而自转周期却是243天。在金星上，每天太阳都是西方升起，东方落下，因为它的自转方向和我们地球正好相反。

金星

金星和水星是太阳系中仅有的两个没有天然卫星的大行星。金星是离地球最近的行星，中国古代称之为太白或太白金星。金星是全天中除太阳和月亮外最亮的星，犹如一颗耀眼的钻石，古希腊人称它为爱与美的女神阿佛洛狄忒，而罗马人则把它叫作维纳斯。

金星的表面高低不平，平原约占20%，山地约占10%，大部分地区为高原。

金星上的大气非常浓密，其密度竟为地球大气的60倍。大气的主要成分是二氧化碳，约占95%。其次是氮，占2%至3%。氧和水汽很少，只占1%。金星的表面温度在不断升高，目前已高达480摄氏度。金星大气在各纬度上，都以同样的速度自东向西旋转，其速度为每秒100米，4天旋转一周。

【百科链接】

重力：

泛指任何天体吸引其他物体的力，如月球重力、火星重力等。

【百科链接】

赤道：

星体表面的点随自转产生的轨迹最长的圆周线。

火星

火星与地球的距离仅次于金星，因此人们利用哈勃望远镜可作较为细致的观测。火星表面地形极富变化，呈北低南高的不对称结构。其中，奥林匹斯山是火星表面的最巨大的火山，高达27千米，比地球上的最高峰珠穆朗玛峰高2倍。

火星：和地球最相像

火星与地球之间的距离变化很大，最近时只有约5500万千米，最远时达4亿千米左右。火星的公转周期为687天，自转周期是24小时37分。火星的质量只有地球的11%。

火星表面的温度，白天时在赤道周围可能有25摄氏度，而在夜晚时，这里可能降低到零下80摄氏度。火星上的大气很稀薄，主要成分是二氧化碳和氢气，在大气的最高层还发现了原子氢和氧。火星大气中的水蒸气含量极少，与地球大气的含水量相比，几乎是微不足道的。火星土壤里有少量的水，而且比地球南极土壤更活泼些，但目前没有发现任何生命存在过的痕迹。

火星表面的岩石与褐铁矿很相似，呈红色。火星上非常干燥，经常出现尘暴。火星上也存在环形山谷和圆形山谷。

火星是一颗正在活动与演化的特殊行星，比地球年轻得多。它还有两个很小的卫星，火卫一绕火星的公转周期只有7小时39分；火卫二的公转周期约为30小时。

木星：最大的行星

木星是太阳系中最大的一颗行星，它的赤道直径约为14.2万千米，约为地球直径的11倍，但它的质量却是地球的318倍。木星表面的重力是地球表面重2.5倍。木星表面温度很低，大约为零下140摄氏度。木星的大气层非常厚，主要成分有氢、氨和甲烷等。

木星围绕太阳公转的周期是12年。它的自转周期为9小时50分。木星很扁，这是由于木星自转特别快所造成的。木星各处的自转速度不一样，赤道上最快，纬度愈高的地区自转速度愈慢。

木星上最引人注目的是位于其南热带的椭圆形大红斑，其长轴达2万多千米。大红斑是木星美丽的标志，且具有周期性变化的特点。大红斑不是固定不动的，它像一股巨大的旋风在大气中按逆时针方向旋转。

木星还有一个显著的特点，就是它是一个会发光的行星，而且从木星上辐射出的能量比它从太阳那儿吸收的全部能量要大得多。

木星有16颗卫星。这16颗卫星大小不一，有4颗很大，其中两个比水星还大。这4颗卫星又叫伽利略卫星，因为它们是由伽利略在1610年发现的。

木星

木星是八大行星中最大的一颗，可称得上是“行星之王”，其亮度仅次于金星。西方天文学家称木星为“朱庇特”。朱庇特是罗马神话中的众神之王，相当于希腊神话中无所不能的宙斯。

土星：美丽的光环

土星是太阳系中的第二大行星。它也是肉眼所能见到的最远的行星。

土星上也有浓厚的大气，除氢、氦外，甲烷与氨的含量也比较多。它有一个白斑，这是与木星大红斑类似的气旋结构，只是规模较小而已。土星赤道区域的自转周期为10小时14分，而纬度60度处则是10小时40分。其平均密度比水还小，是太阳系中密度最小的行星。

土星是一颗液体行星，大气下的表面由液态氢、氦组成，但从其密度推断，在中间的金属氢、氦层之下，可能还有一个很厚的冰层。1979年，先驱者探测器证实了土星有磁场，后来旅行者探测器测出其场强是木星磁场的1/35，磁轴与自转轴的交角为179度，而磁层结构比木星更复杂。土星也有红外辐射，实测的大气温度在零下123摄氏度左右，比理论计算值高30摄氏度。

土星的卫星是太阳系中卫星最多的行星之一。新发现的12颗卫星都很小，直径只有几十千米。土星光环最早于1656年为荷兰人惠更斯所发现，较亮的主环有A、B、C三条，但其实际环有数千条之多。

土星

土星运动迟缓，人们将它看作掌握时间和命运的象征。罗马神话中称之为克洛诺斯。第二代天神克洛诺斯是在推翻父亲之后登上天神宝座的。无论东方还是西方，都把土星与人类密切相关的农业联系在一起。下图中，带有美丽光环的是土星，它前面的那颗是木星。

天王星：蓝色的星球

在发明望远镜之前，人们只发现了除地球以外的前面叙述的5颗行星。直到18世纪末，天王星才被发现。

天王星

天王星是一颗远日行星，按照距离太阳由近及远的次序是第七颗。在西方，天王星被称为“乌剌诺斯”，他是第一位统治整个宇宙的天神。他与地母该亚结合，生下了后来的天神，是他费尽心机将混沌的宇宙规划得和谐有序。在中文中，人们就将这个星名译作“天王星”。由于天王星外层大气层中的甲烷吸收了红光，使得天王星呈现蓝色，十分美丽。

天王星基本上是由岩石和各种各样的冰组成的，仅含有15%的氢和少量氦。天王星和海王星在许多方面就像去掉了巨大液态金属氢外壳后的木星和土星内核。虽然天王星的内核不像木星和土星那样由岩石组成，但它们的物质分布却几乎相同。天王星的大气层含有大约83%的氢、15%的氦和2%的甲烷。

如其他所有的气态行星一样，天王星也有带状的云围绕着它快速飘动。

天王星呈蓝色，这是其外层大气中的甲烷吸收了红光的结果。像其他所有气态行星一样，天王星也有光环。它们像木星的光环一样暗，又像土星的光环那样是由直径达10米的粒子和细小的尘土组成的。天王星是第二个被发现有光环的行星，由此我们知道了光环是行星的一个普遍特征，而不是土星所特有的现象。

【百科链接】

甲烷：

最简单的有机化合物，是一种没有颜色、没有气味的可燃气体，比空气轻，难溶于水。

海王星

海王星是环绕太阳运行的第八颗行星，也是太阳系中第四大天体（直径上）。海王星在直径上小于天王星，但质量比它大。在罗马神话中，海王星代表海神涅普顿。

海王星：算出来的行星

人们在研究中发现：天王星的轨道与其他行星有所不同，其他行星的轨道与人们计算的轨道非常相符，但天王星的轨道却总是偏离计算值。于是有人提出，在天王星外面可能还有一颗大行星。

1845 年，英国数学家亚当斯算出了这颗神秘行星的质量、轨道以及在天空中的位置。1846 年，法国天文学家勒维耶也整理出了他的计算结果，预告了这颗未知行星的位置。随后，柏林天文台一位名叫加勒的研究者按照勒维耶的计算，在星空中发现了这颗太阳系中的第八颗行星——海王星。

海王星的发现轰动了整个科学界，它是第一个由理论计算来确定其位置的行星。海王星的赤道直径与天王星相当，为地球的 3.4 倍。它的质量约为地球的 17 倍，平均密度是水密度的 1.6 倍。它的公转周期为 165 年，自转周期为 15 小时 48 分左右。

海王星也是一颗气态行星，它的表面温度为零下 210 摄氏度左右。海王星只有两颗卫星，其中海卫一很大，其表面上空有稀薄的大气。另外一颗卫星的轨道偏心率很高。

【百科链接】

掩星：

一种天文现象，指一个天体在另一个天体与观测者之间通过时而产生的遮蔽现象。

冥王星：被开除的行星

冥王星是太阳系中距太阳最远、质量最小的行星。目视星等仅 15 等，很难见其视圆面。

1988 年的掩星观测证实了冥王星大气的存在，估计其大气主要由氢、氦、氮、甲烷和氨等组成，两极可能还有由甲烷冰组成的极冠。由于它离太阳极其遥远，即使在阳光直射下，其表面温度也只有零下 220 摄氏度左右，在背阳的一面，夜间则冷至零下 250 摄氏度。在如此低温下，绝大多数物质都应凝成固态，由此人们推测，冥王星表面应是较厚的冰层。但目前其内部结构不明，磁场状况也不详。

冥王星刚被发现时，它的体积被认为有地球的数倍之大。很快，冥王星也作为太阳系第九大行星被写入教科书。但是随着时间的推移和天文观测仪器的不断升级，人们逐渐发现当时的估计是一个重大“失误”，因为它的实际体积要远远小于当初的估计。根据 2006 年 8 月 24 日国际天文学联合会大会的决议：冥王星被视为是太阳系的矮行星，不再被视为大行星。

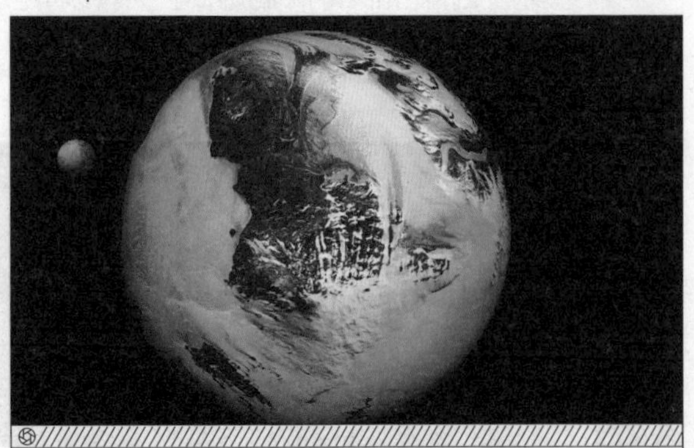

冥王星

冥王星由于离太阳太远，一直沉默在无尽的黑暗之中，因此人们以罗马神话中冥界的首领普路托来为它命名。

小行星：太阳系的小不点儿

1801年元旦，意大利天文学家皮阿齐在火星和木星之间发现了一颗行星——谷神星。然而，谷神星的半径只有500多千米，还不到月球的1/4，因此人们又给它另起了一个名字，叫小行星。一年多以后，天文学家又发现了一颗小行星，取名为智神星。智神星的直径比谷神星还要小。

到目前为止，人们已经发现的小行星（指确定了轨道的）共有2000多颗，而实际上，小行星有4万多颗。

小行星，顾名思义，主要特点是个儿小。小行星的直径一般从几千米到几十千米不等。最大的小行星谷神星直径为1000千米。直径小的小行星和巨大的陨石差不多。小行星的形状很不规则，只有几颗大的呈圆球状，其他很像是岩石的碎块。大部分小行星分布在火星和木星的轨道之间。此外，在地球轨道附近，木星轨道附近，甚至土星和天王星轨道之间也发现了小行星，还发现几颗小行星带有卫星。

【百科链接】

陨石：

地球以外的宇宙流星脱离原有的运行轨道，成块散落到地球上的石体。

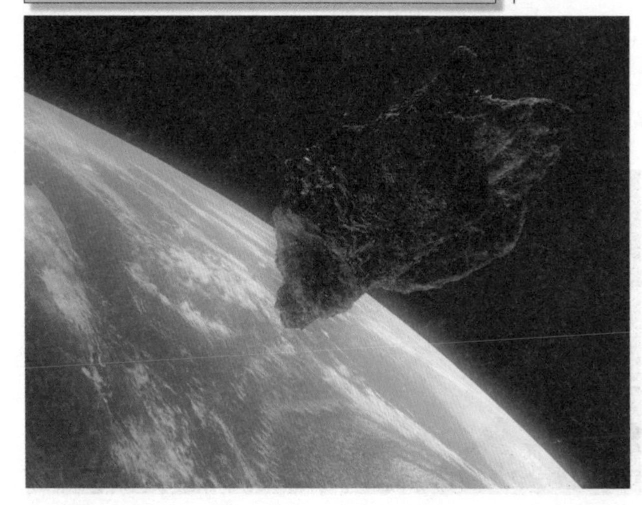

月球：地球的卫星

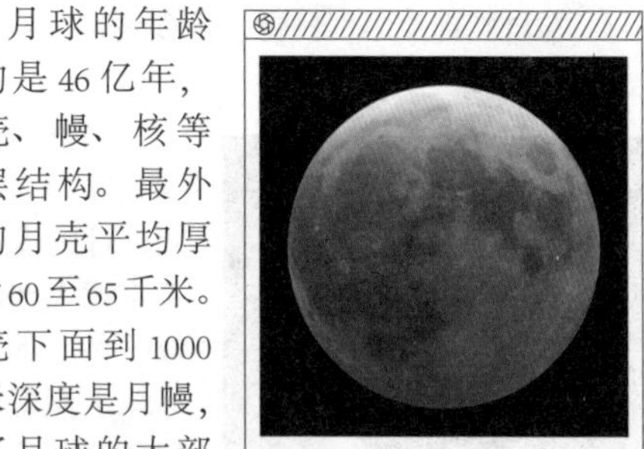

月球

月球上面有阴暗的区域和明亮的区域。发暗的地区称为“月海”（实际上并不是海，而是广阔的平原），著名的有云海、湿海、静海等。明亮的部分是山脉，那里层峦叠嶂，山脉纵横。

月球的年龄大约是46亿年，有壳、幔、核等分层结构。最外层的月壳平均厚度为60至65千米。月壳下面到1000千米深度是月幔，占了月球的大部分体积。月幔下面是月核，月核的温度约为1000摄氏度，很可能是熔融状态的。月球是地球的天然卫星，公转与自转周期都是27.3天。它本身不能发光发热，但能反射太阳光。月球体积约为地球的1/49，密度为地球的3/5，重力只相当于地球的1/6。

在月球的表面，覆盖着一层厚薄不一的碎屑物质，主要是碎石。高原、高山区碎屑覆盖物较厚，而“月海”区域较薄。我们看到的月球上的暗区，即所谓的“月海”，实际上是一些面积大小不同的平原和洼地。由于那些地方广泛分布着熔岩流形成的比较年轻的岩石，又比较低洼，对太阳光的反射率较低，同周围地区相比，呈现为暗黑色。而月球表面那些亮区，则是月球上的高原和山脉，其组成物质主要是比较古老的岩石。

月球背面90%左右的地方都是山地，环形山很多，存在许多巨大的同心圆结构。比起正面来，月球背面地形更加凹凸不平，山地较多。

小行星

小行星是太阳系内类似行星环绕太阳运动，但体积和质量比行星小得多的天体。

日食与月食：奇妙的姊妹花

在自然现象中，日食、月食被称为奇妙的姊妹花。

日食

这是发生于 1991 年的日全食。该图是由 5 张单独的照片拼合而成的，摄于美国加利福尼亚州。

当月球运行到地球和太阳之间，且三者在一条直线上或者近似一条直线时，地球上便可以看到月球遮住太阳的景象，这便是日食。按照被月球遮住太阳面积的大小，日食可以分为日偏食、日环食和日全食。日食发生的时间必定在农历初一，因为这一天月球恰好运行到地球和太阳之间，但不是每逢初一必有日食。

当地球运行到太阳和月球之间时，地球上便可以看到月球被地球的阴影所遮掩，这一现象就叫作月食。月食分为月全食和月偏食两种。它发生的时间必定在农历的十五或者十六，当然也不是每逢十五或者十六都会发生月食。

阳历：体现季节变迁

阳历是以地球绕太阳公转的运动周期为基础而制定的历法。阳历一年 12 个月，月份、日期都与太阳在黄道上的位置较好地符合。

目前通行世界的阳历是人类几千年所创造的文明的集成，由古罗马人向埃及人学得，并随着罗马帝国的扩张和基督教的兴起而传播到世界各地。

【百科链接】

黄经：

即黄道上的度量坐标（经度）。按照天文学惯例，以春分点为起点自西向东度量，分为 360 度。

阳历平年 365 天，闰年 366 天，每 4 年一闰，每满百年少闰一次，到第四百年再闰，即每 400 年中有 97 个闰年。公历一年的平均长度与回归年只差 26 秒，要累积 3300 年才差一日。

阴历：反映月相变化

阴历又称为农历，是我国传统的历法。

由于天体的公转和自转，太阳、地球、月球的相对位置总是在不停地变化，由此产生一个黄经差。当黄经差为零度时，月球以黑暗面朝向地球，地面上无法见到月亮，这一天称为朔或新月；当黄经差为 90 度时，半月出现在上半夜的西部夜空，这一天称为上弦；当黄经差为 180 度时，一轮明月整夜可见，这一天称为望或满月；当黄经差为 270 度时，半月只在下半夜出现于东部夜空，这一天称为下弦。这样一个朔望盈亏的月相周期就是一个朔望月。

阴历即以朔望月为一个月，因此，阴历能准确反映出月相的变化。每个阴历月，我们都能看到的月亮重复一次圆缺变化。

月食

月食分为月偏食、月全食及半影月食三种。当月球只有部分进入地球的本影时，就会出现月偏食；当整个月球进入地球的本影之时，就会出现月全食；当月球只掠过地球的半影区，造成月面亮度极轻微的减弱时，就出现半影月食。

宇宙探索

天文望远镜

天文望远镜是观测天体的重要工具，没有望远镜的诞生和发展，就没有现代天文学。

根据物镜结构的不同，望远镜可分成三大类：用透镜作为物镜的折射望远镜，用反射镜作为物镜的反射望远镜，兼用透镜和反射镜作为物镜的折反射望远镜。世界上最大的折射望远镜物镜口径为 1.02 米，最大的反射望远镜物镜口径为 6 米，最大的折反射望远镜主镜口径为 2.03 米、副镜口径为 1.34 米。

在天文望远镜问世后的 300 多年中，天文望远镜实际上仅仅指光学望远镜，即在光学波段进行天文观测的望远镜。20 世纪以来，人们已将对天体的探测扩展到整个电磁辐射，即不仅探测天体发出的光波，也要探测它发出的 γ 射线、X 射线、紫外线、红外线以及射电波，于是产生了 γ 射线望远镜、X 射线望远镜、紫外望远镜、红外望远镜和射电望远镜等。

射电望远镜

射电望远镜是观测和研究来自天体的射电波的基本设备，射电望远镜可以测量天体射电的强度、频谱及偏振等量。天线负责收集天体的射电辐射；接收机将这些信号加工、转化成可供记录、显示的形式；终端设备把信号记录下来，并按特定的要求进行处理后显示出来。

射电望远镜通常要具有高分辨率和高灵敏度。根据天线总体结构的不同，射电望远镜可分为连续孔径和非连续孔径两大类。

20 世纪 60 年代产生了两种新型的非连续孔径射电望远镜：甚长基线干涉仪和综合孔径射电望远镜，前者具有极高的分辨率，后者能获得清晰的射电图像。世界上最大的可跟踪型经典式射电望远镜，其抛物面天线直径达 100 米，安装在德国马克斯·普朗克射电天文研究所，世界上最大的非连续孔径射电望远镜是甚大天线阵，安装在美国国立射电天文台。

射电天文所研究的对象，有太阳那样强的连续谱射电源，有辐射很强但极其遥远的类星体，有角径、流量和密度都很小的恒星，也有频谱很窄、角径很小的天体微波激射源等。

射电望远镜

射电望远镜的基本原理和光学反射望远镜相似，投射来的电磁波被一精确镜面反射后，同相到达公共焦点。用旋转抛物面作镜面易于实现同相聚焦，因此，射电望远镜天线大多是抛物面。

天文望远镜

天文望远镜是观测天体的重要手段，随着望远镜在各方面性能的改进和提高，天文学也正经历着巨大的飞跃。天文望远镜按构造可分为折射天文望远镜、反射天文望远镜及折反射天文望远镜三大类。

【百科链接】

射电：

天体射出的无线电波。天体一般都是射电源，不同天体的射电频率不一样。

星图和星表

星图是指将天体的球面投影于平面而绘成的图，可表示天体的位置、亮度和形态。它是天文观测的基本工具之一。

星图的方位是上北下南，左东右西。星图上一般有坐标，大多数星图用赤经、赤纬来表示。也有使用黄道坐标的黄道带星图，这种星图对于表现黄道光、日照十分方便。也有使用银道坐标的银河星图，用于研究银河系恒星的分布等。有的星图用不同颜色表示不同的特征。此外，还有各种射电巡天图以及各种气体星云图、星系图集等。

星表指记载天体各种参数的表册。按照编制方法和用途的不同，星表有下列几种：绝对星表，是绝对测定编制的星表；基本星表，将各个不同系统的绝对星表进行综合处理后得到的高精度星表；相对星表，通过对定标量的位置作相对测定而得的恒星位置编成的星表，还包括一些为特殊目的而编成的星表。有关天体物理量的星表，主要有恒星光谱星表、恒星三角视差总表、变星星表、辐射源表等。

星图

星图是恒星观测的一种形象记录，是天文学上用来认星和指示位置的一种重要工具。古时的星图最初只以小圆圈或圆点附以连线表示星宫与星座，后期才陆续加上标示黄道、银道等参考线。

现代天文台

现代意义上的天文台拥有各种类型的天文望远镜和测量计算装置，用以观测天体、分析资料，并利用观测结果编制各种星表和历书，计算人造卫星轨道，进而揭示宇宙奥秘，探索自然规律。

天文台按分工特性、设备状况分为以下五种类型：光学天文台、射电天文台、空间天文台、教学天文台和大众天文台。

光学天文台：一般装备有光学望远镜，从事方位天文学或天体物理学方面的观测和研究工作。

射电天文台：射电望远镜在早期大多安装在光学天文台，由于射电望远镜对工作环境的要求与光学望远镜不同，不少国家已单独建立射电天文台。

空间天文台：大气外观测的优越性在于克服了地球大气的障碍，有利于多波段观测。美国先后发射了多种天文台卫星，用以探测行星和星际物质。

教学天文台：在 17 世纪，英国牛津大学和剑桥大学分别建立了小型天文台。1839 年，美国哈佛大学也建立了天文台。

大众天文台：常附设在天文馆，一般装备有小型光学望远镜，供观众观测天象。

天文台

天文台主要是进行天文观测和研究的机构，世界各国天文台大多设在山上。因为越高的地方，空气越稀薄，烟雾、尘埃和水蒸气越少，对天文观测的影响就越小，也就越易于观测。

【百科链接】

赤经：

指赤道坐标系的经向坐标。

Part 2
地球篇

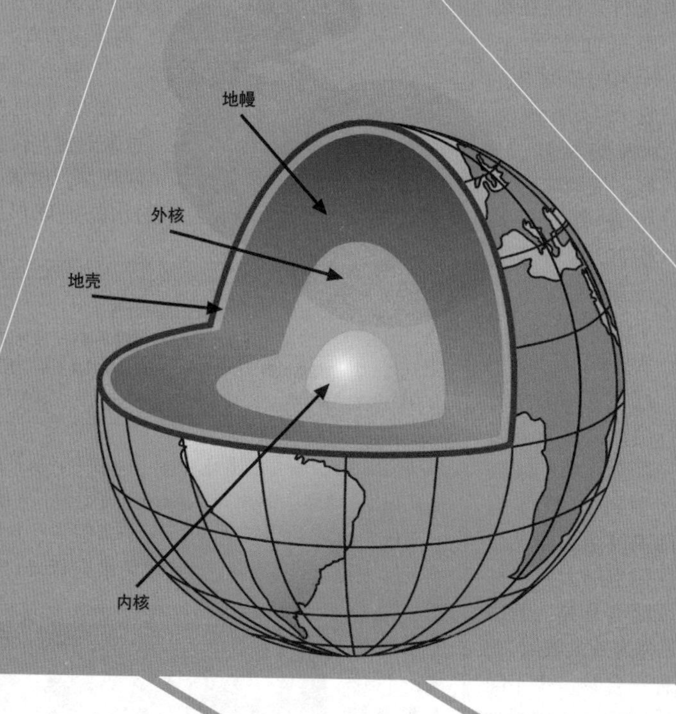

地球纵横

大气圈：地球的厚被

现在笼罩着地球的大气，其厚度在3000千米左右，人们通常称之为大气层或大气圈。大气圈在结构上，自下而上依次为对流层、平流层、中间层、热层和逃逸层。

从海平面到18千米高空之间的大气层叫作对流层，占大气总量的80%。对流层里气温随高度升高而降低，冷热空气上下对流，主要的天气现象都产生在这里。从对流层顶到约50千米的大气层为平流层。在平流层下层，即35千米以下，温度变化较小，气温趋于稳定，所以平流层又被称为同温层。在35千米以上，温度随高度升高而升高。我们常说的臭氧层在离海平面15至35千米的范围内，它可以吸收90%的紫外线，使地球生命免受伤害。从平流层顶到80千米的高空称为中间层，这一层空气稀薄，温度随高度升高而降低。从中间层顶到500千米的高空称为热层。这一层温度随高度增加而迅速升高，层内昼夜温差大。热层以上的大气层称为逃逸层，温度随高度增加而略有升高，其空气密度几乎与太空相同，故又称为外大气层。

地球大气层

地球大气层的成分主要有氮气（占78.1%）、氧气（占20.9%）、氩气（占0.93%），还有少量的二氧化碳、稀有气体（氦气、氖气、氪气、氙气、氡气）和水蒸气。大气层的空气密度随高度增加而减小，高度越高，空气越稀薄。

从成分上说，大气是一种混合物，由不同成分、不同性质和功能的物质以适当比例混合而成；从作用来说，大气为生命世界的生存和发展提供了有利条件。

水圈：蓝色的家园

相互沟通的大洋，陆地上的江河湖海，以及埋藏于地表下的地下水等，共同构成了我们这个星球上所特有的“水圈”。

在地球的总水量中，海水约占97%，其余3%存在于冰川、江河、湖泊、地下水和大气中。如果我们把地表看作是平坦的，将地球上的水均匀覆盖其上，那么地球将成为一个平均水深2745米的水球。

在太阳系中，地球是唯一拥有液态水的天体。水占地球表面积的77%。这还不包括矿物中所含的结构水和结晶水，也不包括生物体内的水。

那么，这么多的水是哪里来的呢？传统说法是，地球上的水是地球形成时从星云物质中带来的；1961年，科学家托维利又提出，地球上的水是太阳风的杰作；不久前，美国科学家弗兰克等人又提出一个假说：地球水来自太空冰球。那么，地球之水究竟来自何方？目前还没有定论，有待人类继续探索。

地球上的海陆分布

地球表面大部分为海洋所覆盖，陆地仅占约1/3，就像浩瀚海洋中的岛屿。所以地球其实不是“地”球，而是“水”球。

【百科链接】

紫外线：

电磁波谱中波长0.01至0.4微米辐射的总称。紫外线的波长越短，对人类皮肤的危害越大。

活火山 一般是指经常喷发和预期可能再次喷发的火山。休眠火山是指现在不喷发，而在将来可能再次喷发的火山，属于活火山。

生物圈：生物的领地

生物圈是指地球上有生命活动的区域。它指地面以上大致 23 千米的高度，到地面以下 12 千米的深处，包括平流层的下层、整个对流层以及沉积岩圈和水圈。绝大多数生物生存于地球陆地之上约 100 米和海洋表面之下约 100 米的范围内。

生物圈主要由生命物质、生物生成性物质和生物惰性物质三部分组成。生命物质又称活质，是生物有机体的总和；生物生成性物质是由生命物质所组成的有机矿物质相互作用的生成物，如煤、石油、泥炭和土壤腐殖质等；生物惰性物质是指大气低层的气体、沉积岩、黏土、矿物和水。

由此可见，生物圈是一个复杂的开放系统，是一个生命物质与非生命物质的自我调节系统。它的形成是生物界与水圈、大气圈及岩石圈长期相互作用的结果。

地球上的生命从无到有、从简单到复杂、从低级到高级，一步步进化发展，至今已有数百万种。它们占领了海洋、陆地、地壳的浅层和大气的下层，构成地球上所特有的一个圈层——生物圈。

岩石圈：地球的骨架

岩石圈包括地壳和地幔的上部，岩石圈厚度不均，陆地岩石圈要厚一些。

岩石圈可分为六大板块：欧亚板块、太平洋板块、美洲板块、非洲板块、印度洋板块、南极洲板块。板块边界有 4 种类型：海岭洋脊板块发散带、岛孤海沟板块消减带、转换断层带和大陆碰撞带。

由于洋底占据了地球表面积的 2/3，而大洋盆地约占海底总面积的 45%，其平均水深为 4000 至 5000 米，大量海底火山就分布在大洋盆地中，其周围延伸着广阔的海底丘陵。因此，整个固体地球的表面形态主要是由大洋盆地与大陆台地组成，对它们的研究形成了与岩石圈构造和地球动力学有直接联系的“全球构造学”理论。

岩石圈板块运动与岩石的形成和演化有着非常密切的关系。例如，岩浆岩带和变质岩带常分布在板块边缘，而且，板块的类型不同，岩石组合也随之变化。活火山主要分布在板块边界上，火山活动带也是地震活动频繁的地区。

【百科链接】

岩浆岩：

由地壳内部上升的岩浆侵入地壳或喷出地表冷凝而成的岩石，又称火成岩。

生物圈 2 号

生物圈 2 号是美国建于亚利桑那州沙漠中的一座微型人工生态循环系统，因把地球称作生物圈 1 号而得名。设计者最初是想模仿地球建造一个封闭的人造生物圈，用于研究适合人类生存的人造复合生命系统。但是，生物圈 2 号在经过两次试验之后宣告失败。

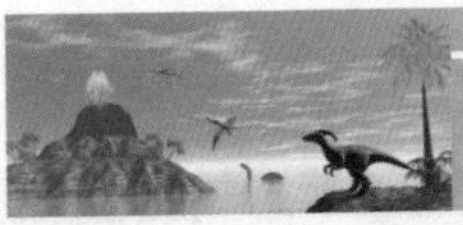

洋中脊 一条在大洋中延伸的海底山脉。根据板块构造学原理，洋中脊是地幔对流上升形成的，处在板块分离的部位，火山、地震活动频繁。

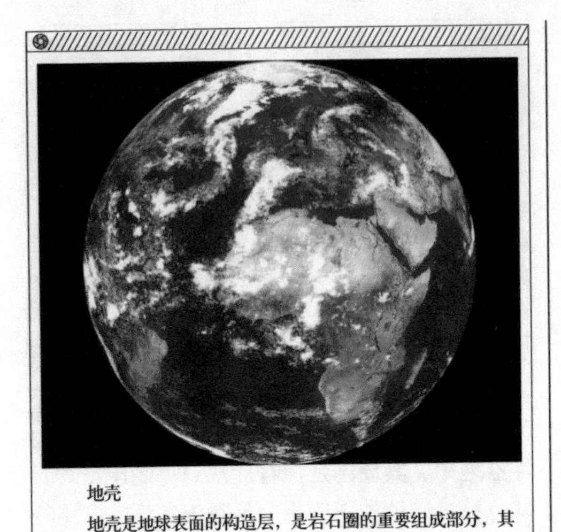

地壳

地壳是地球表面的构造层，是岩石圈的重要组成部分，其底界为莫霍洛维奇不连续面（莫霍面）。整个地壳的平均厚度约为 17 千米，其中陆地壳厚度较大，平均为 33 千米。

地壳：薄薄的硬壳

地壳是地球表面的构造层，只占地球体积的 0.8%，地球质量的 0.4%。地壳和地幔之间以莫霍面分界。

地壳由各种岩石组成，上部主要由各种沉积岩和花岗岩类岩石组成，叫作硅铝层；下部主要由玄武岩类岩石组成，叫作硅镁层。各地的地壳厚度有很大差异，介于 5 至 70 千米之间。据其性质可分大陆地壳和大洋地壳。

大陆地壳的厚度一般为 33 至 35 千米，具有硅铝层和硅镁层双层结构。大洋地壳极薄，平均厚度为 7.3 千米，一般只有硅镁层。一般来说，距洋中脊越远，大洋地壳的厚度越大、年龄越老。

在地壳中，蕴藏着极为丰富的矿产资源，目前已探明的矿物有 2000 多种。

【百科链接】

硅酸盐：

硅、氧与其他化学元素结合而成的化合物的总称，是构成岩石和土壤的主要成分。

地幔：厚厚的中间层

地幔位于地壳以下、地核以上，亦称中间层，是地球金属地核之外的巨厚硅酸盐圈层。

地幔厚约 2800 千米，可分为上下两层。上地幔约到 1000 千米深处，一般认为，这里的物质处于局部的熔融状态，是岩浆的发源地。地球上分布广泛的玄武岩就是从这一层喷发出来的岩浆冷却形成的。下地幔在 1000 千米以下到 2900 千米，主要是由金属硫化物和氧化物组成。地幔的质量为 4.05×10^{24} 吨，占地球总质量的 67.77%，占地球总体积的 83.3%。它的温度较高，上地幔为 1200 至 1500 摄氏度，下地幔为 1500 至 2000 摄氏度。

地核：地球的心脏

地核是地球内部结构的中心圈层，是地球的核心。从下地幔的底部一直延伸到地球核心部位，厚度约为 3473 千米。

地核的总质量为 1.88×10^{24} 吨，占整个地球质量的 31.5%，体积占整个地球的 16.2%。由于地核处于地球的最深部位，它受到的压力比地壳和地幔部分要大得多。在外地核部分，压力为 136 万个大气压，到了核心部分，便增加到 360 万个大气压了。

地核内部不仅压力大，而且温度高，估计可达 2000 至 5000 摄氏度。据科学观测分析，外地核的物质呈液态，内地核则呈固态，主要成分为以铁镍为主的重金属，密度极大。在这种高温、高压和高密度的情况下，地核内的物质既具有钢铁那样的“刚性”，又具有白蜡、沥青那样的“柔性”和“可塑性”。

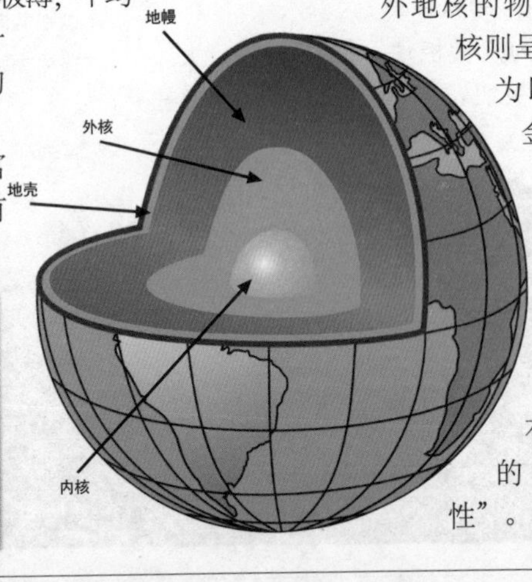

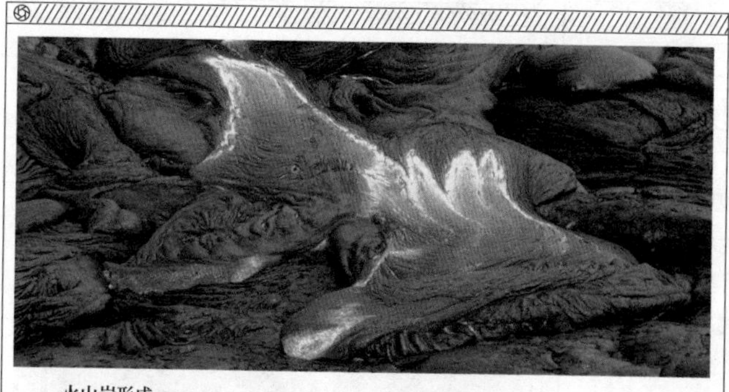

火山岩形成

火山喷发出的岩浆，由于温度和压力的下降，逐渐形成火山岩。岩浆的化学成分不同，冷却凝固后所形成的岩石也不同。

岩浆：地球的血液

地球内部产生的呈液态的炽热熔体叫作岩浆。其中最普遍的是硅酸盐岩浆。

硅酸盐岩浆的化学成分主要是SiO_2、Al_2O_3等。已知的岩浆温度为700至1200摄氏度。岩浆温度的差异一般与岩浆成分有关。

岩浆的黏度变化较大，随岩浆中SiO_2含量的增加而增大。一般情况下，地壳深部或地幔部分的岩浆黏度小于地表岩浆的黏度。岩浆黏度的减小会使岩浆上升速度和晶体沉降速度加快，促进岩浆结晶分异和不同成分岩浆之间的混合。

褶皱：地球的皱纹

褶皱是岩层在构造运动中所产生的一系列波状弯曲，是一种未丧失岩层连续性的塑性变形。单个背斜或向斜称为褶曲，它由核和翼两部分组成。褶曲是组成褶皱的基本单位，两个以上褶曲的组合叫做褶皱。在自然界中，总是一个褶曲连着另一个褶曲。由于受力强弱不同，褶曲的弯曲形态和程度也不同。

褶曲的基本形式是背斜和向斜。背斜和向斜是根据地层的新老来判断的，背斜的中间（核部）是老地层，向斜的中间是新地层。地貌一般是背斜隆起，但如果岩性有差异，背斜处的岩层易风化，向斜处的岩层难于风化，则出现相反的情况——背斜成谷、向斜成山，这种现象我们称为地形倒置。

断层：地球的伤痕

岩层被错断，岩层连续性被破坏并发生位移或裂开时称为断裂。根据断裂程度和规模，把那些位移显著、规模较大的断裂称为断层。

断层可以切穿地壳，延伸数百千米，进入上地幔；断层由断层面、断层带、断层线、两盘、断距等要素组成。

在地貌上，断层有很多表现：首先，山脊被错断、河流突然拐弯、山地与平原交接处等地貌形态发生变化的地方，往往都有断层通过。其次，岩层的重复与缺失、断层带、断层两盘出现的磨光面、断层角砾等都可以作为断层证据。此外，植被的生长状况的明显变化、泉水呈线状分布、断层崖、断层三角等也是断层存在的证据。

金沙江马蹄弯

金沙江水由北奔流而来，在这里转了个马蹄弯又径直向北奔腾而去，十分壮观。造成这种罕见地貌的便是断层。

地质年代：地理纪年法

地质年代又称地质时代，指一个地层单位或地质事件发生的时代和年龄。地质年代有相对地质年代与绝对地质年代之分。前者是根据古生物的发展和岩层形成的先后顺序，将地壳历史划分成若干阶段，用以表示地层和地质事件发生的先后顺序、地质历史的自然分期和地壳发展的阶段；后者是用以表示地层形成的时间长短，以年为单位来划分，它是根据岩石中放射性元素衰变产物的含量确定的。

地球的年龄至少已有46亿年，在漫长的地球演化历史中，地壳经历了种种地质作用和地质事件，如地壳运动、岩浆活动、海陆变迁等。因此，时间对于研究地质作用及其产生的地质事件是极其重要的。

地质学家通过探测与研究建立了地质年代表，以此来表示地球历史上所发生的重大事件。

白垩纪时代

地质学家和古生物学家根据地层自然形成的先后顺序，将地层分为5代12纪。其中白垩纪是中生代的最后一个纪，距今约1.37亿至6500万年，是地球上海陆分布和生物界急剧变化、大西洋迅速开裂和火山活动频繁的时代，也是恐龙统治地球的时代。

地壳运动：蠕动的大地

在内力和外力作用下，地壳经常处于运动状态。地球表面上存在着各种地壳运动的遗迹，如断层、褶皱、高山、盆地、火山、孤岛、洋脊、海沟等；同时，地壳还在不断的运动中，如大陆漂移、地面上升和沉降都是这种运动的反映。地壳运动与地球内部物质的运动紧密相连，它们可以导致地貌改变，因而研究地壳运动可以得到地球内部组成、结构、状态以及演化历史的种种信息。测量地壳运动的形变速率，对于估计工程建筑的稳定性具有重要作用，也是反演地应力场的一个重要依据。

地壳运动按其速度可分为两类：长期缓慢的构造运动和较快速的运动，前者如大陆和海洋的形成、古大陆的分裂和漂移，形成山脉和盆地的造山运动等；较快速的运动以年或小时为计量单位，如地极的张德勒摆动。

缓慢的地壳运动，可根据对地质学、地貌学的考察，参考古天文学、古气候学的资料，进行综合分析判定。现在根据同位素衰变的测定和岩石磁化反向的分析，可以进一步认识地壳运动的演化。对于现代地壳运动，一般采用重复测量的方法，如用安放在活动断层上的蠕变计、倾斜仪和伸长仪等做定点连续观测来监视断层的运动。

地壳运动形成的山脉

地壳运动按运动方向可分为水平运动和垂直运动。水平运动指组成地壳的岩层沿平行于地球表面方向的运动，也称造山运动或褶皱运动。该种运动常常可以形成巨大的褶皱山系以及巨形凹陷、岛弧、海沟等。垂直运动，又称升降运动、造陆运动，它使岩层表现为隆起和相邻区的下降，可形成高原、断块山及凹陷、盆地和平原，还可引起海侵和海退，使海陆变迁。

【百科链接】

同位素：

具有相同质子数、不同中子数（或不同质量数）的同一元素的不同核素互为同位素。

地震：来自地球内部的抖动

地震是地球内部介质局部发生急剧的破裂，产生地震波，从而在一定范围内引起地面震动的现象。

地震一般发生在地壳之中。地震波发源的地方叫震源，震源垂直向上对应的地表叫震中，从震中到震源的距离叫震源深度。震源深度小于70千米的地震称为浅源地震，深度在70至300千米之间的称为中源地震，超过300千米的称为深源地震。震源越浅，破坏性越大，但波及的范围也小，反之亦然。地震所引起的地面震动是由纵波和横波共同作用的结果。在震中区，纵波使地面上下颠动，横波使地面水平晃动。由于纵波传播速度较快，衰减也较快；横波传播速度较慢，衰减也较慢，因此离震中较远的地方，往往感觉不到上下颠动，但能感到水平晃动。

海啸

海啸时掀起的狂涛骇浪，可形成高达十多米至几十米不等的"水墙"。海啸波长很长，可以传播几千千米。如果到达岸边，"水墙"就会冲上陆地，对人类生命和财产造成严重威胁。

火山：喷发熔岩的山

在100至150千米的地壳深处，存在着高温、高压下的岩浆。由于岩浆中含大量挥发成分，加之岩层的围压，这些挥发成分溶解在岩浆中无法逸出。当岩浆上升靠近地表时，岩浆体内气体的出溶量不断增加，岩浆体积逐渐膨胀，内压力增大。当内压力大大超过外部压力时，其上覆岩石的裂隙密集带就会发生气体的猛烈爆炸，打开火山喷发的通道。气体以极大的力量将通道内的岩屑和深部岩浆喷向高空，形成了高大的喷发柱。喷发柱在上升的过程中，携带着各种不同直径和密度的碎屑物，碎屑物依重力的大小，分别在不同高度向下塌落。

地震后的建筑物

地震会给国家经济建设和人民生命财产安全造成直接和间接的危害和损失，尤其是强烈的地震会给人类带来巨大的灾难。

海啸：大海的怒吼

海啸是受地震、海底山脉塌陷和滑坡等的影响而激起的巨浪，在涌向海湾和海港时往往形成破坏性的大浪。

地震是引发海啸的主要原因。当地震在深海海底或者海洋附近发生时，海底板块会发生变形，板块之间出现滑移，造成海水大量逆流，并引发海水大规模运动，从而形成海啸。

如果岸边的海水出现异常的增高或降低，则预示着海啸即将来临。发生海啸时，岸边的人要尽快从地势低洼的地区转移到地势高的地区，正在海上航行的船只应该将船驶向深海区域。

【百科链接】

岩浆：

地下熔融或部分熔融的岩石。

泛大陆　全称罗迪尼亚泛大陆，是10亿至13亿年前地球上唯一的一个大陆，是由许多很古老的陆块漂移拼合在一起形成的。

大陆在漂移

大陆漂移说是解释地壳运动和海陆分布、演变的一种假说，1912年由德国科学家魏格纳系统地提出。

魏格纳认为，2亿年前，地球上只存在一个统一的大陆，称为泛大陆，也称联合古陆，环绕泛大陆有一个统一的泛大洋。后来，泛大陆分裂并经过2亿多年的漂移才到达目前的位置。

大陆漂移说为海底扩张说和板块构造说的兴起奠定了基础。

二叠纪 2.25亿年前

三叠纪 2亿年前

侏罗纪 1.45亿年前

白垩纪 6500万年前

现代

【百科链接】

魏格纳：

德国气象学家、地球物理学家，大陆漂移说的创始人。1880年11月1日生于柏林，1930年11月在格陵兰考察冰原时不幸遇难。

大陆漂移示意图

20世纪初，德国地球物理学家魏格纳提出大陆漂移说，有力地冲击了传统的大陆固定论，被认为是地学史上的一次革命，堪与哥白尼的日心说和达尔文的进化论相媲美。

海底在扩张

海底扩张说是一种解释洋底地壳形成的学说，它认为地幔物质从洋底地壳中的分裂带洋中脊中不断涌出，冷却成为洋底新地壳，原来的洋底地壳则随之向两侧扩张。大西洋与太平洋的扩张形式不同：大西洋在洋中脊处扩张，大洋两侧与相邻的陆地一起向外漂移，不断拓宽；太平洋在东部的洋中脊处扩张，在西部的海沟处潜没，潜没的速度比扩张的快，所以太平洋在逐步缩小。

海底扩张说是20世纪60年代，由美国科学家H. H. 赫斯和R. S. 迪茨分别提出的。这个学说较好地解释了一系列海底地形地质和地球物理现象。它的确立使大陆漂移说由衰而兴，主张地壳存在大规模水平运动的观点在学术界占据了上风，为板块构造说的建立奠定了基础。

板块在运动

1968年，法国地质学家勒皮顺把地球的岩石层划分为六个大板块，即太平洋板块、亚欧板块、美洲板块、印度洋板块、非洲板块和南极洲板块。各个板块也会发生相应的水平运动，虽然速度很小，但经过亿万年后，地球的海陆面貌也会发生巨大的变化。喜马拉雅山就是由印度洋板块和亚欧板块发生碰撞挤压而形成的。

当两个坚硬的板块发生碰撞时，其中一个板块就会深深地插入另一个板块的底部。在板块向地壳深处插入的部位，即形成很深的海沟。

喜马拉雅山

喜马拉雅山耸立在青藏高原南缘，全长约2500千米，宽200至300千米，是世界上最高大最雄伟的山系。科学界普遍认为，青藏高原和喜马拉雅山是印度洋板块与欧亚板块相撞形成的。

矿物与宝石

金矿：稀有的贵金属

在金属世界中，金是能够以自然形态存在的金属之一。纯金为金黄色，故又称黄金。黄金光泽耀眼夺目而又名贵稀有，深受人们的喜爱。金体积小而质量大，1 立方厘米的黄金重量约为 19.32 克。

金的比重大，但硬度较小。金的化学性质极稳定，在任何状态下都不会被氧化，所以它不会生锈，不受腐蚀，易于储藏。金的熔点和沸点均很高，熔点为 1063 摄氏度，沸点为 2677 摄氏度。金的延展性极佳，能在一定的压力下伸展成薄片——金箔，纯金可以拉制成极细的金丝。

根据地质学的勘查表明，金在地壳中的含量很少，每千吨岩石中的含量仅为 3.5 克，是一种稀少而珍贵的金属。金主要有脉金和沙金两种。脉金和沙金约占金总储量的 75%，其次是和一些有色金属伴生的金，约占金总储量的 25%。就整个世界而言，黄金的总储量仅为 3.5 万至 4 万吨，因此，黄金显得十分宝贵。

黄金

黄金是金属王国中最珍贵的，也是最罕见的一种。黄金的稀有性使其十分珍贵，而它的稳定性又使其便于保存，所以黄金不仅成为人类的物质财富，而且成为人类储藏财富的重要手段。

银矿：金矿的姐妹

银是较早使用的金属之一，常与金矿伴生。

银广泛分布于自然界，但呈单质状态的较少，多以硫化物状态伴生于其他有色金属矿石中。具有经济意义的银矿主要有辉银矿、角银矿、硫锑铜银矿、淡红银矿、脆银矿、硫锑银矿和黑硫银锡矿等。

世界上 75% 的银是从含银的铜、铅、锌、硫化矿和金矿中获得的，其中 45% 产自铅锌矿，18% 产自铜矿，从单独银矿产出的银仅占 20%。从工业废料如感光材料、镀银器件中回收，是银的另一个重要来源。主要的产银国有俄罗斯、墨西哥、加拿大、美国、秘鲁和澳大利亚等。

银器

银是金属之一，最早被用来做餐具和装饰品（即银器），后来又作为货币在市场上流通。

中国到 20 世纪 70 年代初探明的银矿中，储量在千吨以上的省区有江西、广东、广西、湖南、湖北、云南和四川。

在所有的金属中，银具有最好的导电性、导热性和对可见光的反射性，并有良好的延展性。贵金属中，银的化学性质最活泼。最有工业价值的银化合物是硝酸银和卤化银。

美国是目前世界上最大的白银消费国，用银量约占全世界总消费量的 40%。

【百科链接】

单质：

由同种元素组成的纯净物。

铁矿：现代工业的支柱

铁矿石

铁都是以化合物的状态存在于自然界中，尤其是以氧化铁的状态存在的最多。我国铁矿分布主要集中在辽宁、四川、河北、北京、山西、内蒙古、山东等29个省、市、自治区，世界铁矿主要集中在澳大利亚、巴西、俄罗斯、乌克兰、哈萨克斯坦、印度、美国、加拿大、南非等国。

铁是地球上分布最广的金属之一，约占地壳质量的5.1%，居元素分布序列的第四位，仅次于氧、硅、铝。

铁是世界上发现最早、利用最广、用量最多的一种金属，其消耗量约占金属总消耗量的95%左右。铁矿石主要用于钢铁工业，用于冶炼含碳量不同的生铁和钢。生铁通常按用途分为炼钢生铁、铸造生铁和合金生铁。钢按组成元素不同分为碳素钢和合金钢。合金钢是在碳素钢的基础上，为改善或获得某些性能而有意加入适量的一种或多种其他元素的钢。此外，铁矿石还用做合成氨的催化剂、天然矿物颜料、饲料添加剂和名贵药石等。

自从19世纪中期转炉炼钢法发明导致钢铁工业大生产产生以来，钢铁一直是最重要的结构材料，在国民经济中占有极重要的地位，是社会发展的重要支柱产业，是现代化工业最重要和应用最多的金属材料。所以，人们常把钢和钢材的产量、品种、质量作为衡量一个国家工业、农业、国防和科学技术发展水平的重要标志。

铜矿：最早开采的矿藏

铜是人类最早发现和使用的金属之一。铜及其合金由于导电性和热导性好、抗腐蚀能力强、易加工、抗拉强度和疲劳强度好而被广泛应用，在金属材料消费中仅次于钢铁和铝，成为国计民生和国防工程乃至高新技术领域中不可或缺的基础材料和战略物资。铜在电气工业、机械工业、化学工业、国防工业中具有广泛的用途。

铜是一种典型的亲硫元素，在自然界中主要形成硫化物，只有在强氧化条件下才形成氧化物，铜在还原条件下可形成自然铜。目前，在地壳中已发现铜矿物和含铜矿物约有250多种，主要是硫化物和铜的氧化物、自然铜以及铜的硫酸盐、碳酸盐、硅酸盐等。其中，能够适合目前冶炼条件、可作为工业矿物原料的只有16种。

全世界探明的铜矿储量约6亿多吨，储量最多的国家是智利，约占世界总储量的1/3。我国有不少著名的铜矿，如江西德兴、安徽铜陵、山西中条山、甘肃白银厂、云南东川、西藏玉龙等。

【百科链接】

合金：

由金属与其他一种以上的金属或非金属所组成的具有金属通性的物质。

铜矿

铜是人类发现最早的金属之一，也是最好的纯金属之一。铜广泛用于各种电缆、导线、电机、变压器的绕阻、开关以及线路板等，在电气和电子工业中应用最广，用量最大。

石油裂化　在高温状态下（1000 摄氏度以上），将石油分馏产物（包括石油气）中的长链烃断裂成乙烯、丙烯等短链烃的加工过程。

锰结核：海底的宝贝

锰结核的硬度不大，化学成分包括锰、铁、镍、钴、铜等。

锰结核的形状多种多样，颜色常为黑色和褐棕色。锰结核的个体有大有小，相差十分悬殊：小的如同沙粒一样，直径还不到 1 毫米；大的直径可达几十厘米；有的巨型结核，直径在 1 米以上。1967 年，苏联调查船“勇士号”在 3800 米深的海底发现了一颗世界上最大的锰结核块，重达 2000 千克。

锰结核广泛分布于世界海洋 2000 至 6000 米深的表层，总储量估计在 3 万亿吨以上。根据分析，锰结核中除了铁和锰外，还含有铜、镍、钴等 30 多种金属元素、稀土元素和放射性元素，其中锰、镍、钴在目前技术条件下都具有工业意义，从锰结核中回收金属的试验也取得了成功。美国已设计出特制的冶金炉，用电解法提取铜、钴、镍、锰，纯度达到 90% 以上。据统计，目前在大洋海底发现的具有经济远景的锰结核矿区有 500 多处。

稀土金属：金属大家族

稀土是历史遗留的名称。它是 18 世纪末才陆续被发现的。当时，人们常把不溶于水的固体氧化物称为土，例如，把氧化铝叫作陶土。稀土一般是从氧化物中分离出来，又很稀少，因而得名稀土。稀土金属的化学性质很相似，都是在矿物中共生，但是钪的化学性质同其他稀土金属差别较大，一般稀土矿物中不含钪。

【百科链接】

萃取：

利用不同成分在溶剂中的不同溶解度来分离混合物的方式。

稀土工业始于 19 世纪 80 年代，当时是从独居石（钍和稀土矿物）中提取制汽灯纱罩用的钍，而稀土则是无用的副产品。到 20 世纪初，稀土在打火石、碳弧棒、玻璃着色和抛光粉等方面陆续得到应用。同时，由于电灯取代了汽灯，因而在处理独居石过程中，钍和稀土主副易位。第二次世界大战期间，钍因为核技术的需求而大量生产，稀土因纯度不高，应用不广又成为处理独居石过程中的副产品。到了 20 世纪 50 年代，由于离子交换和溶剂萃取新技术成功地应用于稀土的分离和提纯，稀土产品纯度提高，价格下降。60 年代，稀土被用做石油裂化催化剂和制取荧光粉。70 年代，出现稀土钴永磁体，并在钢中添加了稀土。这些都促进了稀土工业的迅速发展。

锰结核

锰结核是沉淀在大洋海底的一种矿石，它表面呈黑色或棕褐色，形状如球状或块状，含有 30 多种金属元素，其中最有商业开发价值的是锰、铜、钴、镍等。

稀土硅镁

我国拥有丰富的稀土矿产资源，成矿条件优越，已探明的储量居世界之首。图中的稀土硅镁矿是一种混合有稀土元素、硅元素、镁元素的矿石。

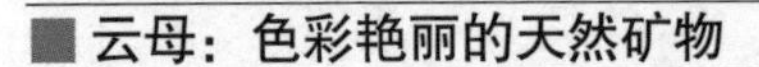

云母：色彩艳丽的天然矿物

云母晶体是一族层状结构硅酸盐矿物的总称，属于铝代硅酸盐天然矿物，通常呈假六方形或菱形的板状、片状、柱状晶形。云母的颜色随其化学成分的变化而异，主要随铁元素含量的增多而变深。

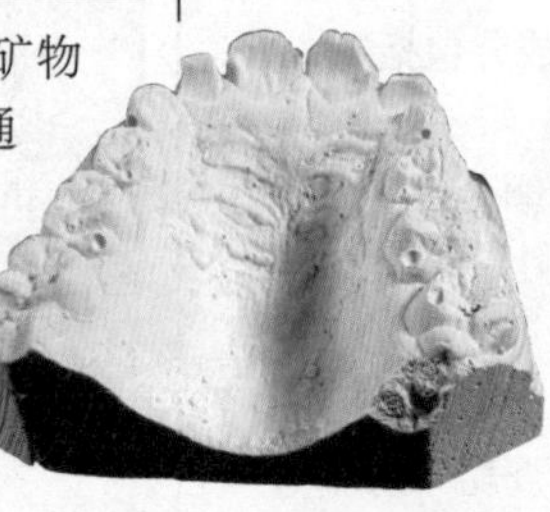

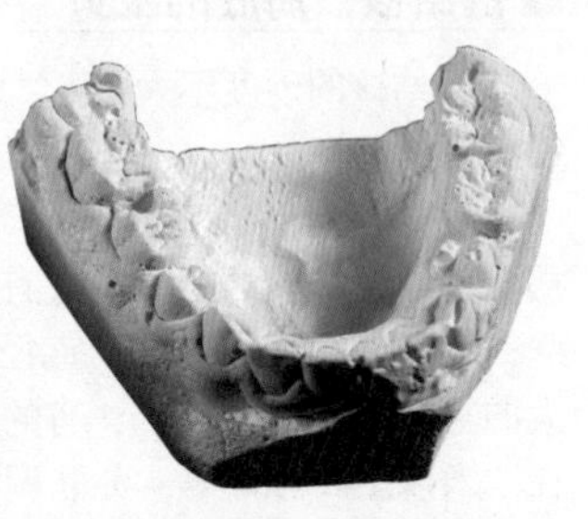

云母具有良好的电性能、力学性能、耐热性能、化学稳定性和耐电晕性。优质的天然云母产地不多，并且云母加工成薄片过程中的损失率很高，因此人们开发出了粉云母纸。它是将云母碎片煅烧后，经酸处理、制浆、抄纸等工序制成，具有良好的性能，大大提高了云母矿料的利用率，降低了成本。

云母的用途有很多：云母带是云母片或粉云母纸与胶黏剂及补强材料黏合后经烘干而成的，广泛应用于电机绕组的匝间绝缘和主绝缘；云母板由胶黏剂黏合云母片或粉云母纸与补强材料经烘焙或烘焙热压而成，主要用作电机电器的衬垫绝缘和换向器绝缘；云母箔由胶黏剂黏合云母片或粉云母纸与单面补强材料，经烘焙或烘焙压制而成，用作电机电器主绝缘和磁极绝缘等。

石膏：优良的建筑材料

石膏是一种天然硫酸钙矿物。在工业生产中，硫酸和钙盐反应生成的工业副产品，称为化学石膏，如磷石膏、氟石膏等。

云母石

云母族矿物中最常见的种类有黑云母、白云母、金云母、锂云母、绢云母等，由于晶体大，色彩艳丽，很早就被人类利用。

化学石膏具有与天然石膏同样的性能。它们都是生产石膏胶凝材料和石膏建筑制品的主要原料，也是硅酸盐水泥的缓凝剂。石膏经600至800摄氏度高温煅烧后，加入少量石灰等催化剂共同磨细，可以得到硬石膏胶结料；经900至1000摄氏度高温煅烧并磨细，可以得到高温煅烧石膏。用这两种方法获得的制品，强度高于建筑石膏制品，而且硬石膏胶结料有较好的隔热性，高温煅烧石膏有较好的耐磨性和抗水性。

石膏

石膏通常为白色、无色，无色透明晶体称为透石膏，有时因含杂质而成灰、浅黄、浅褐等色。石膏及其制品的微孔结构和加热脱水性，使之具有优良的隔音、隔热和防火性能，是生产石膏胶凝材料和石膏建筑制品的主要原料。

利用建筑石膏生产的建筑制品也有很多。在建筑石膏中加入少量胶黏剂、纤维、泡沫剂，然后与水拌和后连续浇注在两层护面纸之间，再经辊压、凝固、切割、干燥而成的纸面石膏板，主要用于内隔墙、内墙贴面、天花板、吸声板等。

将掺有纤维和外加剂的建筑石膏料浆，用缠绕、压滤或辊压等方法成型后，经切割、凝固、干燥而成的纤维石膏板，与纸面石膏板比，其抗弯度较高，用途与纸面石膏板相同。

【百科链接】

电晕：

带电体表面在气体或液体介质中局部放电的现象，常发生在不均匀电场中电场强度很高的区域内。

金刚石：宝石之王

金刚石是自然界中最硬的矿物，由于天然含量稀少，因此被人们尊为“宝石之王”。

纯净的金刚石是无色透明的，不过，由于金刚石一般都含有一些杂质，所以就有了蓝、粉红、绿、黄、褐、灰、黑等颜色。根据金刚石的用途，一般分为宝石金刚石（又称钻石）和工业金刚石两种。

钻石

钻石常呈黄、褐、蓝、绿和粉红等色，但以无色的为特佳。世界上重量超过 620 克拉（合 124 克）的特大宝石级金刚石共发现 10 粒，其中最大的名叫库里南，重 3106 克拉（合 621.35 克），体积为 5 厘米 ×6.5 厘米 ×10 厘米，1905 年发现于南非的普雷米尔矿山。

金刚石最突出、最重要的特性就在于它的坚硬。金刚石最常见的用途就是制作玻璃刀。在生产生活中，消耗金刚石最多的部门是机械工业和地质钻探。

细粒金刚石是极好的磨料。用金刚石粉琢磨宝石金刚石几乎是宝石加工的唯一方法。用金刚石碎屑制成的砂轮，可用于各种精密仪器的加工。金刚石还是一种半导体和很好的热导体，在电子工业和空间技术领域有重要应用。正因为金刚石有着上述重要的用途，所以金刚石极受人们青睐，被列为特殊的战略物质。

红宝石和蓝宝石：大自然的恩赐

红宝石是红色或玫红色的透明刚玉，主要成分是氧化铝。因其中含有微量铬离子，故其颜色呈红或玫红色，其中以鸽血红最为名贵。刚玉属六方晶系，晶体多呈六方柱、六方双锥和板面组成的桶状或腰鼓状，硬度仅次于金刚石。

蓝宝石戒指

古波斯人相信是蓝宝石反射的光彩使天空呈现蔚蓝色，它被看作是忠诚和德高望重的象征。其沉稳而高雅的色调被现代人赋予慈祥、诚实、宽容和高尚的内涵。因此蓝宝石又有“人类灵魂宝石”之称。

红宝石的主要产地是缅甸、斯里兰卡、泰国、巴基斯坦、坦桑尼亚等。已发现的最大的红宝石重 3450 克拉，最大的星光红宝石重 138.7 克拉，均产自缅甸。

蓝宝石是颜色美丽而透明的宝石级刚玉，其化学成分与红宝石基本相同。实际上，自然界中的宝石级刚玉除红色的称红宝石外，其余各种颜色，如蓝色、淡蓝色、绿色、黄色、灰色、无色等，均称为蓝宝石。蓝宝石可以分为蓝色蓝宝石和艳色（非蓝色）蓝宝石，其颜色以印度产的“矢车菊蓝”最为名贵。蓝宝石以其晶莹剔透的美丽颜色，被古代人们蒙上神秘的超自然色彩，视为吉祥之物。据说蓝宝石能保护国王和君主免受伤害，有“帝王石”之称，曾与钻石、珍珠一起成为英国国王、俄国沙皇皇冠和礼服上不可缺少的饰物。

世界上的蓝宝石产地不多，主要有缅甸、斯里兰卡、泰国、澳大利亚、中国等，就质量而言，以缅甸、斯里兰卡出产的最佳。

珠宝市场上，红、蓝宝石是仅次于钻石的珍贵宝石。红宝石比蓝宝石更为稀罕。重量超过 10 克拉、质量极优的红宝石极为罕见，非常名贵。

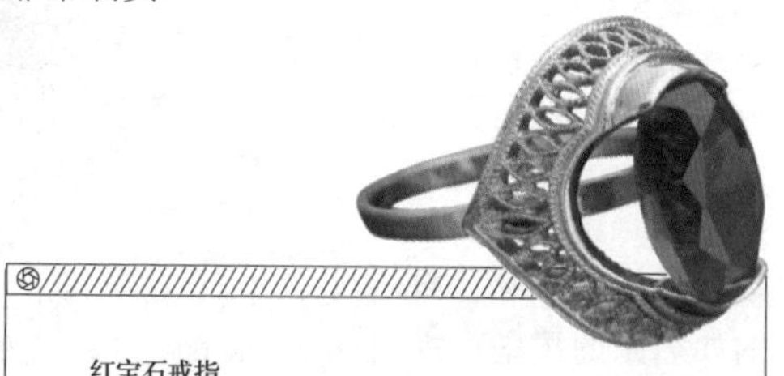

红宝石戒指

红宝石炙热的红色使人们总把它和热情、爱情联系在一起，被誉为“爱情之石”，象征着似火的热情，美好的爱情、永恒和坚贞。

水晶：圣洁吉祥的象征

水晶

水晶晶体呈棱柱状并带六边形锥，柱面有横纹，紫水晶中常有角状色带。在自然界中，水晶常呈晶簇产出，造型美观。结晶完好的水晶，常有好的平行脊的人字形断口；在紫晶和热处理的黄晶中，多呈不平坦的薄片状破口。

水晶是二氧化硅的晶体，它通常是无色透明的，但含铁元素时可具有不同的颜色，如紫色、黄色、烟灰色等。当水晶中含有沿一定方向排列的纤维或针状矿物时，就可加工成水晶猫眼和星光水晶；若含有水的包裹体，则可能成为水胆水晶。

长期以来，水晶被人们视为圣洁之物，是吉祥的象征。水晶饰品晶莹剔透，夏天佩戴能给人增添凉爽之感。此外，天然水晶含有多种对人体有益的元素，不具放射性。凡此种种，使得水晶及其制品长期以来备受人们青睐。

玛瑙：纹理精美的宝石

玛瑙石是火山熔岩喷发时由二氧化硅沉积而成的石英，宝石界将其中具有同心层状和不规则纹带、缠丝构造的称为玛瑙，它被广泛用于工艺雕刻。

玛瑙是玉髓的一种，是呈带状的玉髓，一般呈平直或者同心圆的色层、色带，还有苔藓状或树枝状的色体。玛瑙的色层、色带、色体在大自然中的形成，充分体现了大自然鬼斧神工：有的色层如树干的年轮，有的如名家的泼墨山水画，有的又似一幅构图精美的花鸟画，令人赏心悦目、爱不释手。

玛瑙

玛瑙是一种胶体矿物。在矿物学中，它属于玉髓类。玛瑙的历史十分久远，由于纹带美丽，遂成为人类最早利用的宝石材料之一。我国玛瑙产地很多，几乎各省都有，主要分布在黑龙江、辽宁、湖北等省。世界最著名的玛瑙产地有印度、巴西等地。

人们按照玛瑙呈现的图案，把它分为：带状玛瑙、藓纹玛瑙、风景玛瑙、花饰玛瑙、贝壳玛瑙和火彩玛瑙。

玛瑙是宝石，有句谚语说：“舍得宝来宝掉宝，舍得珍珠换玛瑙。”可见玛瑙是一种供赏玩的饰品。由于价格不高，玛瑙常作为普通百姓选购的装饰品。

玉：温润君子

玉质地温润细密、光泽柔和，中国古人对玉的解释除了物质的特性之外，还赋予它以“德”的概念。东汉许慎《说文解字》：“玉，石之美兼五德者。”这是封建社会的文人对玉的特征和内涵的典型概括。

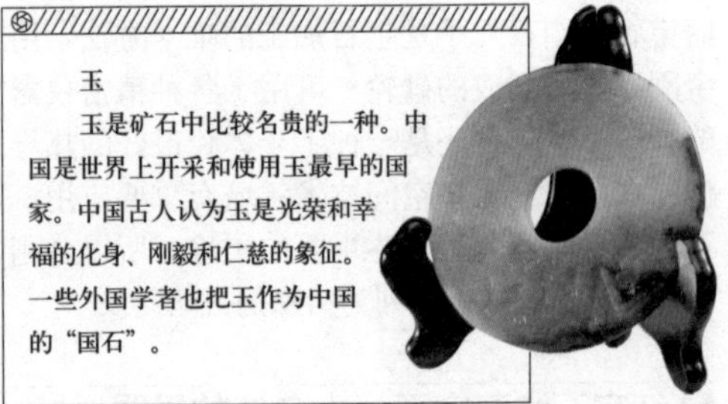

玉

玉是矿石中比较名贵的一种。中国是世界上开采和使用玉最早的国家。中国古人认为玉是光荣和幸福的化身、刚毅和仁慈的象征。一些外国学者也把玉作为中国的“国石”。

在中国，主要有产于新疆的和田玉、河南南阳的独山玉、辽宁的岫岩玉等。其中和田玉属软玉，主要成分是硅酸钙，属角闪石类，纯者色白，又往往因含有少量氧化金属离子而呈现青、绿、黑、黄等色或杂色。早期玉器多属软玉，硬玉制品较晚才出现。原始社会的玉器具有一定的实用价值，玉簪、玉环、玉璜、玉玦供装饰之用，玉璧、玉琮可用于祭祀。

【百科链接】

晶体：

微粒（原子、分子或离子）在空间呈三维周期性规则排列的固体。

地球上的时间与方位

经纬线：地球上的格子

为了定位的需要，人们在地球上划分了许多纵横交错的线：经线和纬线。

本初子午线

通过英国格林尼治天文台的子午线，是全球时间和经度计量的标准参考子午线，即"本初子午线"。

所有纬线互相平行，长度不等。其中，垂直于地轴、且通过地心的平面同地面相割而成的圆，是纬线中最大的圆，也叫赤道。

一切通过地轴（也必通过地心）的平面同地面相切而成的圆，都是经线圈。它们都在南北两极相交，并被等分为两个半圆，这样的半圆叫经线。其中，通过英国伦敦格林尼治天文台的经线，被公认为本初子午线，即零度经线，它是地理坐标系的纵轴。

【百科链接】

地理坐标系：

也称真实世界坐标系，是用于确定物体在地球上的位置的坐标系。最常用的是经纬度坐标系。

赤道：南北分界线

赤道是通过地球中心、垂直于地轴的平面且和地球表面相交的大圆，它把地球平分为南北两个半球。赤道是南北纬度的起点（即零度纬线），也是地球上最长的纬线圈，全长40075.24千米。

赤道纪念碑

古代浑天说认为，天体是个浑圆形的球体，赤道即指天球表面距离南北两极相等的圆周线。现代天文学家称其为天球赤道。厄瓜多尔和索马里都处于赤道通过的地方，因此各自都在适宜部位建造了这种赤道纪念碑。

赤道穿过地球上的许多国家。在这些国家里，人们用不同的标志来表示赤道线：在刚果，人们用许多沿直线排列的小石柱表示赤道线，这些小石柱叫赤道桩；厄瓜多尔首都基多城的市民在郊外修建了一座赤道纪念碑，纪念碑高10米，碑身四面刻有表示东南西北四个方向的文字，碑顶放着一个石刻地球仪，地球仪腰部，有一条标志赤道方位的白线，一直延伸到碑底的石阶上，连接地面上的赤道线。

南北两极：世界的尽头

按照国际上通行的概念，南纬66度34分（南极圈）以南的地区统称为南极，包括南大洋及其岛屿和南极大陆，总面积约为6500万平方千米。南极大陆95%以上的面积为极厚的冰雪所覆盖，素有白色大陆之称。南极地区的矿产资源极为丰富，从已查明的资源分布来看，煤、铁和石油的储量为世界第一，其他的矿产资源还在勘测中。

与南极相对，北极指的是地球北纬66度34分（北极圈）以北的地区。北冰洋是一片浩瀚的冰封海洋，周围是众多的岛屿以及北美洲和亚洲北部的沿海地区。北极地区的气候终年寒冷：冬季，太阳始终在地平线以下，大海完全封冻结冰；夏季，气温上升，北冰洋的边缘地带融化，太阳连续几个星期都挂在天空。北冰洋中有丰富的鱼类和浮游生物。

时区：不同的时间

地球总是自西向东自转，东边总比西边先看到太阳，东边的时间也总比西边的早。这给人们的日常生活和工作都带来了不便。

为避免时间上的混乱，1884 年，国际经度会议决定在全世界按统一标准划分时区，实行分区计时，人们把这种按时区系统计量的时间称为“区时”或“标准时”。世界时区的划分，以本初子午线为标准，从西经 7.5 度到东经 7.5 度为零时区，又称为中时区；从零时区的边界分别向东向西，每隔经度 15 度划分一个时区，东西各 12 个时区；东 12 时区与西 12 时区重合，

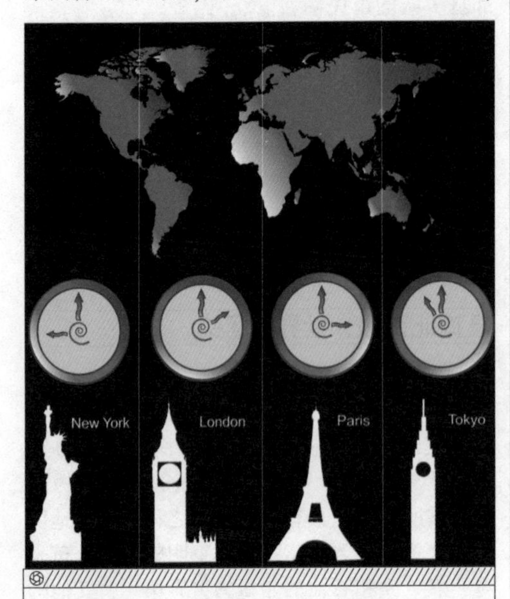

时区

为了在全国范围内采用统一的时间，世界上不少国家和地区都不严格按时区来计算时间，而是一般把某一个时区的时间作为全国统一采用的时间。

【百科链接】

区时：

每个时区都以本区中央经线上的地方时作为全区共同使用的时间，即区时。

全球共 24 个时区。各时区都以中央经线的地方时作为本区的区时，即本区的标准时，相邻两时区的区时相差 1 小时。因为地球自西向东自转，由中时区向东每增加一个时区，时间增加一小时，而向西则相反。

时区的界线原则上是按照经线划分的，但在具体实施中，往往根据各国的政区界线和自然界线来确定。例如，我国把首都北京所在的东 8 区的时间作为全国统一的时间，称为北京时间。

日界线：国际日期变更线

为了避免日期上的混乱，1884 年，国际经度会议规定了一条国际日期变更线，作为地球上今天和昨天的分界线。这条变更线位于太平洋中的 180 度经线上，但为避免一个国家同时存在着两种日期，实际日界线并不是一条直线，而是基本上只经过海洋表面的折线。它北起北极，通过白令海峡和太平洋，直到南极。

按照规定，凡越过这条变更线时，日期都要发生变化：从东向西越过这条界线时，日期要加上一天，从西向东越过这条界

国际日期变更线

日界线有三处偏离 180 度经线：在俄罗斯西伯利亚东端向东偏离；在美国阿留申群岛以西向西偏离；在南纬 5 度至南纬 51 度 31 分之间向东偏离，使斐济群岛和汤加群岛等属于东 12 区。

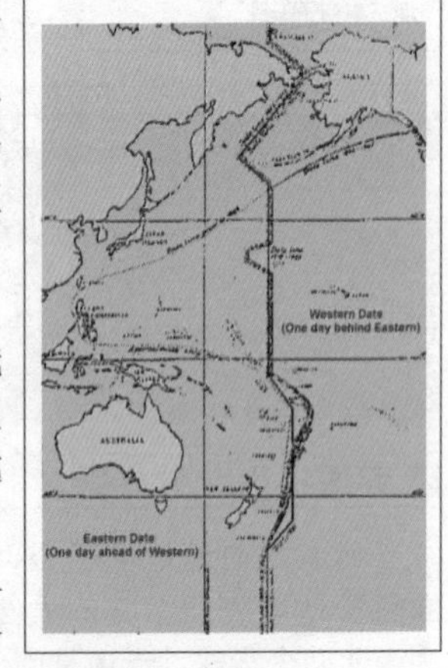

线时，日期要减去一天。

国际日期变更线是一日开始和终了的界线，因此，它所通过的东西12时区就成为一个十分特殊的时区。在这个时区里，时间一致，日期却不同，仅一线之隔，东西竟相差一天，西边要比东边早一天。

公转：四季的产生

地球不停地围绕着太阳运转的现象称为地球的公转。

公转

地球和太阳系里的其他行星都以太阳为中心，围绕着太阳有规律地公转。

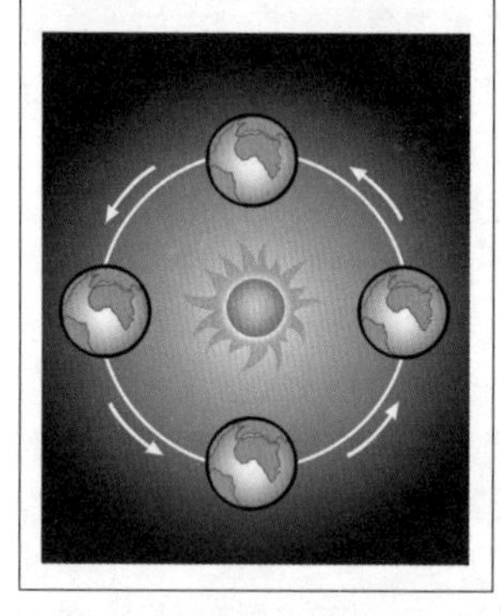

地球公转方向为自西向东，地球公转的路径叫做地球轨道。公转速度大约为每秒30千米。地球公转的同时也在自转，在天球上，自转表现为天轴和天赤道，公转表现为黄轴和黄道。天赤道与黄道在不同平面上，这两个同心的大圆所在的平面构成一个23度26分的夹角，这个夹角叫做黄赤交角。

黄赤交角的存在，使地球的自转轴相对于地球轨道面来说是倾斜的，且倾斜方向不变。地轴始终指向北极星。黄赤交角决定了太阳直射的南北界线，进而产生太阳回归运动，引起太阳高度角、气温高低和昼夜长短的变化。这样就形成了四季。天文学上划分的四季(北半球)如下：自春分到夏至为春季，自夏至到秋分为夏季，自秋分到冬至为秋季，自冬至到春分为冬季。

【百科链接】

天赤道：

把宇宙想象成一个巨大的球，叫天球，地球的赤道在天球上的投影就叫天赤道。

自转：昼夜更替

地球自转是地球的另一种重要运动形式，地球自转的方向与公转的方向是一致的。一般而言，地球的自转是均匀的，各种天体的东升西落都是地球自转的一种反映。

地球是一个不发光又不透明的球体，因此同一时间阳光只能照亮半个地球，被阳光照亮的部分是白昼，没有阳光的部分是黑夜。昼半球和夜半球的分界线，叫作晨昏线。

任何时间，地球上各地所处的昼夜状态都可以用太阳高度角来表示，也就是太阳光线与当地地平面的夹角。在昼半球上，太阳高度总是大于零度，即太阳在地平线之上；在晨昏线上，太阳高度等于2度，即太阳刚好位于地平线上；在夜半球上，太阳高度总是小于零度，即位于地平线之下。由于地球不停地运动，昼夜也在不断地交替。

昼夜交替的周期为24小时，一个周期叫作一个太阳日，它制约着人类的起居作息。

昼夜

地球自转一周为一昼夜，谓之“太阳日”。当地球自转时，面向太阳的一面为“昼”，背向太阳的一面则为“夜”，昼夜的形成即由此。春分以后，日照北半球渐多，因此北半球夜短昼长，南半球则相反；秋分以后，日照南半球渐多，故北半球昼短夜长，南半球则相反。

气象与气候

云和雾：运动的水滴

高积云

大多由过冷水滴构成，伴有冰晶或非过冷水滴，是水云或冰、水混合的混合云，云块较小，轮廓分明。

水汽在大气中凝结，产生云和雾。雾是近地层大气发生冷却而产生的凝结现象，大量细小水滴或冰晶悬浮在近地层大气中，其底部贴近地面。云是由于空气上升运动而发生在高空的水汽凝结现象，云的底部是脱离地面的。

常见的雾有辐射雾、平流雾、蒸发雾、上坡雾等。辐射雾多出现在晴朗、微风、近地面水汽比较充沛且比较稳定或有逆温存在的夜间和清晨。平流雾是暖而湿的空气作水平运动，经过寒冷的地面或水面逐渐冷却而形成的。蒸发雾是冷空气流经温暖水面，如果气温与水温相差很大，水面蒸发出的大量水汽遇冷凝结成的。上坡雾多发生在冷、暖空气交界的锋面附近。

云的分类有很多，按照高度可分为高云、中云、低云，按照形态可分为积云、卷云、层云，等等。在民间，人们很早就根据云来预测天气。雷雨到来之前，天空中常常会出现积云。卷层云后面的大片高层云和雨层云，是大风雨的征兆。

【百科链接】

锋面：

冷、暖两种不同性质气团之间的狭窄过渡带。

雨和雪：无根之水

雨和雪都是降水现象。雨是液态的水汽凝结物，雪是固态的水汽凝结物。降水的产生与云有重要关系，但是有云并不一定产生降水。只有当云增长到足够大的时候，才能形成降水。

云的增长，是由于不断有水汽进入云内，使云内空气的水汽压大于云的饱和水汽压，这时空气中的水汽就会附着到云上，使云增长，这个过程称为云的凝结增长过程。如果云内水汽减少，凝结增长就会停止。在云下降过程中，大云下降速度快，小云下降速度慢，在下降过程中大云就会追上小云，相互碰撞而粘附在一起，成为较大的云，而大小云被上升气流上带的时候，小云也会追上大云，碰撞合并成为更大的云。当云内温度在零摄氏度以上，云块完全由水滴组成，降落到地面的就是雨。如果云内温度在零摄氏度以下，而云块下层气温在零摄氏度以上，从云内下降的虽然是冰晶雪花或小冰雹，也可能在下降途中融化成雨下落到地

雪

下雪总量是指雪融化成水的量。24 小时之内降雪量大于等于 10 毫米为暴雪；24 小时之内降雪量大于等于 5 毫米小于等于 9.9 毫米为大雪；24 小时之内降雪量大于等于 2.5 毫米小于等于 4.9 毫米为中雪；24 小时之内降雪量 2.4 毫米以下为小雪。

面；当云内温度在零摄氏度以下，云块下层气温也在零摄氏度以下，云内形成的雪花就可以一直降落到地面。因为冰晶分子以六角形为基础，水汽在冰晶上凝结形成雪花，也以六角形为基础。

雾凇和雨凇：琉璃的世界

雾凇俗称树挂，它产生于零摄氏度以下的环境中，是由无数尚未结冰的雾滴随风在树枝等物上不断积聚冻结的结果，表现为白色不透明的粒状结构沉积物。雾凇轻盈洁白，附着在树木上，宛如琼树银花，清秀雅致。我国吉林省吉林市松花江畔的雾凇奇景被誉为中国四大自然奇观之一。

雾凇

雾凇现象在我国北方十分普遍，吉林市的雾凇特别壮观，号称中国四大自然奇观之一。

雾凇是一种自然美景，但是它有时也会成为一种自然灾害。严重的雾凇有时会将电线、树木压断，造成损失。

雨凇指的是过冷却的液态降水（冻雨）碰到地面物体后直接凝结而成的毛玻璃状或透明的坚硬冰层，外表光滑或略有隆突。雨凇通常在不太寒冷时（0~3摄氏度）出现，主要形成在物体的水平面和迎风面上，在电线或树枝上还常形成长长的下垂冰挂。雨凇点点滴滴裹嵌在草木之上，结成各式各样美丽的冰凌花，有的则结成钟乳石般的冰挂，山风拂荡，分外晶莹剔透，使人犹如进入了琉璃世界。

和雾凇一样，雨凇有时也属于灾害性的天气现象，严重的雨凇能压断树木、电线，造成供电和通信的中断，妨碍公路和铁路交通，威胁飞机的飞行安全。

【百科链接】

松花江：

满语中意为“天河”，是黑龙江在中国境内的最大支流。发源于中、朝交界的长白山天池，跨越黑龙江、吉林和内蒙古三省、自治区，支流有嫩江、呼兰河、牡丹江等。

露水：晶莹的水珠

春秋季节，昼夜温差较大。白天，太阳照热了大地和空气，地面和树木蒸发出很多水蒸气；到了晚上，大地开始变凉，凉得最快的是石头和树木，但是空气散热比较慢，不容易变凉。空气中的水蒸气接触到最先冷却的石头或树木，就会凝结成小水珠，这就是露水。

露水需在大气较稳定、风小、天空晴朗少云、地面热量散失快的天气条件下才能形成。如果夜间天空有云，地面就像盖上了一条棉被，散失的热量碰到云层后，一部分折回大地，另一部分则被云层吸收，被云层吸收的这部分热量，又会慢慢地辐射到地面，使地面的温度不容易下降，露水就很难出现；如果夜间风较大，使上下空气对流，增加近地面空气的温度，又会使水汽扩散，露水也很难形成。

露水

露水并非从天而降，而是夜晚空气中的水蒸气碰到冷却了的草叶时，凝结成的。

露水对农作物生长很有利。在炎热的夏天，农作物白天会蒸发掉大量的水分，发生轻度的枯萎。到了夜间，露水会使农作物很快恢复生机。此外，露水还有利于农作物对已积累的有机物进行转化和运输。

雷电：正负电荷的碰撞

雷电是伴有闪电和雷鸣的放电现象。

雷电多产生于积雨云中。积雨云的不同部位分别聚集着正、负电荷，地面受积雨云电荷的感应，也带了与云层底部不同的电荷。强大的电荷会将阻碍其会合的大气击穿，这样雷电便形成了。由于发生雷电时电流非常强，通常比太阳表面的温度高很多倍，所以会发出耀眼的强光。通道上的空气和云受热膨胀后发出的巨大响声就是雷声。因为光速比声速传播得快，所以人们总是先看见闪电后听到雷声。

雷电

雷电是伴有闪电和雷鸣的一种雄伟壮观而又有点令人生畏的放电现象。雷电一般产生于对流发展旺盛的积雨云中。雷电常伴有强烈的阵风和暴雨，有时还伴有冰雹和龙卷风。

雷电常常会在雷区形成灾害，有时还能置人于死地。当然，雷电并不都是坏事，仲夏季节的雷电往往伴随着降雨，给农作物提供充足的水分；雷雨可将大气中的灰尘、烟雾等污染物冲走，起到净化大气的作用，使雨后的空气更加清新；另外，闪电产生的高温，能使空气中氮气和氧气直接化合成二氧化氮然后随雨水渗入土壤中变成硝酸盐，它是农作物的上等肥料。

彩虹：天地间的七彩桥

夏季，雨过天晴，天空中常常会出现一道半圆形的彩带。它是一条由红、橙、黄、绿、蓝、靛、紫七种颜色组成的光带，我们把它叫作彩虹。

彩虹是因为阳光射到空中接近圆形的小水滴时，发生色散及反射而形成的。阳光射入水滴时会同时以不同角度入射，在水滴内亦以不同的角度反射。其中以40至42度的反射最为强烈，合在一起即成我们所见到的彩虹。

由于光在水滴内被反射，所以观察者看见的光谱是倒过来的，红光在最上方，其他颜色在下。只要空气中有水滴，而阳光在观察者的背后以低角度照射，便可能产生彩虹现象。彩虹经常在雨后转晴的下午出现。这时空气中尘埃少而小水滴多，天空的一边因为仍有雨云而较暗，而观察者头上或背后已没有云的遮挡可以看见阳光，这样彩虹便会容易地被看到。另一个经常可见到彩虹的地方是瀑布附近。

彩虹的明显程度，取决于空气中水滴的大小，小水滴体积越大，形成的彩虹越鲜亮；水滴体积越小，形成的彩虹就越不明显。

彩虹

雨过天晴后出现的彩虹，其实是阳光射到空中接近圆形的小水滴中，造成色散及反射而形成的。

【百科链接】

色散：

复色光通过某种媒介被分解成单一波长的单色光的现象。

风：流动的空气

风受大气环流、地形、水域等不同因素的综合影响，表现形式多种多样，如季风、地方性的海陆风等。简单地说，风是空气分子的运动。有风必然有气压的变化，气压变化有些是风暴引起的，有些是地表受热不均引起的，有些是在一定的水平区域上，大气分子被迫从气压相对较高的地带流向气压较低的地带引起的。

风中蕴藏着巨大的能量，风能是一种分布广泛、用之不竭的新能源。但狂风会使叶片机械擦伤、作物倒伏、树木折断、落花落果而影响产量；还可能毁坏农田，导致土地沙漠化。

台风：强烈的热带气旋

台风是发生在热带海洋上的一种强烈的热带气旋。台风的水平尺度约为几百千米至上千千米，垂直尺度可从地面直达平流层底层。台风中心气压很低，中心附近地面最大风速一般为 30 至 50 米 / 秒，有时可超过 80 米 / 秒。

强风引起的巨大海浪，可对海洋船舶造成很大破坏。当台风靠近海岸时，狂风可引起巨大的海潮，冲击沿海城镇。台风中心经过的地区常有特大暴雨，日降雨量可达 200 毫米以上，造成大范围洪涝灾害。

加强台风的监测和预报，是减轻台风灾害的重要措施。利用气象卫星资料，可以确定台风中心的位置、估计台风的强度、监测台风的移动方向和速度以及狂风暴雨出现的地区等，从而采取措施防止和减轻台风造成的灾害。

台风

台风是一种破坏性很强的灾害性天气系统，它所带来的狂风和暴雨对沿岸地区有着极大的破坏力。但同时台风对于调剂地球热量、维持热平衡功不可没。

龙卷风：破坏力惊人

龙卷风是指由积雨云底部下垂的漏斗状云引起的非常强烈的旋风，它是一种破坏力极强的天气现象。由于漏斗云内气压很低，具有很强的吮吸作用，当漏斗云出现在陆地表面时，可把大量沙尘等吸到空中，形成尘柱，称为陆龙卷；当它出现在海面时，能吸起巨大的水柱，称为海龙卷（或水龙卷）。海龙卷一般比陆龙卷弱，水平范围也比陆龙卷小。

龙卷风的移动距离一般为几百米至几千米，个别可达几十千米以上，风速和上升速度都很大。据估计，龙卷风中心附近的风速一般约为每秒几十至一百米，极端情况下可达 150 米 / 秒以上。

龙卷风

龙卷风是一种强烈的、小范围的空气涡旋，往往由空气的强烈对流运动而产生的，具有很大破坏力。龙卷风的产生十分突然和猛烈，它往往会使庄稼、树木瞬间被毁，交通、通信中断，房屋倒塌，人畜伤亡。

【百科链接】

气压：

单位面积上空气分子运动所产生的压力。

厄尔尼诺现象

厄尔尼诺是太平洋赤道带大范围内海洋与大气相互作用后失去平衡而产生的一种气候现象。它的出现，会给全球带来灾害性天气。

厄尔尼诺一词源于西班牙语，是“圣婴”的意思，因这种现象一般出现在12月圣诞节前后，故得此名。

20世纪发生的几次重大的厄尔尼诺现象都造成了全球气候不同程度的异常。1982至1983年发生的强烈的厄尔尼诺现象，曾使北美大陆多次出现热浪，造成上百万家畜、家禽死亡；夏威夷遭受历史上罕见的飓风袭击；澳大利亚、南亚发生了少有的干旱。1987年也是厄尔尼诺的发生年，多种灾害性天气连续不断，地球上几乎每隔24小时就有2至4起异常天气发生，受灾地区遍布全球。

科学家们经过研究认为，厄尔尼诺之所以造成全球气候异常，是因为就整个大气环流来说，其总的热源是赤道带。在以赤道为动力的全球大气环流运动中，不同地区形成了不同的天气，全球各地形成了相对稳定的气候带。而厄尔尼诺的出现恰恰会不同程度地影响这种稳定，使全球相对稳定的气候变得异常。

天气预报

天气预报的发展，大体上可分为单站预报、天气图预报、数值天气预报三个阶段。17世纪以后，人们主要根据地面气象站气压、气温、风、云等要素的变化来预报天气。1851年，英国首先绘制成地面天气图，并根据天气图上的高压和低压系统的移动，制作天气预报。随后，欧美等许多地区也相继发展了天气图预报。20世纪20年代开始，气团学说和极锋理论先后被应用在天气预报中。30年代，对天气演变的分析从二维发展到了三维。40年代后期，天气雷达的运用，为灾害性天气的预报提供了有效的工具。50年代以来，动力气象学原理、数学物理方法、统计学方法等，广泛应用于天气预报，人类从此进入数值预报阶段。60年代气象卫星的发射，使天气预报的水平显著提高。

卫星云图

卫星云图是气象卫星自上而下观测到的地球上的云层覆盖和地表特征的图像，对提高天气预报的准确率起了重要作用。

天气变化和人们的生产活动、社会活动、军事活动以至日常生活都有十分密切的关系。如何将天气预报及时提供给相关部门和人民群众，是预报服务的中心环节。

【百科链接】

飓风：

发生在大西洋、加勒比海和北太平洋东部的，风速达到33米／秒以上的热带气旋。

厄尔尼诺现象带来的水灾

“圣婴”一点儿也不可爱。厄尔尼诺现象出现时，全球许多地方发生洪涝灾害，繁华的城市变为一片泽国，肥沃的土地变成一片汪洋，许多人因此失去家园。

大洲与大洋

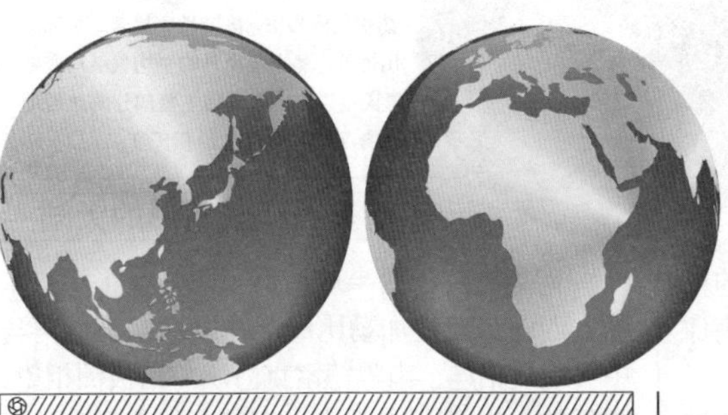
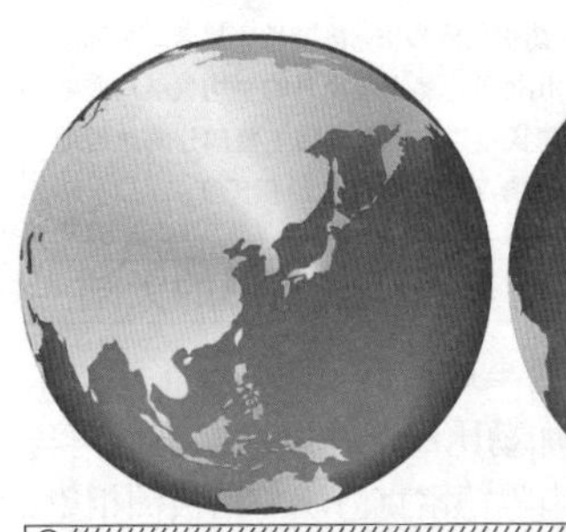

亚洲

亚洲面积 4400 万平方千米（包括岛屿），约占世界陆地总面积的 29.4%，是世界上最大的一个洲。亚洲大陆与欧洲大陆毗连，形成全球最大的陆块——亚欧大陆， 总面积约 5071 万平方千米，其中亚洲大陆约占 4 / 5。

亚洲：最大的洲

亚洲全称亚细亚洲，是亚欧大陆的一部分，位于东半球东部，是世界上第一大洲。亚洲西以乌拉尔山脉、乌拉尔河、高加索山脉和黑海海峡与欧洲相邻，西南以苏伊士运河与非洲隔开，东南以帝汶海、阿拉弗拉海以及其他一些海域与大洋洲分界，东北隔白令海峡与北美洲相望。总面积为 4400 万平方千米，约占世界陆地面积的 1/3。

亚洲地形起伏很大，有许多高原和山脉，山地、高原、丘陵占全洲面积的 3/4。山地、高原的外侧，分布有面积广大的平原。中部山地还是许多大河的发源地，由于亚洲的地形是中部高、四周低，所以这些河流呈放射状分布。

亚洲在各大洲中所跨纬度最广，气候复杂多样，东部沿海季风气候显著，西部内陆以温带大陆性气候为主。亚洲的森林和水力资源比较丰富，石油、天然气、煤等矿产的储量大。亚洲的农作物主要有水稻、小麦、棉花等。

亚洲有 40 多个国家和地区，总人口 36.72 亿（2000 年），是人口最多的一个洲，以黄种人为主。中国是亚洲，也是世界上人口最多的国家。

非洲

非洲位于东半球的西南部，地跨赤道南北，西北部的部分地区伸入西半球。非洲东濒印度洋，西临大西洋，北隔地中海和直布罗陀海峡与欧洲相望，东北隅以狭长的红海与苏伊士运河与亚洲相邻。

非洲：高原大陆

非洲全称阿非利加洲，是拉丁文“阳光灼热”的意思。它位于东半球西部，西濒大西洋，东临印度洋，北隔地中海与欧洲相望，东北以红海、苏伊士运河与亚洲相接，面积 3020 万平方千米，是世界第二大洲。非洲境内大部分是高原，因此被称为高原大陆，全洲平均海拔 600 米以上。

非洲中部以热带雨林气候为主，南北为热带草原气候、热带沙漠气候以及地中海式气候。非洲的动物资源比较丰富，有许多珍稀动物，如猩猩、狮子、长颈鹿、斑马等。此外，非洲的矿产资源丰富，其中黄金和金刚石的产量居世界第一位。

非洲现有 50 多个国家和地区，居民有 7.23 亿，约占世界总人口的 12.8%。人口分布以尼罗河中下游河谷、西北非沿海、几内亚湾北部沿岸、南非的东南部比较密集。非洲居民主要是黑种人和白种人。

非洲的尼罗河流域是世界古代文明的摇篮之一。尼罗河下游的埃及被誉为世界四大文明古国之一，古埃及人在建筑、雕刻、绘画、天文等方面都取得了巨大的成就。

【百科链接】

乌拉尔河：

俄罗斯和哈萨克斯坦境内河流，发源于乌拉山脉克鲁格拉亚峰附近，向南流，注入里海。传统上认为它是欧洲与亚洲的界河。

北美洲：辽阔的新大陆

北美洲西接太平洋，东临大西洋，北邻北冰洋，西北与东北分别隔海与亚洲、欧洲相望，南面以巴拿马运河与南美洲相连，为世界第三大洲。

北美洲的地形基本上是中间低、东西两面高。南北走向的山脉分布于东西两侧，东部为阿巴拉契亚山脉，西部为科迪勒拉山系的一部分。在东西两列山脉之间是高原和盆地。

北美洲中部的五大湖区是世界上最大的淡水湖群。沿海多渔场，纽芬兰渔场是世界上最大的渔场之一。北美洲地跨寒、温、热三带，大部分地区冬冷夏热，属典型的温带大陆性气候。北美洲的矿产丰富，主要有煤、铁、石油、天然气等。

北美洲共有 23 个国家和 13 个地区，人口 4 亿多，人种主要是白种人、黄种人、黑种人等。居民主要为英、法等欧洲国家移民的后裔，其次是黑人、印第安人，还有少数格陵兰人、波多黎各人、犹太人、日本人和中国人。主要信仰基督教和天主教，通用英语和西班牙语。

南美洲

南美洲大部分地区属热带雨林和热带草原气候。气候特点是温暖湿润，以热带气候为主，大陆性不显著。全洲除山地外，冬季最冷月的平均气温均在零摄氏度以上，占大陆主要部分的热带地区，年平均气温超过 20 摄氏度。

南美洲：三角形的大陆

南美洲位于西半球南部，西临太平洋，东临大西洋，北滨加勒比海，并以巴拿马运河与中美地峡相连，南隔德雷克海峡与南极洲相望。面积约 1800 万平方千米。南美大陆北阔南狭，类似一个三角形。海岸线比较平直，半岛、岛屿和海湾较少。地形可分为三个南北纵列带：东部是古老的波状高原，主要有圭亚那高原、巴西高原、巴塔哥尼亚高原；中部是广阔的冲积平原，主要有奥里诺科平原、亚马孙平原；西部是高大的科迪勒拉山系南段，全长 9000 千米，为世界上最狭长的山脉。赤道横贯南美洲北部，大部分地区属热带雨林和热带草原气候，水力资源丰富，亚马孙河是世界上流域面积最广、流量最大的河流，亚马孙平原为世界上最大的平原。

南美大陆有世界上面积最大的热带雨林，是天然橡胶、可可等多种经济作物的原产地。著名的动物有貘、大食蚁兽、巨嘴鸟、蜂鸟等。渔场较多，秘鲁渔场是世界著名的渔场。南美洲有人口 2.6 亿，分布在 13 个国家和地区，主要有混血种人、印第安人、白种人和黑种人。

加拿大风光

加拿大位于北美洲的北部，枫树是加拿大的国树，也是加拿大民族的象征。每当秋日来临之时，灿烂的枫叶映红了蓝天碧水，染红了城镇村庄，红透了整个加拿大，令人赞叹不已。

【百科链接】

印第安人：

又称美洲原住民，是除爱斯基摩人外的所有美洲土著居民的总称。

棕色人种　四大人种之一。他们皮肤为棕色或巧克力色，头发棕黑且卷曲，鼻子宽扁，嘴部前突，体毛发达。棕色人种主要分布在澳大利亚、新西兰等地。

欧洲：海拔最低的洲

欧洲位于东半球的西北部，与亚洲相连。欧洲的西、北、南分别临大西洋、北冰洋、地中海和黑海，东和东南以乌拉尔山脉、乌拉尔河、里海、高加索山脉、黑海海峡同亚洲分界，总面积1000万平方千米。

欧洲的地势在七大洲中最低，平均海拔300米，平原总面积占全洲的2/3。山地主要分布在南北两侧，南部的阿尔卑斯山脉高大雄伟，主峰勃朗峰海拔4810米。欧洲的河流和湖泊较多，伏尔加河是世界上最长的内流河，全长3690千米，也是欧洲最长的河流。多瑙河全长2850千米，是欧洲第二长河，也是世界上流经国家最多的河流。

欧洲

欧洲地形总的特点是冰川地形分布较广，高山峻岭汇集南部。全洲平均海拔约300米，是平均海拔最低的洲。

欧洲大部分地区气候温和湿润，海洋性气候比较明显，大多数国家是发达国家，城市人口约占全洲人口的64%。欧洲的人口分布西部最密，莱茵河中游谷地、巴黎盆地、比利时东部和泰晤士河下游每平方千米均在200人以上，绝大部分居民是白种人。印欧语系的居民占全洲总人口的95%，包括斯拉夫、日耳曼、拉丁、阿尔巴尼亚、希腊、凯尔特语族的民族。居民多信仰天主教、基督教新教和东正教等，城中之国梵蒂冈是世界天主教的中心。

大洋洲：最小的洲

大洋洲包括澳大利亚大陆、塔斯马尼亚岛、伊利安岛、新西兰南北二岛以及美拉尼西亚、密克罗尼西亚、波利尼西亚三大群岛，岛屿共约1万多个。

大洋洲介于亚洲和南北美洲之间，总面积为892万平方千米，是七大洲中面积最小的一个。主体为澳大利亚大陆，其东部是褶皱断层山地，中部是沉积平原，西部为侵蚀高原。大洋洲的岛屿可分为大陆岛、火山岛、珊瑚岛三种类型。伊里安岛是大洋洲最大的大陆岛，夏威夷群岛属于火山岛，澳大利亚东北海岸的大堡礁为珊瑚岛。

澳大利亚南部和新西兰属温带气候，澳大利亚北部属热带沙漠气候，其余岛屿属热带海洋气候。

大洋洲的动植物品种非常珍稀，其中最有代表性的植物是桉树，澳大利亚的袋鼠、袋狼、鸭嘴兽等为珍稀的动物。

大洋洲主要的国家有澳大利亚和新西兰。居民以棕色人种和白色人种为主。

【百科链接】

发达国家：

指经济发展水平高、技术先进、生活水平较高的国家，又称作工业化国家、高经济开发国家。

澳大利亚

澳大利亚地处南半球，四面环海，是这个世界上最小的陆地、最大的岛国。

■太平洋：世界第一大洋

太平洋

太平洋很大一部分位于热带和副热带地区，故热带和副热带气候占优势，它的气候分布、地区差异主要受水面洋流及邻近大陆上空的大气环流的影响。气温随纬度增高而递减。南、北太平洋最冷月平均气温从回归线向极地为 20 至 16 摄氏度，中太平洋的气温常年保持在 25 摄氏度左右。

太平洋位于亚洲、南北美洲、大洋洲和南极洲之间。太平洋西南以塔斯马尼亚岛东南角至南极大陆的经线与印度洋分界，东南以通过南美洲最南端的合恩角的西经 68 度经线与大西洋分界，北经白令海峡与北冰洋连接，东经巴拿马运河和麦哲伦海峡、德雷克海峡沟通大西洋，西经马六甲海峡和巽他海峡通印度洋，总轮廓近似圆形。太平洋是世界上面积最大、海水最深和岛屿最多的大洋。南北最长约 15500 千米，东西最宽约 21300 千米，面积 16600 万平方千米，约占整个海洋面积的 1/2。

太平洋平均深度超过 4000 米，最深处的马里亚纳海沟深达 11034 米，是目前已知世界海洋的最深点。太平洋岛屿的总面积为 440 万平方千米，约占全球岛屿总面积的 45%。太平洋拥有自己完整的洋流系统，北部为顺时针环流，由北赤道暖流、日本暖流、北太平洋暖流和加利福尼亚寒流组成；南部为逆时针环流，由南赤道暖流、东澳大利亚暖流和秘鲁寒流组成。此外，在北太平洋还有来自北冰洋的千岛寒流。太平洋的矿产资源以石油、天然气、锰结核最为丰富。

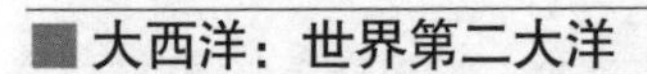

■大西洋：世界第二大洋

大西洋位于欧洲、非洲、南北美洲和南极洲之间，北以丹麦海峡、冰岛、法罗群岛、设得兰岛为线与北冰洋相邻，南以南美洲南端通过合恩角的西经 67 度经线同太平洋分界，东南以非洲南端通过厄加勒斯角的东经 20 度经线同印度洋分界。南北长约 15000 千米，东西宽 2800 千米，面积 8240 万平方千米，为世界第二大洋。

大西洋北部海湾较多，海岸线曲折；南部海湾较少，海岸线平直。在赤道南北，有几股强大的洋流影响着大西洋的气候。大西洋是世界航运最发达的大洋，苏伊士运河和巴拿马运河等都是世界上重要的“黄金水道”。

大西洋矿产资源丰富，主要有石油、天然气、煤、铁、重砂矿和锰结核等。

大西洋的生物资源也很丰富，主要渔场分布在北海及不列颠群岛周围海域和大西洋西北海域。

【百科链接】

千岛寒流：

又称亲潮，北太平洋西北部寒流，源于白令海区，在北纬 40 度附近并入北太平洋暖流。

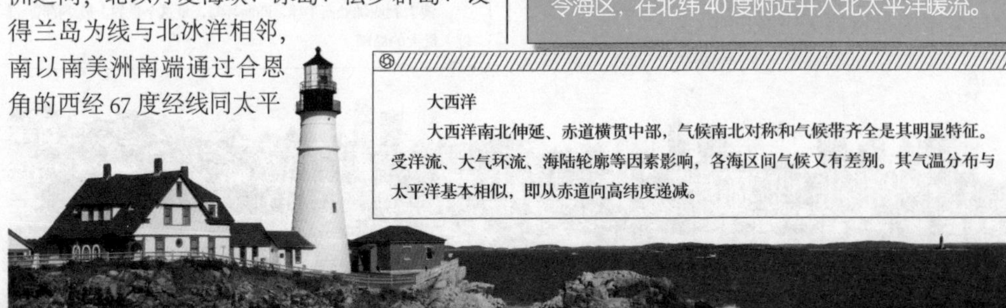

大西洋

大西洋南北伸延、赤道横贯中部，气候南北对称和气候带齐全是其明显特征。受洋流、大气环流、海陆轮廓等因素影响，各海区间气候又有差别。其气温分布与太平洋基本相似，即从赤道向高纬度递减。

印度洋：热带大洋

印度洋

印度洋气候具有明显的热带海洋性和季风性特征。印度洋大部分位于热带、亚热带范围内。南纬40度以北的广大海域，全年平均气温为15至28摄氏度；赤道地带全年气温为28摄氏度，有的海域高达30摄氏度。印度洋比同纬度的太平洋和大西洋海域的气温高，故又被称为热带大洋。

印度洋位于亚洲、大洋洲、非洲和南极洲之间，是地球上的第三大洋。印度洋西南以通过非洲南端厄加勒斯角的东经20度经线同大西洋分界，东南以东经146度经线同太平洋分界，大部分水域位于南半球。印度洋面积为7617万平方千米，平均水深3897米。洋底分布有“人”字形中央海岭。

印度洋大部分属热带海洋性气候，是地球上盐度最高的大洋。

印度洋海底及其周围陆地为世界著名的石油、天然气储藏区之一。波斯湾是世界上已探明的最大的海底含油气区。沙特阿拉伯的塞法尼耶油田为世界最大的海底油田之一。金属矿藏中，以锰结核最多。

印度洋的生物资源种类和数量均不及太平洋和大西洋，且开发利用也有限。据联合国粮农组织统计，1980年，印度洋生物资源的平均捕捞量为48千克/平方千米，仅为太平洋和大西洋的1/5左右。

印度洋的海运线非常重要，向东穿过马六甲海峡可以到达太平洋；向西绕过非洲南端的好望角，可以到达大西洋；西北通过红海、苏伊士运河和地中海相连。印度洋的航空线主要有亚欧航线和南亚、东南亚、东非、大洋洲之间的航线。

【百科链接】

大陆架：

大陆向海洋的自然延伸，又叫“陆棚”或“大陆浅滩”。它是指环绕大陆的浅海地带。

北冰洋：冰盖与冰川的世界

北冰洋是四大洋中面积最小、深度最浅的洋，它位于北极圈内，被欧洲、亚洲、北美洲三大洲所包围。面积1310万平方千米，平均深度只有1200米。北冰洋大陆架面积宽广，占洋底的38%。岛屿总面积达400万平方千米，主要的岛屿有格陵兰岛、斯匹次卑尔根群岛、维多利亚群岛等，其中格陵兰岛为世界最大的大陆岛。

北冰洋地处高纬度，气候严寒。常年受冰盖和流冰的限制，动植物的种类比地球上其他海区要少得多，但同属的动物往往比其他地区长得肥大。最重要的鱼类有北极鲑鱼和鳕鱼等。巴伦支海和挪威海是世界上最大的渔场之一。生物资源中有不少具有极高的商业价值，如海豹、海象、鲸、海豚、北极熊和北极狐等。

北冰洋

北冰洋气候寒冷，洋面大部分常年冰冻。北极海区最冷月平均气温可达零下40至零下20摄氏度，暖季也多在8摄氏度以下。年平均降水量仅75至200毫米，格陵兰海可达500毫米。寒季常有猛烈的暴风。

珊瑚海：最深的海

珊瑚海位于南太平洋之中，在澳大利亚东北，它是世界上最大的海，也是最深的海，这里分布有世界上最大的3个珊瑚堡礁。珊瑚海平均水深2394米，最大水深9174米。

珊瑚海海底有许多大型的海盆、海沟、海台、海隆、海槽等。海盆有北部的珊瑚海海盆、东部的新赫布里底海盆和东北角的圣克鲁斯海盆。海台有西部的珊瑚海海台、南部的贝洛纳海台。在海盆和海台之间，有海隆、海槽穿插其间。珊瑚海东部岛链边缘还有圣克里斯托瓦尔海沟、托雷斯海沟和新赫布里底海沟。

红海

红海受副热带高气压带和信风带控制，形成了热带沙漠气候：终年高温，降水稀少而蒸发量大。

珊瑚海属热带海洋性气候，终年高温，珊瑚海风浪少，又无陆地河流汇入，海水洁净，盐度较小，非常有利于珊瑚虫繁殖，所以在海区的大陆架、浅滩、岛屿和海底山脉上形成了分布广泛的珊瑚礁和珊瑚岛。尤其是海区西部的大陆架区域，受东澳大利亚暖流影响，水温高，更有利于珊瑚繁殖，举世闻名的大堡礁就分布在这里。珊瑚海中盛产鲨鱼，因此又有鲨鱼海之称。

珊瑚海

珊瑚海水温很高，全年水温都在20摄氏度以上，最热时超过28摄氏度。珊瑚海的周围几乎没有河流注入，因此珊瑚海水质污染小。珊瑚海海水清澈透明，水下光线充足，适于各种各样的珊瑚虫生活，同时海水盐度一般在2.7%至3.8%之间，是珊瑚虫理想的生存环境。

红海：最咸的海

红海是印度洋的一个边缘海，是亚洲和非洲的天然分界线。红海形状狭长，从东南向西北延伸，全长1932千米，而最宽处只有306千米。红海面积约45万平方千米，平均深度为490米。红海北部分为两个海湾，东南的叫亚喀巴湾，西面的叫苏伊士湾。红海南部以狭长的曼德海峡同阿拉伯海的亚丁湾相连，北部通过苏伊士运河和地中海相通，地理位置十分重要。

红海处于干燥炎热的亚热带地区，海水主要靠从曼德海峡流入的印度洋补给。因此，红海海水的温度和盐度都很高，是世界上含盐量最高的海。

【百科链接】

海台：

又称海底高原、海底长垣，是顶部平坦而宽阔的海底高地。

红海还是世界上最年轻的海。据科学家研究，在4000多万年以前，非洲与阿拉伯半岛还是连在一起的。后来，红海所在的地区发生了大断裂。断裂的谷地不断拓宽，才逐步形成今天的红海。

【百科链接】

金枪鱼：

大型远洋性重要商品食用鱼的统称，鱼体呈纺锤形，横断面略呈圆形，是唯一能够长距离快速游泳的大型鱼类，每天游程可以达到230千米。

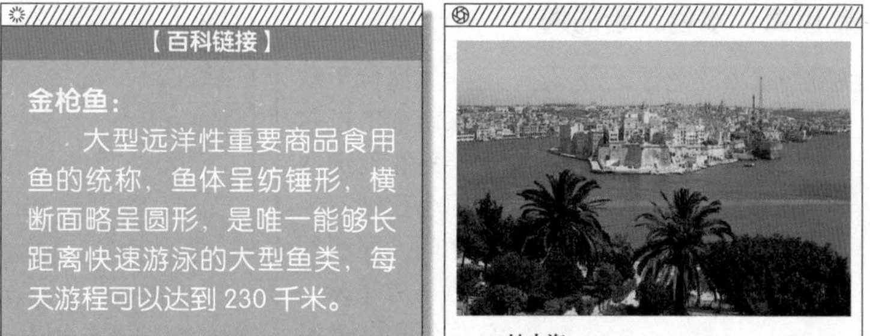

地中海

地中海位于亚、非、欧三洲之间，因此古代的人们把它叫作地中海。

地中海：最大的陆间海

地中海位于亚、非、欧三大洲之间，是世界上最大的陆间海。地中海东西长4000千米左右，南北最宽处约1800千米，面积为251.6万平方千米，平均深度为1494米。地中海北部的海岸线十分曲折，南欧三大半岛突入海中。除此之外，地中海中还分布着西西里岛、撒丁岛、科西嘉岛、马耳他岛等众多的岛屿。

人们一般以亚平宁半岛、西西里岛到非洲突尼斯一线为界，把地中海分为东西两部分。东部地中海又被半岛和岛屿分成若干海域，亚平宁半岛与巴尔干半岛之间的称为亚得里亚海，海水较浅，只有几十米到几百米；由亚得里亚海过奥特朗托海峡往南是爱奥尼亚海，水深超过2000米，最深处为4594米。

地中海所在地区夏季炎热干燥，海水蒸发十分旺盛。因此，地中海海水的含盐量比一般海水高得多，西部海水平均含盐量为3.7%，东部海水含盐量在3.9%左右。

加勒比海：大西洋的边缘海

加勒比海是大西洋的属海，位于南美大陆、中美地峡和大、小安的列斯群岛之间。它东西最长2800千米，南北最宽1400千米，面积275.4万平方千米，平均水深2491米，为世界上深度最大的边缘海之一。

加勒比海区地壳很不稳定，四周多深海沟和火山地震带。其海底被宽阔的牙买加海岭分为东西两部分：西部有尤卡坦海盆和开曼海沟，尤卡坦海盆深度在4000米左右，开曼海沟平均深度5000至6000米，最深点达7680米；东部有哥伦比亚海盆和委内瑞拉海盆。哥伦比亚海盆平均深度约3000米，最深处4535米，委内瑞拉海盆平均深度4500米左右，最深处达5630米。

加勒比地区属热带气候，全年盛行东北风，高温多雨，大气处于不稳定状态。每年6至11月，中、北部会出现热带风暴，9月最频繁，风速可达33.5米/秒，平均每年出现8次，给航运造成不利影响。

加勒比海是美洲重要的渔场，盛产金枪鱼、海龟、沙丁鱼、龙虾等。同时这里也是中美与南北美洲交通、贸易航线的必经海区。

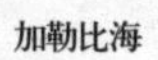

加勒比海

加勒比海的四周几乎被中南美洲大陆和大、小安的列斯群岛所包围，西北通过尤卡坦海峡与墨西哥湾相连，是世界上最大的内海，人们常把它和墨西哥湾并称为“美洲地中海”。

黑海：水色深暗的海

黑海

黑海冬季盛行偏北风，凛冽的冷空气从寒冷的极地不断袭来，在黑海，尤其是西北部海区掀起波涛巨浪，景象十分壮观。

黑海位于欧洲东南部的巴尔干半岛和亚洲西部的小亚细亚半岛之间，面积约50万平方千米，总蓄水量约60多万立方千米。

黑海的平均深度是1190多米，四周有多瑙河、第聂伯河、顿河等大河流入，使黑海海水的含盐度大大低于一般海水的平均含盐度，表层海水的含盐度只有1.7%至1.85%。

黑海冬季盛行偏北风，凛冽的极地冷空气不断袭来，在黑海，尤其是西北部海区掀起汹涌的巨浪，成为黑海的一大盛景。

黑海水温比较高，年平均水温在10摄氏度以上，只有北部沿岸浅水水域在严冬时有较短的结冰期。黑海的含盐度比地中海低，但是水位却比地中海高，所以黑海表层比较淡的海水通过土耳其海峡流向地中海，而地中海又咸又重的海水从海峡底部流向黑海。黑海底层不断接受来自地中海的深层海水，和表层的海水很少对流交换，所以黑海深层海水中缺乏氧气，鱼类也很少。乘船在黑海海面上航行，从船上往下看，就会发现海水的颜色很深，近于黑灰色，黑海也因此得名。

【百科链接】

克里特文明：

公元前3000年至公元前2000年分布于爱琴海地区的青铜时代中晚期文化，又称“米诺斯文明”。

爱琴海：岛屿最多的海

爱琴海是地中海的一个大海湾，是克里特和希腊早期文明的摇篮，位于希腊半岛和小亚细亚之间。爱琴海长611千米，宽299千米，面积21.4万平方千米。

爱琴海的海岸线曲折，有无数海湾和避风港。最深处在克里特岛东面，达3543米。5至9月盛行北风，9月至次年5月改刮温和的西南风。

爱琴海是黑海沿岸国家通往地中海以及大西洋、印度洋的必经水域，在航运和战略上占有重要地位。爱琴海平均深度为570米。它是地壳不稳定区，多火山、地震，属地中海气候，冬季温和多雨，夏季炎热干燥、蒸发旺盛。爱琴海海水盐度高于马尔马拉海和黑海，因而黑海中较淡的海水从表层通过海峡流入爱琴海，而爱琴海中盐度较大的海水通过海峡下层流向黑海。

爱琴海

爱琴海是世界上岛屿最多的海，所以爱琴海又有“多岛海”之称。爱琴海的岛屿大部分属于希腊，小部分属于东岸的土耳其。海中最大的一个岛名叫克里特岛。克里特岛面积8000多平方千米，东西狭长，是爱琴海南部的屏障。

潮汐 海水在天体（主要是月球和太阳）引潮力（地球由于受到月球或太阳的引力和月球绕地球公转而产生的离心力合力）作用下所产生的周期性运动。

爱琴海是世界各国观光客向往的度假胜地。这里不仅是欧洲文明的摇篮、现代民主的滥觞，更是浪漫爱情的象征，每年吸引着世界各地的情侣纷纷来此观光游览。

英吉利海峡

英吉利海峡蕴藏有丰富的石油和天然气，盛产青鱼、鲱鱼、鳕鱼和比目鱼等。海洋潮汐能约有8000万千瓦，约占世界海洋潮汐能（10亿至30亿千瓦）的3%至8%，是世界海洋潮汐动力资源最丰富的地区。

波斯湾：石油聚宝盆

波斯湾是印度洋的边缘海。阿拉伯语称阿拉伯湾，简称海湾。它位于阿拉伯半岛和伊朗高原之间，是印度洋西北部半封闭的海湾。波斯湾长970千米，宽56至338千米，面积24.1万平方千米，平均深度40米。

海湾地区降水稀少，日照强烈，东西两岸又多为副热带干旱荒漠，因此，波斯湾水温很高，西北部为16至32摄氏度，东南部为24至32摄氏度，浅海区夏季水温高达35.6摄氏度，成为世界上最热的海区之一。高温、干燥大大增强了海面蒸发力，波斯湾年蒸发量达2000毫米以上，大大超过了年降水量和河水注入量的总和，因而海水盐度较高。

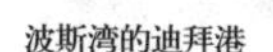

波斯湾的迪拜港

波斯湾呈狭长形，西北—东南走向。南段为伊朗沿岸山地，岸线平直，海岸陡峭；北段为狭长的海岸平原，岸线较曲折，多小港湾。波斯湾属亚热带气候，终年盛行西北风，风力变化无常。夏季炎热少雨，常有风沙尘霾，能见度低；秋季有暴风；冬季多云雾。

波斯湾海底和周围陆地是世界上最大的石油宝库，约占世界石油储藏量的53%至58%。石油产量约占世界石油总产量的1/3，输出量占世界石油总出口量的60%，主要供给世界上经济发达的美国、日本、西欧一些国家。

英吉利海峡：最繁忙的海峡

英吉利海峡亦称拉芒什海峡，和其东北的多佛尔海峡都位于大不列颠岛和欧洲大陆之间。面积8.99万平方千米，呈东北—西南走向，形如喇叭。

英吉利海峡平均深度为60米，多佛尔海峡的平均深度为30米。英吉利海峡和多佛尔海峡是世界上最繁忙的海峡，战略地位十分重要。

大不列颠岛原与欧洲大陆相连，后受阿尔卑斯造山运动的影响，多佛尔海峡两侧开始褶皱和断裂，海峡地区下沉，海水逐渐上升，形成现在的海陆分布轮廓。至今这两个海峡所在的地区仍在缓慢地下沉。

海峡区气候冬暖夏凉，温差较小，常年湿润多雨，日照甚少。但海峡地区多雾，严重影响舰船的航行。潮汐以半日潮为主，潮波具有

【百科链接】

造山运动：

地壳局部受力，岩石急剧变形而大规模隆起形成山脉的运动。

前进波特性，以开尔文波的形式从大西洋向海峡推进。由于地球自转效应和地形的影响，海峡南侧的潮差大于北侧，前者一般为5至6米，后者仅2至3米。

海峡区蕴藏有丰富的石油和天然气，盛产青鱼、鲱鱼、鳕鱼和比目鱼等。海洋潮汐能约有8000万千瓦，约占世界海洋潮汐能的3%至8%，是世界海洋潮汐动力资源最丰富的地区。

迂回曲折的麦哲伦海峡

麦哲伦海峡位于南美洲大陆南端和火地岛、克拉伦斯岛、圣伊内斯岛之间，因葡萄牙航海家麦哲伦1520年到此考察而得名。它东连大西洋，西通太平洋，东西长580千米，海峡被中部的弗罗厄得角分成东西两段。

西段海峡曲折狭窄，入口处宽48千米，最窄处仅3.3千米，海水最深处达1170米。两侧岩岸陡峭、高耸入云。每到冬季，巨大的冰川悬挂在岩壁上，十分壮观。东段开阔水浅，主航道最浅处只有20米，两岸是绿草如茵的草原景观。

海峡处于南纬50多度的西风带上，强劲而饱含水汽的西风不仅给海峡地区带来低温、多雨和浓雾，而且造成大风、急浪。麦哲伦海峡是世界闻名的具有猛烈风浪的海峡，不利于航运发展。

此外，麦哲伦海峡宽窄悬殊，深浅差别很大，因而航道曲折艰险。因此，自从巴拿马运河通航后，来往大西洋和太平洋之间的船只一般不再经过这里。

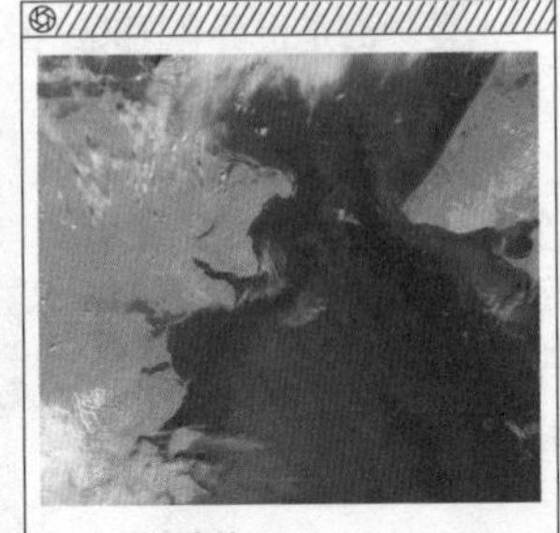

白令海峡

白令海峡位于亚洲和北美洲之间，长约60千米，宽35至86千米，平均水深42米。

白令海峡：分界线

白令海峡是沟通北冰洋和太平洋的唯一航道，也是北美洲和亚洲大陆间最短的海上通道，它位于亚洲东北端楚科奇半岛和北美洲西北端阿拉斯加之间。在第四纪冰期时，白令海峡曾是亚洲与北美洲间的陆桥。

1728年6月，俄国海军军官白令受沙皇派遣，去查明在俄国东北部的亚洲大陆和北美洲大陆是否相连。他抵达北纬67度18分处，证实两洲并不相连，而是隔着一条很宽的海峡。后来，人们就把这个海峡叫作白令海峡。

白令海峡既是俄罗斯和美国的分界线，又是亚洲和北美洲的分界线，还是国际日期变更线通过的地方。白令海峡地处高纬度，气候

麦哲伦海峡

海峡两侧基本由连绵的山脉和岛屿组成。西经72度以西至太平洋入口以秃山、岩石为主，植被极少，除导航灯塔外无背景亮光。东部入口处的100海里范围内则以矮山为主，少树，多以植被覆盖。贯穿整个海峡，海拔较高的山脉顶部常年积雪覆盖，海拔较低处仅在冬季有积雪覆盖。

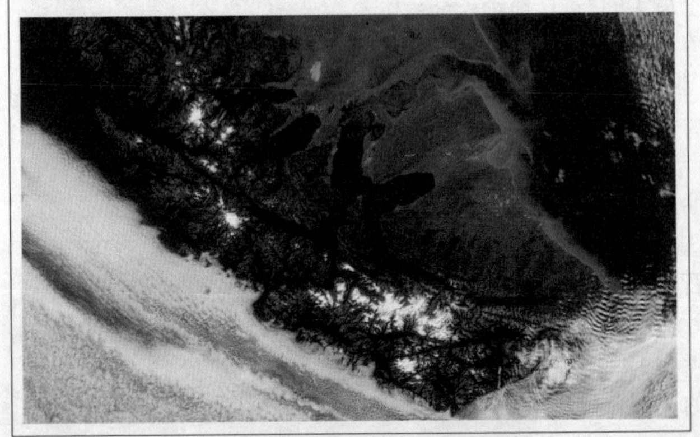

【百科链接】

楚科奇半岛：

位于欧亚大陆的最东北端，受俄罗斯楚科奇自治区管辖，岛上居民多为楚科奇族、科里亚克族等，主要产业为采矿、捕猎、捕鱼以及驯鹿养殖等。

寒冷，多暴风雪和雾，尤其是冬季，最低气温可达零下45摄氏度，冰层厚达2米多，每年10月至次年4月是结冰期。从北冰洋流来的海水沿海峡西岸流入白令海，来自太平洋的温暖海水沿海峡东岸流入北冰洋。

直布罗陀海峡：地中海的咽喉

直布罗陀海峡是沟通大西洋和地中海的唯一通道，位于欧洲伊比利亚半岛南端和非洲西北端之间。全长约90千米，西宽东窄，西部最宽处43千米，东部最窄处仅14千米，平均水深375米。

直布罗陀一词源于阿拉伯语，意即塔里克之山。711年，摩尔人跨过海峡，占领了半岛，而后摩尔将领塔里克下令在此修建直布罗陀城堡。直布罗陀海峡的名称便来源于直布罗陀城堡。

直布罗陀海峡被誉为欧洲的生命线，尤其是在苏伊士运河通航后，直布罗陀海峡更是大西洋与印度洋、太平洋之间海运的捷径。目前，直布罗陀海峡已成为世界上最为繁忙的海上通道之一。

1704年，英国占领了直布罗陀。1713年，西班牙同英国签署和约，将直布罗陀割让给英国。1959年，西班牙要求联合国敦促英国归还直布罗陀主权。但直至今日，直布罗陀海峡的归属问题仍无定论。

台湾海峡：海上走廊

台湾海峡位于福建省与台湾省之间，是我国最大的海峡，也是连接东海和南海的唯一通道。海峡呈东北—西南走向，南北长约333千米，面积约7.7万平方千米，平均深度约80米，最大深度约1400米。

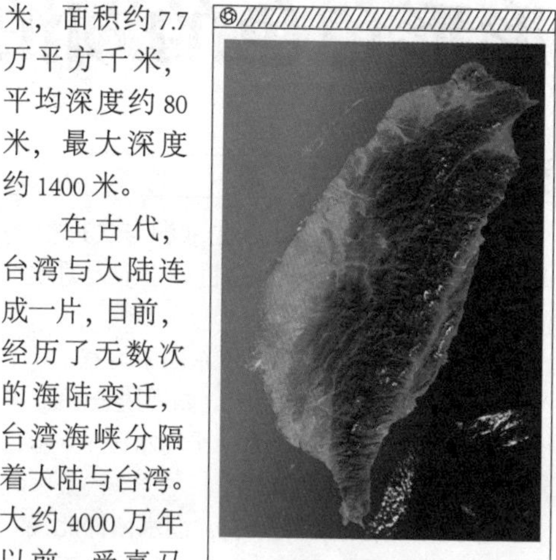

台湾岛（卫星图像）

台湾岛东临太平洋，南界巴士海峡，西隔台湾海峡与福建相望，是太平洋地区各国海上联系的重要交通枢纽。

在古代，台湾与大陆连成一片，目前，经历了无数次的海陆变迁，台湾海峡分隔着大陆与台湾。大约4000万年以前，受喜马拉雅造山运动的影响，台湾与大陆相隔的海槽时有时无。距今1.5万年前，海面下降，海峡又一次变成陆地。后来海洋水面因冰川消融上升了100多米，大陆与台湾之间的陆地再次被海水吞没，形成了台湾海峡。

台湾海峡是中国重要的渔场之一，渔业也很发达。海峡两岸，特别是南部，是中国有名的海盐产地，有“东南盐仓”之称。海峡地区还富有油气资源和磁铁矿。

【百科链接】

主权：

一个国家所拥有的独立自主地处理内外事务的最高权力，不受任何其他国家或实体的干涉和影响。

直布罗陀海峡

直布罗陀海峡是国际航道中最繁忙的通道之一，具有重要的经济和战略地位。现在，每天有上千艘船只通过这里，每年可达数十万艘。

形形色色的湖泊

里海：世界第一大湖

里海位于亚欧大陆腹地，亚洲与欧洲之间，是世界上最大的湖泊，也是世界上最大的咸水湖，属海迹湖。

里海南北长1200千米，东西平均宽320千米，面积约36.8万平方千米。湖岸线长7000多千米，容积7.6万立方千米，平均水深180米，沿岸多半岛和优良港湾。

里海湖底自北向南倾斜，湖水南深北浅。伏尔加河和乌拉尔河等130余条河流多于北岸注入，湖水盐度因此差别极大，一般北部的平均盐度小于0.1%，而南部则高达1.3%。湖区气候呈现海洋性特征，但中亚内陆炎热干燥的气候又使湖区蒸发强烈，因此里海湖面一直处于不断缩小的状态。

里海航线繁忙，重要港口有巴库、阿斯特拉罕、舍甫琴柯、克拉斯诺沃茨克和恩泽利等。每年，北部湖区有两个月的冰期，南部湖区终年通航。里海鱼类资源丰富，主要鱼种有鲟、鲑、鲱、鲈、鲤等；沿岸湖滨有较大的油田，盐类资源储量丰富，产食盐和芒硝。

里海

北里海虽属大陆性气候，但变化不剧烈；中里海西部气候温和，而东部则为干燥的沙漠气候；南里海属夏季干燥的亚热带气候。冬季里海的天气不稳定，气温变化较大。

贝加尔湖：最深的淡水湖

贝加尔湖位于俄罗斯东西伯利亚南部。“贝加尔”一词源于布里亚特语，意为“天然之海”。

贝加尔湖是世界上最深、蓄水量最大的淡水湖，呈东北—西南走向。它长636千米，平均宽48千米，最宽处近80千米，呈长条形，面积3.15万平方千米，属断陷湖。平均水深730米，蓄水量约23万亿立方米，约占世界地表淡水量的1/5。湖岸线长2200千米。

贝加尔湖

贝加尔湖的面积在世界湖泊中只占第八位，但若论湖水之深和洁净，贝加尔湖则无与伦比。

湖区夏季平均气温在10摄氏度左右，冬季在零下20摄氏度左右。每年1至5月是冰期。湖中有植物约600种，水生动物约1200种，其中700余种为贝加尔湖特有种，如贝加尔海豹、鰕虎等。鱼类资源丰富，有凹目白鲑、茴鱼等。为进行生态学研究，目前已设有贝加尔湖自然保护区。

【百科链接】

海迹湖：

原为海域的一部分，后因泥沙淤积而与海洋分开，形成封闭或接近封闭状态的湖泊。

中俄科学家共同科考证实：目前贝加尔湖深度为1642米，湖底沉积最厚处达到8千米，均为世界之最。提取和研究贝加尔湖沉积物的相关指标，为研究过去和预测未来全球气候变化规律奠定了基础，具有非常重要的意义。

北美五大湖：最大的淡水湖群

苏必利尔湖

苏必利尔湖沿湖多林地，风景秀丽，人口稀少。湖水清澈，湖面多风浪，湖区冬寒夏凉。

北美五大湖群是世界上最大的淡水湖群，位于北美洲中东部，美国和加拿大之间，包括苏必利尔湖、密歇根湖、休伦湖、伊利湖、安大略湖。其中，苏必利尔湖是世界最大的淡水湖。除密歇根湖全部位于美国境内外，其余四湖均为加、美两国共有。

五大湖的湖面高度自西向东呈阶梯式下降：苏必利尔湖与休伦湖水位相差7米，之间形成多急流的圣玛丽斯河；密歇根湖和休伦湖水位相平，之间由麦基诺水道相连；休伦湖与伊利湖水位相差2米，其间形成圣克莱尔河急流；伊利湖比安大略湖水位高99米，其间形成尼亚加拉河急流，还形成了落差50.9米的世界著名大瀑布——尼亚加拉瀑布，最后湖水经安大略湖口进入圣劳伦斯河后注入大西洋。

湖区渔业很发达，为北美洲内陆渔业主要集中区。五大湖航运价值巨大，为北美洲最大的船运系统和世界上最大的国际内陆航运系统之一。

的的喀喀湖：最高的淡水湖

密歇根湖

密歇根湖水域宽广，湖水清澈，沿湖岸边有湖水冲蚀形成的悬崖。湖区气候温和，是避暑的胜地。

的的喀喀湖是南美洲地势最高、面积最大的淡水湖，也是世界最高的淡水湖之一，它位于玻利维亚和秘鲁两国交界的科亚奥高原上，海拔3812米，被称为“高原明珠”。湖泊长200千米，宽66千米，面积8330平方千米。该湖属于构造遗迹湖，平均水深100米，容积827立方千米。

湖水主要靠东科迪勒拉高山融雪补给，湖岸曲折，多半岛和湖湾港汊。北部为全湖主体，面积大，湖水深；南部又名维纳马卡湖，面积很小。湖内水草丰茂，鱼、虾等水产丰富，沿岸生长着茂密的芦苇和蒲草。

湖区为著名的蒂亚瓦纳科文化和印加文化的发祥地，湖周围环有许多城镇，著名的蒂亚瓦纳科文化遗址也位于湖岸附近。的的喀喀湖终年通航，是连接秘鲁和玻利维亚的交通要道。

的的喀喀湖

的的喀喀湖位于秘鲁和玻利维亚交界处，湖面海拔3812米，是世界上大船可通航的海拔最高的湖泊。湖周围群山环绕，峰顶常年积雪，湖光山色，风景秀丽，为旅游胜地。

【百科链接】

蒂亚瓦纳科文化：

古代印第安文明的一部分，因蒂亚瓦纳科遗址而得名。

青海湖：美丽的高原咸水湖

青海湖位于青海省东北部的青海湖盆地内，是我国第一大湖泊，也是我国最大的咸水湖。

青海湖面积达4456平方千米，环湖周长360多千米。湖面东西长，南北窄，略呈椭圆形。青海湖水平均深约19米，蓄水量达1050亿立方米，湖面海拔为3260米。

青海湖以盛产裸鲤（俗称湟鱼，裸鲤被列为国家名贵的水生经济动物）而闻名。湖中的海心山和鸟岛都是游览胜地。青海湖海拔较高，即使是在烈日炎炎的盛夏，日平均气温也只有15摄氏度左右，是理想的避暑消夏之地。

青海湖

青海湖水域宽广，水源充足，碧波荡漾，雪山倒映，鱼群欢跃，充满诗情画意，令人心旷神怡。

青海湖岸边有辽阔的天然牧场、肥沃的大片良田，还有丰富的矿产资源。这里冬季多雪，夏秋多雨，水源充足，雨量充沛，有着发展畜牧业和农业的良好条件。

纳木错湖：高原仙境

纳木错湖位于西藏自治区首府拉萨西北约200千米处，海拔4700余米，湖面面积为1940平方千米，是西藏湖泊之冠，也是世界海拔最高的咸水湖。

纳木错意为“天湖”、“灵湖”或“神湖”，是藏传佛教的著名圣地，信徒们尊其为四大威猛湖之一。它的东南部是直插云霄、终年积雪的念青唐古拉山的主峰，北侧则依偎着和缓连绵的高原丘陵，广阔的草原绕湖四周。

纳木错像一面巨大的宝镜，镶藏北的草原上。清晨，湖面霭霭茫茫，周围群山若隐若现。傍晚，在夕阳余晖的照耀下，湖面霞光闪烁，景色十分迷人。

纳木错湖

纳木错的湖水来源主要是天然降水和高山融雪补给。湖水不能外流，是西藏第一大内陆湖。湖区降水很少，但日照强烈，水分蒸发较大。湖水苦咸，不能饮用，是我国仅次于青海湖的第二大咸水湖。纳木错湖四周雪峰好像凝固的银涛，倒映于湖中，肃穆、庄严。

鄱阳湖：中国最大的淡水湖

鄱阳湖浩瀚万顷，水天相连，湖泊面积为3960平方千米，蓄水量达259亿立方米，是中国第一大淡水湖。它位于长江南岸、江西省北部的平原上，形似一只葫芦。鄱阳湖纳江西省赣、抚、信、饶、修五大河流的来水，经湖口转泄入长江，年平均来水量为1500亿立方米。年平均水位为15.02米，最高水位为1954年7月31日的21.79米。鄱阳湖汛期水位上升，湖面陡增，水面辽阔；枯期水位下降，洲滩裸露，水流归槽，湖面仅剩几条蜿蜒曲折的水道，不足1000平方千米。

鄱阳湖是著名的“鱼米之乡”，湖内共有鱼类90多种，其中经济价值较大的有10余种，年产量达2500万千克以上。鄱阳湖景色秀丽，著名的庐山和石钟山就位于湖边。

【百科链接】

丘陵：

一般海拔在200至500米，相对高度一般不超过200米，由起伏较小、坡度较缓的山丘组成的地形。

死海：生命的禁区

死海是世界著名的大盐湖，位于西亚约旦和巴勒斯坦地区之间，南北狭长约 80 千米，东西宽约 5 至 16 千米，面积 1049 平方千米。

死海无出口，进水主要靠约旦河的河水，平均每年注入水量 5.32 亿立方米，占流入死海各河流总水量的 2/3。进水量大致与蒸发量相等，冬季是河水汛期，水面随之上涨，夏秋季水面最低，水位变化在 60 至 70 厘米之间。近年来约旦河水被大量用于灌溉，因而死海水面每年下降大约半米。

死海

死海地区终年气温很高，年均降雨量只有 50 毫米，而蒸发量约 1400 毫米，因此死海湖面常常雾气腾腾。

死海是世界上盐度最高的天然水体之一，湖水表层盐度接近 30%，水温在 19 至 37 摄氏度之间；下层盐度为 33.2%，水温在 22 摄氏度左右。由于湖水含盐量过大，水中除细菌外，水生植物和鱼类不能生存，沿岸树木也很少，故称死海。

死海是由于流入死海的河水不断蒸发、矿物质大量下沉造成的。其一，死海一带气温很高，夏季最高达 51 摄氏度，冬季也有 14 至 17 摄氏度，蒸发量大。其二，这里年均降雨量只有 50 毫米，而蒸发量是 1400 毫米左右，因此死海变得越来越稠，咸度越来越高，经年累月，便形成了世界上最咸的咸水湖——死海。

长白山天池：火山口的明珠

长白山天池是中朝两国的界湖，是中国最深的天然湖泊，也是中国东北地区海拔最高的湖泊，又称白头山天池。它位于长白山脉主峰白头山顶，为松花江的发源地。天池以火山口积水成湖，环湖有将军、白云、白岩、鹿鸣、天文、天豁等 16 座山峰。

天池湖面略呈椭圆形，水面面积 9.82 平方千米，最大水深 312.7 米，总蓄水量 20.04 亿立方米。湖面海拔 2194 米。湖区地势高耸，具有典型的山地气候特征，冬季长达 10 个月，夏季短促，无霜期仅 60 天，年均温为零下 7.4 摄氏度。湖面一般 11 月末封冻，至翌年 6 月中旬解冻。

天池水以大气降水补给为主，约占 60%，地下水占 40%。水质洁净，无色、无味，呈弱碱性。湖水泄入二道白河，形成著名的长白山瀑布，景色迷人。天池四周群峰环列，湖面碧波荡漾，是吉林省主要的游览胜地。

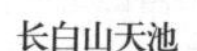

长白山天池

长白山天池位于中、朝边界，气势恢弘，景色壮丽，海拔达 2194 米，是我国最高的火山口湖。

【百科链接】

约旦河：

西亚裂谷中的河流，发源于谢赫山，向南进入太巴列湖后继续南流，注入死海，全长 360 千米。

岛、群岛和半岛

格陵兰岛：世界第一大岛

格陵兰岛是世界第一大岛，位于北美洲东北部，总面积217万平方千米，全岛84%的土地终年白雪皑皑。这里有仅次于南极洲的世界第二大冰盖。

格陵兰岛每到冬季就有连续几个月的极夜，夏季则出现极昼。

格陵兰岛属丹麦管辖，首府戈德霍普是岛上最大的城市。格陵兰城镇之间有直升机来往，居民们也住进了现代楼房。但是，一些格陵兰人习惯的传统生活方式仍然存在，因此出现了高楼与冰屋并存，直升机和狗拉雪橇同行的有趣景象。

冰岛：冰与火的世界

冰岛位于欧洲西北部，介于大西洋和北冰洋的格陵兰海之间，北端靠近北极圈，西隔丹麦海峡与北美洲的格陵兰岛相望，东南端距苏格兰805千米，总面积103106平方千米，人口29.3万（2006年）。首都雷克雅未克是北欧最大的港口城市，也是全世界最北的首都。

冰岛是世界上最活跃的火山地区之一，平均每5年就有一次较大规模的火山爆发。岛内有温泉800余处，平均水温75摄氏度，温泉地热为首都90%和全国70%的地区提供热源。

全岛大部分为高地，平均海拔500米。南部海岸较平直，西、北、东三面较曲折，并有不少深入内陆的峡湾。海岸线总长达5900千米。由于冰川和火山大范围并存，因此冰岛又被称为“冰与火的世界”。

大不列颠岛：欧洲第一大岛

大不列颠岛是位于欧洲西部外海的一个岛屿，是英国（全称大不列颠及北爱尔兰联合王国）国土的主要部分。英国的领土由许多大大小小的岛屿组成，这些岛屿统称为大不列颠群岛。其中主岛称为大不列颠岛，它主要分为三大部分：中部与南部是英格兰，北部是苏格兰，西南部是威尔士。

大不列颠岛是欧洲最大的岛屿，它东依北海，西隔爱尔兰海与小不列颠岛相望，北为大西洋，南隔英吉利海峡和法国相望。岛上地势自西北向东南倾斜，西北多山地和丘陵，东南为起伏不平的低地。主要河流有泰晤士河、塞文河和特伦特河，河流水位稳定，利于航运。中部和东南部的英格兰是英国经济发展水平最高和人口最集中的地区。

格陵兰岛

格陵兰岛是地球上仅次于南极洲的第二个“寒极”，巨大的冰层阻止了格陵兰岛内陆地区地震的发生。

【百科链接】

泰晤士河：

英国最长的河流，发源于英格兰西南部，注入北海，全长340千米。

巴厘岛：度假胜地

巴厘岛位于印度尼西亚小巽他群岛的西端，面积5632平方千米，人口310万，主要是巴厘人。构造上为爪哇岛与马都拉岛的延续，岛屿大致呈菱形，主轴为东西走向。岛内有10余座火山，东面的阿贡活火山海拔3140米，是全岛最高峰。火山带北坡较陡，河流短促，水流湍急；南坡和缓，河流利于灌溉。岛的南端是两块低矮的石灰岩台地，海拔150至220米。大部分地区年降水量近1500毫米，夏季达6个月，日照充足。土地垦殖率在65%以上，出产水稻、玉米、洋葱、水果等。牛、咖啡与椰干为主要出口产品。

巴厘岛居民信奉印度教，是印尼唯一信仰印度教的地方。但这里的印度教与印度本土的印度教不大相同，是印度教教义和巴厘岛风俗习惯结合的产物，称为巴厘印度教。教徒家里都设有家庙，村有村庙，全岛约有庙宇125000座。

巴厘岛以庙宇建筑、祭祀、音乐、诗歌、舞蹈、绘画、雕刻和风景闻名于世，是世界旅游胜地之一。

巴厘岛

巴厘岛地处热带，且受海洋的影响，气候温和多雨，土壤十分肥沃，四季绿水青山，万花烂漫，林木参天。岛上沙努尔、努沙·杜尔和库达等处的海滩，是该岛景色最美的海滨浴场。这里沙细滩阔，海水湛蓝清澈，每年来此游览的各国游客络绎不绝。

大堡礁：最大的珊瑚礁

大堡礁位于澳大利亚昆士兰州以东，巴布亚湾与南回归线之间的热带海域，太平洋珊瑚海西部。它绵延于澳大利亚东北海岸外的大陆架上，北面从托雷斯海峡起，向南直到弗雷泽岛附近，沿澳大利亚东北海岸线绵延2000余千米。它是世界上景色最美、规模最大的珊瑚礁群，总面积达20.7万平方千米。它北部呈链状，宽16至20千米；南部宽达240千米。大堡礁由近3000个珊瑚礁、珊瑚岛、沙洲和潟湖组成，蔚为奇观。大堡礁退潮时，约有8万平方千米的礁体露出水面；而涨潮时，大部分礁体被海水掩盖，只剩下600多个岛礁忽隐忽现。

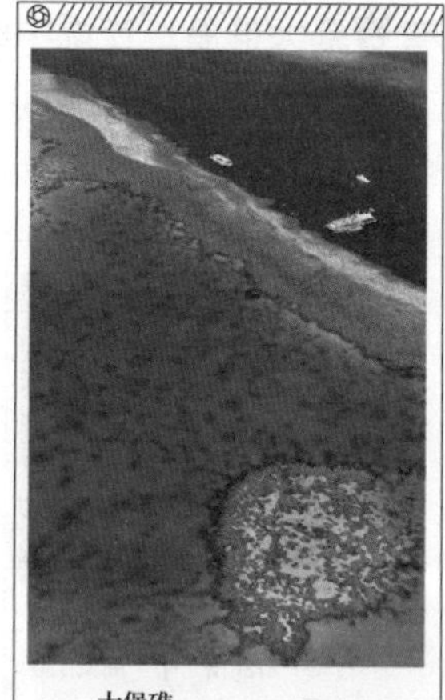

大堡礁

大堡礁景色迷人、险峻莫测，水流异常复杂，是澳大利亚最引以为豪的天然景观，又被称为“透明清澈的海中野生王国”。

在礁群与海岸之间是一条极方便的交通海路，风平浪静时，游船在此间穿梭，船下连绵不断的多彩、多形的珊瑚景色，吸引着来自世界各地的游客，海底奇观更让游客惊叹不已。

【百科链接】

潟湖：

此类湖原系浅水海湾，后湾口处由于泥沙沉积将海湾与海洋分隔开而形成湖泊。

火奴鲁鲁 美国夏威夷州首府，华人称为檀香山。气候温和，年平均温度在24摄氏度左右。该城因檀香木贸易和作为捕鲸基地而兴起，现在以旅游业为支柱。

百慕大群岛：传说中的魔窟

百慕大群岛位于北大西洋西部，由7个主岛及150余个小岛和礁群组成，是世界最北面的珊瑚岛群之一。岛上多火山熔岩，高低起伏，最高处海拔73米。

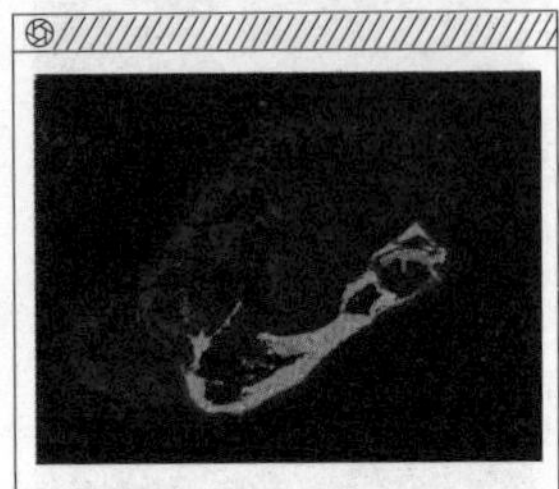

百慕大群岛

百慕大群岛由7个主岛及150余个小岛和礁群组成，呈鱼钩状分布。百慕大岛最大，年平均气温为21摄氏度。

百慕大群岛附近有一片海域，又被称为“百慕大三角”，这里已有数以百计的船只和飞机失事，数以千计的人丧生，因此又被称为“魔鬼三角”。从1880至1976年间，约有150多次失踪事件，至少有2000人在此丧生或失踪。

最近，英国地质学家克雷奈尔提出，这些事件的元凶是海底产生的巨大沼气泡。当海底发生猛烈的地震活动时，地层下的冰冻水和沼气的结晶体就被翻了出来，因外界压力减轻，便会迅速汽化。大量的气泡上升到水面，使海水密度降低，失去原来所具有的浮力，此时经过这里的船只，就会像石头一样沉入海底。如果此时正好有飞机经过，沼气遇到灼热的飞机发动机，无疑会立即燃烧爆炸。

还有一些人认为这些奇特的失踪现象彼此间并无联系，因而也就否定“百慕大三角”的存在。“百慕大三角”的神秘面纱最终能否揭开，还有待后人的研究验证。

夏威夷群岛：旅游天堂

夏威夷是美国唯一的群岛州，位于太平洋中部，是波利尼西亚群岛中面积最大的一个二级群岛，共有大小岛屿130多个，总面积16650平方千米，其中只有8个比较大的岛有常住居民。全州约80%的人口聚集在瓦胡岛上。

夏威夷群岛气候终年温和宜人，降水量受地形影响，因此各地相差很大，森林覆盖率近50%。

农业为当地的支柱产业，主要出产甘蔗、菠萝、咖啡、香蕉等，其中菠萝产量居世界首位。工业以食品加工业为主，还有少数炼油、化工产业。粮食和主要工业产品均依赖进口。由于宜人的气候和旖旎的风光，夏威夷群岛的旅游业发达，年均游客量达100多万人次，瓦胡岛是旅游业最集中的地区。

夏威夷群岛位于太平洋的“十字路口”上，是亚洲、美洲和大洋洲间海、空运输的枢纽，具有重要的战略地位。火奴鲁鲁位于该岛东南岸，是全州最大的政治、经济和文化中心。

【百科链接】

沼气：

有机物经微生物厌氧消化而产生的可燃性气体，一般含甲烷50%至70%。

夏威夷风光

夏威夷群岛是火山岛，各个岛屿都是地势起伏的山地和丘陵，少有平原。这也构成了夏威夷群岛美丽独特的自然景色。

台湾岛：中国第一大岛

台湾岛位于中国东南部，面积3.599万平方千米。97%以上人口是汉族，少数民族以高山族为主。

台湾岛多山，山脉由北向南呈拉长的S形。山地、丘陵约占土地面积的2/3以上。最高峰玉山海拔3952米。平原与盆地狭小分散，但却是人口稠密的地区。位于台湾岛南部的嘉南平原是台湾第一大平原。主要河流多分布在岛西部，其中最长的是浊水溪。著名的湖泊有日月潭。

台湾省高雄市

台湾省位于中国东南沿海的大陆架上，四面环海，海岸线总长达1600千米，因地处寒暖流交界处，渔业资源丰富。东部沿海岸峻水深，渔期终年不绝 西部海底为大陆架的延伸，较为平坦，近海渔业、养殖业都比较发达。

岛上的主要粮食作物是水稻，一年可以两熟或三熟。经济作物主要有甘蔗、香蕉、柑橘等。能源资源主要有煤、石油、天然气、水力等。

台湾自古以来就是中国的领土。1642年，台湾沦为荷兰殖民地，1662年郑成功收复台湾。中华人民共和国成立后，以蒋介石为首的国民党势力逃到台湾，造成台湾与大陆再度分裂的现状。中国人民一直殷切盼望台湾早日回归，国家领导人多次重申坚持统一、反对分裂的一贯立场。

【百科链接】

殖民地：

指由宗主国统治，没有政治、经济、军事和外交方面的独立权利，完全受宗主国控制的地区。

圣城麦加

圣城麦加位于阿拉伯半岛上，是伊斯兰教的第一圣地。麦加城面积26平方千米，人口30多万。四周群山环抱，层峦起伏，景色壮丽，堪称阿拉伯半岛上的一颗“明珠”。

阿拉伯半岛：世界最大的半岛

阿拉伯半岛原是冈瓦纳古陆的一部分，地形以比较单调、自西南向东北倾斜的平坦台地为主。

半岛地区属热带荒漠气候，为世界上最热的地区之一。降水很少，大部分地区在100毫米以下，水系极不发达，绝大部分地区属无流区，河流多为干河，只在短期内有一定水量。自然景观大致可划为三类，即热带荒漠、热带干草原和沙漠中的绿洲。热带荒漠面积广大，约占半岛的1/3，东部多为沙丘带，相对高度可达300米，西部多为沙漠。热带干草原分布在半岛的四周，围绕着热带荒漠，植被具有耐旱的特性。沙漠中的绿洲分布在地下水位较高的地方，面积虽不大，但植被比较繁茂，是农牧业发达和人口比较集中的地区。

阿拉伯半岛矿产资源丰富，波斯湾沿岸是世界上石油、天然气蕴藏最丰富的地区之一。半岛上有沙特阿拉伯、也门、阿曼、阿拉伯联合酋长国、卡塔尔、科威特等国，居民主要是阿拉伯人，多信奉伊斯兰教，通用阿拉伯语。

亚平宁半岛：意大利的靴子

亚平宁半岛又称意大利半岛，形如一只靴子，位于意大利南部、地中海中部，是欧洲南部三大半岛之一，包括意大利、圣马力诺和梵蒂冈三个国家。

亚平宁半岛面积约25.1万平方千米。地形主干为纵贯南北的亚平宁山脉。亚平宁山脉东坡平缓，西坡较陡，多火山和地震，时有山崩，其中以维苏威火山和埃特纳火山最有名。亚平宁山脉的河流都很短，湖泊小而分散。

亚平宁半岛主要属地中海式气候，夏季干热，冬季温湿，年降水量在1000毫米以上。土壤以褐色土和山地红土为主。植被为常绿灌丛、山地落叶林。主要农产品有葡萄、油橄榄、柑橘等，矿产有铜、银、硫黄等。亚平宁半岛海岸线曲折，多良港，沿岸主要港口有热那亚、那不勒斯、塔兰托、威尼斯、的里雅斯特。水城威尼斯、文艺复兴时代的文化艺术中心佛罗伦萨、古罗马首都罗马城及那不勒斯附近的维苏威火山等是亚平宁半岛上著名的旅游胜地。

亚平宁山脉

亚平宁山脉西起濒海阿尔卑斯山脉附近的卡迪蓬纳山口，向南呈弧形延伸至西西里岛以西的埃加迪群岛止。全长约1400千米，宽40至200千米。南北两端较为狭窄，宽约30千米。

巴尔干半岛：欧洲火药桶

巴尔干半岛也是欧洲南部三大半岛之一，位于南欧东部，面积约50.5万平方千米。包括阿尔巴尼亚、保加利亚、希腊的全部，前南斯拉夫的大部及罗马尼亚、土耳其的一小部分领土。半岛地处欧、亚、非三大洲之间，是欧、亚间的陆桥，西滨亚得里亚海，南临地中海重要航线，东有博斯普鲁斯海峡和达达尼尔海峡，扼黑海的咽喉，地理位置极为重要。

巴尔干半岛大部分为山地。主要山脉有：西部沿海的狄那里克—品都斯山脉，东北部的巴尔干山脉，南部的罗多彼山脉。主要山间盆地有：巴尔干山以南的马里查河盆地、登萨河盆地。东北部为多瑙河下游平原。半岛地表断层严重，形成一些谷地，交通干线多沿谷地通过，如从中欧来的铁路沿摩拉瓦河和瓦尔达尔河谷直通塞萨洛尼基，沿马里查河通伊斯坦布尔。除多瑙河和萨瓦河外，其他河流大多短小，水流湍急。

半岛内属大陆性气候，夏热冬冷。土壤以山地褐色土分布最广，在石灰岩区有红色石灰土。主要城市有贝尔格莱德、索非亚、雅典、伊斯坦布尔、地拉那等。

亚得里亚海

地中海的一个大海湾，位于意大利与巴尔干半岛之间，在经济上、战略上具有重要意义。主要港口有意大利的里雅斯特、威尼斯，克罗地亚的斯普利特、里耶卡，阿尔巴尼亚的都拉斯等。

【百科链接】

南斯拉夫：

历史上的国名，1992年解体后，其原来的领土上现成立了塞尔维亚、黑山、克罗地亚、斯洛文尼亚、马其顿、波斯尼亚和黑塞哥维纳六国。

江河与瀑布

尼罗河：孕育埃及文明

尼罗河是世界第一长河，源于非洲东北部的布隆迪高原，干支流流经卢旺达、布隆迪、坦桑尼亚、苏丹、埃及等9个国家，全长6671千米，注入地中海，是世界上流经国家最多的河流之一。

从源头至苏丹尼穆莱为上游段，长1716千米。上游段水量丰富，有湖泊调节，季节变化小，多急流、瀑布，水力资源丰富。

从尼穆莱至喀土穆为中游段，在苏丹境内，长1930千米，称为白尼罗河。

喀土穆以下为下游河段，长3025千米，流经气候干旱的热带沙漠区。在第一瀑布处建有阿斯旺大坝。

尼罗河下游谷地和三角洲是世界古文明的发祥地之一，尼罗河流域是非洲人口最密集、经济最发达的地区之一。杰济拉平原是苏丹最重要的灌溉农业区，埃及96%的人口和大部分工农业生产集中在尼罗河谷地和三角洲地区。

亚马孙河：河流之王

亚马孙河是世界第一大河，全长6437千米，汇合了1000多条支流，浩浩荡荡，注入大西洋。流域面积700多万平方千米，包括巴西、哥伦比亚、秘鲁、委内瑞拉等国，约占南美大陆面积的40%。

亚马孙河的中下游河床很宽，一般在4至6千米，汛期时达25至80千米。水深一般在60米以上。每年，从亚马孙河注入大西洋的河水，占世界所有河流水量总和的1/9，整个亚马孙河水系的航运条件都很好。

由亚马孙河冲积而成的亚马孙大平原土地肥沃，对农业生产极为有利，盛产水稻、甘蔗、香料、咖啡、可可等。

亚马孙河是世界上拥有鱼类资源最多的一条河，其中不少是特有的鱼种，如比拉库鲁鱼；珍贵的哺乳类水生动物——牛鱼，它拥有“美人鱼”的雅称；还有一种凶猛的鱼叫作“吃人鱼”，总是成群觅食，如果人或牲畜在水中遇到它们，几分钟之内就会被吃得只剩一副骨架。

长期以来，亚马孙河吸引了许多科学家前来考察，近代著名的生物学家达尔文、居维叶、拉马克等都对亚马孙地区的考察资料进行过深入研究。

【百科链接】

亚马孙平原：

世界最大的冲积平原，位于亚马孙河中下游，面积560万平方米。

尼罗河

尼罗河流域是世界文明的发祥地之一，这里孕育了埃及灿烂的文化。目前，埃及仍有96%的人口和绝大部分工农业生产集中在这里。因此，尼罗河被视为埃及的母亲河。

伏尔加河：世界最大的内流河

伏尔加河

伏尔加河流域大部分地区属大陆性气候，流域上中游和下游右岸属森林气候；下游左岸属草原气候和半荒漠气候，里海低地则为荒漠气候。

伏尔加河是欧洲第一长河，也是世界上最大的内流河，全长3688千米，流域面积138万平方千米，年径流量为2540亿立方米。伏尔加河有200余条主要支流，最大的支流是奥卡河和卡马河。

伏尔加河流域运河很多，莫斯科运河将莫斯科河和伏尔加河连接在一起。此外，还有伏尔加河—顿河运河、伏尔加河—波罗的海运河、白海—波罗的海运河。这几条运河把伏尔加河变成了“五海之河”。上述河流的沟通连接，组成了俄罗斯欧洲地区的深水航道网，总长约6600千米，对该地区经济的发展起了非常重要的作用。

伏尔加河渔业发达，梯级水库的建立对伏尔加河鱼类，特别对在伏尔加河产卵、在里海育肥、经济价值高的洄游鱼类繁殖有很大影响。

近300多年来，伏尔加河流域曾发生过20次灾害性春洪。为了抵御洪水灾害，俄罗斯政府在其干支流上修建了大、中、小型水库807座，总库容1900.8亿立方米，有效库容906亿立方米，大大降低了水灾的破坏性。

【百科链接】

运河：

用来沟通地区或水域间水运的人工水道。除航运外，还可用于灌溉、分洪、排涝、给水等。

密西西比河：老人河

密西西比河是世界第四长河，位于北美洲中南部，是北美洲流程最长、流域面积最广、水量最大的河流。密西西比意为“老人河”，全长6262千米。

密西西比河较重要的支流有密苏里河、俄亥俄河及田纳西河等。如今，它已成为世界上内河航运最发达的水系，近50条支流可通航，干支流通航里程总长2.59万千米，其中水深2.74米以上的航道9700千米。除干流上游和伊利诺伊河、密苏里河1至2月结冰外,其他地区全年皆可通航。

密西西比河流域目前已形成四通八达的现代化水运网。从密西西比河可乘船东通大西洋，南达墨西哥湾，年货运量高达6亿多吨。因此，美国人又将它称为内河交通的大动脉。

密西西比河还是美国中部农业灌溉以及生活、工业用水的重要来源，流域内水力蕴藏量达2630万千瓦，开发程度较高。

密西西比河

密西西比河滋润着美国大陆41%的土地，水量比美国的其他河流多，是美国人饮用水的主要来源。密西西比河是美国南北航运的大动脉。干流可从河口航行至明尼阿波利斯，航道长3400千米。除干流外，约有50多条支流可以通航。

莱茵河

莱茵河航运十分方便，是世界上航运最繁忙的河流之一。莱茵河干流全长1320多千米，通航里程将近900千米，其中大约700千米可以行驶万吨海轮。莱茵河与其他一些运河连接，构成了一个四通八达的水运网。

【百科链接】

欧共体：

欧盟的前身，1965年由欧洲煤钢共同体、欧洲原子能共同体和欧洲经济共同体合并而来。

■ 莱茵河：航运繁忙的水道

莱茵河发源于瑞士境内的阿尔卑斯山，流经德国注入北海，全长1320千米，流域面积22.4万平方千米。

从河源到巴塞尔为上游，河床坡度较大，河谷狭窄。冬季多雪，河水呈冰川状蓄积起来。瑞士高原多湖泊，如干流上的博登湖、支流上的纳沙泰尔湖等。

自巴塞尔至波恩为中游。河流穿行于莱茵河谷地，陡峭的山壁在平原两边突起，东边是黑林山，西边是孚日山。这段平原为农业区，土质肥沃，生长小麦、甜菜、啤酒花等作物，山坡植果树。

内卡河、美因河和波恩以下为下游，流经德国西部平原和荷兰低地，主要支流有鲁尔河、利伯河等。下游水量丰富，水位稳定，航运十分方便，是世界上航运最繁忙的河流之一。

莱茵河两岸的许多重要城市，如美因茨、科布伦茨、波恩、诺伊斯和科隆都是从军事基地变为贸易场所而后发展成为现代化城市的。在莱茵河两岸，至今仍保留着50多座城堡、宫殿的遗址，古老的城堡、迷人的传说吸引着世界各地的旅行者。

■ 多瑙河：流经国家最多的河

多瑙河是欧洲第二大河，发源于德国西南部的黑林山东南坡，干流向东南方向流经德国、奥地利、捷克、罗马尼亚、乌克兰等国家，支流延伸至瑞士、波兰、意大利、波黑等7国，最后注入黑海，全长2850千米。

多瑙河中游平原是匈牙利与波斯尼亚和黑塞哥维纳两国重要的农业区，素有“谷仓”之称。航运是多瑙河干流开发的首要任务。在改善航运的同时，1924年，德国兴建了第一座水电站，迈出了开发利用多瑙河水力资源的第一步。目前，沿河各国在多瑙河干支流上已建有装机容量10万千瓦以上的大型水电站29座。

伴随着对多瑙河的开发利用，保护工作也提上了议事日程。1992年，来自欧共体各国、一些国际银行和环境机构的专家们组成多瑙河特别工作组，展开保护多瑙河的工作。1994年，沿岸各国组成国际委员会，签署了一项保护多瑙河的协议。1995年初又通过了一项整治多瑙河的计划。

多瑙河

多瑙河流经的国家之多，地形之复杂，堪称古今地理上的奇观。它以其秀丽多姿的景致被人们冠以“无尘之路”的美名。

长江：中国第一大河

长江是中国第一大河。它发源于青藏高原唐古拉山主峰格拉丹东的西南侧。干流自青藏高原蜿蜒东流，经青海省、西藏自治区、四川省、重庆市、云南省、湖北省、湖南省、江西省、安徽省、江苏省和上海市11个省、自治区、市，最后在上海市注入东海。全长6300千米，流域面积180多万平方千米。

宜昌以上为上游，长4529千米。从巴塘河口到宜宾称金沙江；在宜宾附近汇集了岷江之后，才称长江，长江三峡（瞿塘峡、巫峡、西陵峡）就在此段。

宜昌至湖口段为中游，长927千米。其中，从湖北的枝城到湖南城陵矶一段称为荆江，素有“九曲回肠”之称。

湖口以下为下游，长844千米。其中江苏省扬州、镇江一带的长江干流又称扬子江。

长江的径流量主要来自上游和中游。目前可开发利用的水力资源约1.97亿千瓦，年发电量约1万亿千瓦，占全国可开发水能资源的53.4%。

长江干流水量丰富，全年不冻，干支流通航总里程达7万千米。同时，干流与海洋相通，可以与国外进行经济贸易上的交往，因而长江素有“黄金水道”之称。

黄河：中华民族的母亲河

黄河是中国的第二大河，因河水黄浊而得名。黄河是中华民族的摇篮，由夏朝至北宋，黄河流域一直是中国政治、经济、文化的中心。

黄河发源于青海省巴颜喀拉山北麓，流经青、川、甘、宁、内蒙古、陕、晋、豫、鲁9省（自治区），在山东境内注入渤海。全长5464千米，流域面积75.24万平方千米。

内蒙古河口镇以上是黄河的上游，长3472千米。中游流经世界最大的黄土高原，黄河中的泥沙主要来源于此。河南郑州桃花峪以下是黄河的下游，长780多千米，河道平坦，泥沙在此大量淤积，使黄河成为著名的“悬河”。黄河河口位于渤海湾与莱州湾之间。

黄河流域大部分属干旱、半干旱的大陆性季风气候，北部雨量较少，南部雨量较多，且多暴雨。

黄河流域目前已逐渐形成上游水电基地、中游煤炭基地、下游石油基地的能源工业布局。

三峡大坝

1994年12月14日，当今世界第一大水电工程三峡大坝工程正式动工，它位于西陵峡中段的湖北省宜昌市境内的三斗坪。大坝为混凝土重力坝，坝顶总长3035米，坝高185米，正常蓄水位175米，总库容393亿立方米，其中防洪库容221.5亿立方米，能够抵御百年一遇的特大洪水。大坝于2009年全部竣工。

长江

长江源远流长，与黄河一起，成为中华民族的摇篮，哺育了一代又一代中华儿女。

【百科链接】

渤海湾：

渤海西部的一个海湾，北起河北省乐亭县大清河口，南到山东省黄河口。沿岸为淤泥质平原海岸，大陆性季风气候显著，冬寒夏热，四季分明。

京杭大运河：世界最长的人工运河

京杭大运河

京杭大运河是世界上最长的人工河流，和万里长城并称为我国古代的两项伟大工程。

京杭大运河全长1794千米，流经浙、苏、鲁、冀、津、京六省市，沟通了钱塘江、长江、淮河、黄河、海河五大水系，是世界上开凿最早、规模最大、线路最长的人工运河，比苏伊士运河长10倍，比巴拿马运河长20倍。

京杭大运河是由人工河道和部分河流、湖泊共同组成的，全程可分为七段：通惠河、北运河、南运河、鲁运河、中运河、里运河、江南运河。京杭大运河作为南北的交通大动脉，历史上曾起过巨大作用。运河的通航，促进了沿岸城市的迅速发展。目前，京杭大运河的通航里程为1442千米，其中全年通航里程为877千米，主要分布在黄河以南的山东、江苏和浙江三省。京杭大运河与万里长城、埃及金字塔、印度桑奇大佛塔并称为世界最宏伟的四大古代工程。万里长城、金字塔、桑奇大佛塔随着现代文明的推进，已成为历史古迹，唯独京杭大运河至今还在发挥其沟通南北的作用。

【百科链接】

好望角：

位于非洲西南端的著名岬角，多暴风雨，海浪汹涌，又称“风暴角”。

苏伊士运河：伟大的航道

苏伊士运河北起地中海边上的塞德港，南至红海苏伊士湾的陶菲克港，全长195千米，河面宽300至350米，平均水深20米，可通过150万吨的满载货船和30多万吨的空载货船。

苏伊士运河的开通，使得从欧洲到印度洋的航船不必绕道非洲最南端的好望角，可经地中海、苏伊士运河和红海直接进入印度洋，其经济效益十分可观。

目前为止，全世界有100多个国家和地区的船只都通过苏伊士运河进行海洋运输，平均每天过往的大型船只达60多艘，载重量超过100万吨。每年经运河运输的货物占世界海运贸易量的14%，苏伊士运河以其使用国家多、过往船只频繁、货运量大而闻名世界，在世界海洋运输中起着举足轻重的作用。

运河于1869年竣工。英国曾在1882年出兵占领埃及，控制了整个运河的航运权。1954年10月19日，埃及人民迫使英国政府同意从埃及撤军。1956年7月26日，埃及政府宣布将苏伊士运河航运权收归国有。从此，埃及人民真正成了苏伊士运河的主人。

万里长城

长城以其连续修筑时间之长，工程量之大，施工之艰巨，历史文化内涵之丰富，堪称人类历史的奇迹。中国近代伟大的民主革命先驱孙中山评论长城时说：“中国最有名之工程者，万里长城也……工程之大，古无其匹，为世界独一之奇观。”

尼亚加拉瀑布：雷神之水

尼亚加拉瀑布位于加拿大和美国交界的尼亚加拉河中段，它与南美洲的伊瓜苏瀑布及非洲的维多利亚瀑布合称世界三大瀑布。

尼亚加拉瀑布

尼亚加拉瀑布巨大的水流以银河般倾倒之势冲下断崖，声及数里之外，场面震人心魄。尼亚加拉瀑布以其雄伟的气势，吸引着世界各地的游人。

尼亚加拉瀑布在印第安语中意为“雷神之水”，印第安人认为瀑布的轰鸣是雷神说话的声音。大瀑布宽750米，落差52.8米。全长仅56千米的尼亚加拉河流经此地时，突然垂直跌落50多米，巨大的水流以银河倾倒之势冲下断崖，形成了气势磅礴的大瀑布。

尼亚加拉瀑布由加拿大瀑布和美国瀑布组成，其中水势较弱的一股是美国瀑布。虽然瀑布一个在加拿大，一个在美国，但两个瀑布都面向加拿大，只有在加拿大一侧或坐船到瀑布底下的尼亚加拉河上才能一睹瀑布的真面目。

安赫尔瀑布：落差最大的瀑布

委内瑞拉素有“瀑布之乡”的美称，其中最为著名的瀑布，当数世界上落差最大的安赫尔瀑布。

安赫尔瀑布位于委内瑞拉东南部卡罗尼河支流丘伦河上，隐藏在密林丛生的高山幽谷之中。1937年，美国探险家詹姆斯·安赫尔在空中对瀑布进行考察时坠机，委内瑞拉因此将瀑布命名为安赫尔。

安赫尔瀑布是一个多级瀑布，它从圭亚那高原奥扬特普伊山的陡壁凌空泻下，落差为979米，最高一级落差达807米，宽约150米。观赏安赫尔瀑布，因无陆路可通，游客可乘游艇逆卡罗尼河而上，

【百科链接】

圭亚那高原：

位于南美洲东北部，地处奥里诺科河以南，亚马孙河以北是一个高300至400米丘陵状高原。

饱览这里的自然风光；也可乘飞机俯瞰瀑布神奇的雄姿。

黄果树瀑布：中华第一瀑

黄果树瀑布位于贵州省镇宁布依族苗族自治县境内的白水河上。

黄果树瀑布是白水河九级瀑布中最大的一级，不仅是我国第一大瀑布，也是亚洲最大的瀑布。黄果树景区除黄果树瀑布外，还分布串串珍珠似的小瀑布，瀑布后有绝妙的“水帘洞”，134米长的洞内有6个洞窗、5个洞厅、3个洞泉和1个洞内瀑布。

黄果树瀑布落差74米，宽81米，河水从断崖顶端凌空飞流而下，倾入崖下的犀牛潭中。瀑布形态因季节而有变化，冬天水量小时，它妩媚秀丽，轻轻下泻；到了夏秋，水量大增，那撼天动地的磅礴气势，令人惊心动魄。

黄果树瀑布

黄果树瀑布以其雄奇壮阔的大瀑布、连环密布的瀑布群而闻名海内外，并享有“中华第一瀑”之盛誉。

高山与原野

珠穆朗玛峰

珠穆朗玛峰峰顶的最低气温可达零下34摄氏度。山上一些地方常年积雪不化，冰川、冰坡、冰塔林到处可见。峰顶空气稀薄，空气的含氧量很低，且常年刮十几级大风。风吹起积雪，四处飞舞，弥漫天穹。

珠穆朗玛峰：世界最高峰

珠穆朗玛峰耸立在青藏高原上，海拔8844.43米。

珠峰顶部气候变化莫测，空气极为稀薄，含氧量仅为平原地区的1/4，气温常在零下30至零下40摄氏度。1953年，尼泊尔和新西兰两位登山者首次从尼泊尔境内的南坡登上了珠峰。我国的三名登山队员在1960年5月25日首次从北坡登上了珠峰，写下了世界登山史上史无前例的一页。1990年5月7日至10日，由中国、苏联、美国三国登山队员组成的珠峰和平登山队分四批共计20人登上了世界巅峰，创造了一次征服珠峰人数最多的世界纪录。

地质考察证实，青藏高原在6亿年前还是一片广阔的海洋，到4000万至3000万年前时，印度洋板块开始俯冲到亚欧板块之下，使青藏高原迅速抬升，喜马拉雅山脉强烈隆起，珠穆朗玛峰随之也以世界最高峰的雄姿耸立于地球之巅。喜马拉雅山脉是世界上最年轻的山脉，现在还在缓慢上升中。

安第斯山脉：世界最长的山脉

安第斯山脉是世界最长的山脉，它南北绵延9000千米，北起特立尼达岛，南至火地岛，跨越委内瑞拉、哥伦比亚、阿根廷、智利等7个国家。它在构造体系上属于科迪勒拉山系，是年轻的褶皱山脉。整体海拔高度大都在3000米以上。

安第斯山脉地区蕴藏着丰富的矿产资源。在阿塔卡马沙漠地区，已探明的锂储藏量占世界的40%左右；智利素有“铜矿之国”的美誉，探明的铜蕴藏量占世界储藏量的1/4，居世界首位；在巴塔哥尼亚台地还蕴藏着品位高达55%的铁矿2亿多吨、煤矿4.5亿吨以及丰富的铀矿和天然气资源。

安第斯山脉多火山和温泉，仅智利就有温泉37处之多。

【百科链接】

品位：

矿石质量单位，指矿石中有用成分的单位含量。含量较高者通常以百分率表示。

乞力马扎罗山：赤道雪峰

乞力马扎罗山是非洲最高的山脉，海拔5892米，是一座活火山。它位于坦桑尼亚东北部，邻近肯尼亚，距离赤道仅300多千米。乞力马扎罗山素有“非洲屋脊”之称，又被称为“非洲之王”。

乞力马扎罗山四周都是森林，那里生活着众多的哺乳动物，其中一些还是濒临灭绝的种类。乞力马扎罗山有两个主峰，一个叫乌呼鲁，另一个叫马文济，两峰之间有一个10多千米的马鞍形的山脊相连。乌呼鲁峰顶有一个直径2400米、深200米的火山口，口内四壁是晶莹无瑕的冰层。在斯瓦希里语中，乞力马扎罗山意为“闪闪发光的山”。虽然山麓的气温有时高达59摄氏度，但峰顶的气温只有零下34摄氏度，依然白雪皑皑，故有“赤道雪峰”之称。

根据山地气候垂直分布的规律，乞力马扎罗山的基本气候，由山脚向上至山顶，分别是由热带雨林气候逐渐过渡到冰原气候，植被包括从赤道至两极的基本植被。近年来，因全球气候变暖和环境恶化，乞力马扎罗山顶的积雪逐渐融化，冰川消退非常迅速，乞力马扎罗山的雪冠甚至一度消失。如果情况持续恶化，15年后，乞力马扎罗山的冰盖将不复存在。

阿尔卑斯山：欧洲最年轻的山脉

阿尔卑斯山是欧洲最年轻的山脉，位于欧洲中部，从热那亚湾附近的图尔奇诺山口沿法国、意大利边境北上，经瑞士进入奥地利境内，绵延1200千米，平均海拔约3000米。主峰勃朗峰海拔4810米，位于法国和意大利的边境上。

阿尔卑斯山现有冰川1200多条，冰川融水缔造了许多大河，莱茵河、罗讷河和波河都发源于此。阿尔卑斯山麓还分布着冰碛湖和构造湖，其中以日内瓦湖最大，面积581平方千米。阿尔卑斯山地区雪崩十分频繁，在1951年发生的强烈雪崩中有151人遇难。

阿尔卑斯山
雄伟的山川、晶莹的雪峰、浓密的树林、清澈的山间流水共同构成了阿尔卑斯山脉迷人的风光。

阿尔卑斯山的北部和东部位于西风带，夏凉冬暖。山脉南部冬季温和湿润，夏季干燥炎热。山地气候的变化，形成了垂直自然带：在山脚的低山丘陵区，是温带阔叶林带，其上是山地针阔叶混交林带，再上是山地暗针叶林带，再向上是高山灌丛草甸带，高山草甸带以上是亚冰雪带，最上面是冰雪带。

阿尔卑斯山低海拔地区的主要作物是玉米和谷类作物，在更高的地方还可种植燕麦、黑麦等。高山牧场在一些国家的经济中占有相当重要的地位。阿尔卑斯山蕴藏着丰富的矿产和水力资源。在法国，阿尔卑斯山区的水力资源为发展水电提供了便利条件，铝矿产地也集中于此。

【百科链接】

高山草甸：

又称高寒草甸，发育在高原和高山的一种草地类型，植被主要是多年生草本植物。

乞力马扎罗山
远远望去，乞力马扎罗山高高耸立在辽阔的东非大草原上，气势磅礴。

漠河 我国最北端一个县城，位于大兴安岭北麓，黑龙江上游南岸，与俄罗斯赤塔州、阿穆尔州相望。漠河自然资源丰富，尤以森林、矿产、珍稀动植物闻名于世。

大兴安岭：苍莽林海

大兴安岭林区，位于中国的最北边陲，东连绵延千里的小兴安岭，西依呼伦贝尔大草原，南达肥沃富庶的松嫩平原，北与俄罗斯隔江相望，境内山峦起伏，林莽苍苍。

大兴安岭是我国面积最大的现代化国有林区，总面积8.46万平方千米，相当于整个奥地利的国土面积。总人口51万，边境线长791.5千米，下辖塔河、漠河、呼玛三县，加格达奇、松岭、新林、呼中四区及14个林业局。

太行山脉

太行山脉山势东陡西缓，西翼连接山西高原，东翼由中山、低山、丘陵过渡到平原。山中多雄关，著名的有位于河北的紫荆关，山西的娘子关、虹梯关、壶关、天井关等。

在大兴安岭浩瀚的绿色海洋中，繁衍生息着寒温带马鹿、驯鹿、驼鹿、梅花鹿、棕熊、紫貂、飞龙、野鸡、棒鸡、天鹅、獐、狍、野猪、雪兔等各种珍禽异兽400余种，野生植物1000余种，是我国高纬度地区不可多得的野生动植物乐园。

大兴安岭的千山万壑间纵横流淌着甘河、多布库尔、那都里、呼玛、额木尔等20多条大小河流，最终都注入了边陲人民的母亲河——黑龙江。这里盛产鲟鳇鱼、哲罗鲑、细鳞鱼、江雪鱼等珍贵的冷水鱼类，用“棒打獐子瓢舀鱼，野鸡飞到饭锅里”来形容这里的野生动物资源的丰富实在不为过。

马鹿

神奇而美丽的大兴安岭，犹如一颗璀璨夺目的绿宝石。林区内有以马鹿为主的散养鹿基地。这里珍稀动物繁多，被国际动物保护组织评为野生动物的绿色通道。

太行山脉：兵家必争之地

太行山脉位于河北省与山西省的交界处，山脉北起北京西山，南至王屋山，呈东北—西南走向绵延数百千米。它是中国地形第二阶梯的东缘，也是黄土高原的东部界线。

太行山脉从北向南有小五台山、狼牙山、王屋山等山峰。山西高原东部的河流多沿太行山脚进入河北平原，汇入海河水系。只有西南部的汾河水系向南汇入黄河。

太行山脉是中国东部的一条重要地理分界线。东部的华北平原是落叶阔叶林地带，而西侧的黄土高原是森林草原带和干草原带，两侧的植被、土壤垂直带特征也存在明显差异。太行山脉多东西向横谷，自古以来就是交通要道，也是兵家必争之地。

【百科链接】

落叶阔叶林：

温带、暖温带地区地带性的森林类型，分布在北半球受海洋性气候影响的温暖地区。

王屋山位于河南省西北的济源市，是河南省与山西省的界山。王屋山西接中条山，东临析城山，平均海拔1000余米，主峰为天坛山，海拔1711米。

太行大峡谷风光旖旎，自然景观和人文景观资源十分丰富。

维苏威火山：欧洲唯一的活火山

维苏威火山

公元79年，维苏威火山喷发，意大利古城赫库兰尼姆和庞贝皆被毁灭。火山喷出黑色的烟云，炽热的火山灰石雨点般落下，一时间浆石流滚，毒气四溢。

维苏威火山海拔1277米，位于意大利南部那不勒斯湾东海岸，世界上最大的火山观测站就设在此处。维苏威火山是一座截顶的锥状火山，火山口是一个长满野生植物的陡壁悬崖，岩壁的一侧有缺口；火山口的底部不长草木，是一个较平的地方；火山锥的外缘山坡，覆盖着适合于耕作的肥沃土壤，山脚下曾有赫库兰尼姆和庞贝两座繁荣的城市。

维苏威火山在公元前有过多次喷发，但都没有详细的文字记载。公元79年8月，由于地震频发，强度也越来越大，发生了一次火山大爆发。大爆发之时，一股浓烟柱从维苏威火山垂直上升，进而向四面分散，状似蘑菇。在这股乌云里，偶尔有闪电似的火焰穿插。喷出的火山灰飘得很远，赫库兰尼姆城和庞贝城，被埋在20多米厚的火山灰中。

1713年，人们打井时无意间打在了被埋没的圆形剧场的上面，赫库兰尼姆和庞贝两座城市才重新被世人所知。人们在古城遗迹中发现的骨骼很少，这可能是由于火山大爆发前已经有很强的征兆，多数城市居民已逃往别处。

巴西高原：面积最大的高原

位于南美洲巴西境内的巴西高原，面积有500多万平方千米，亦称中央高原，从东北向西南方向延伸，占巴西全国面积的一半以上。除了南极洲的冰雪大高原，它就是世界上最大的高原。

巴西高原地势南高北低，地面起伏平缓，海拔大多在600至800米之间，称为“桌状高地”。巴西高原上，花岗岩、片麻岩、片岩、千枚岩、石英岩等古老基底岩系露出地表。高原边缘部分普遍形成缓急不等的崖坡，河流多陡落成为瀑布或急流，下切成峡谷。

巴西高原大部分地区属热带草原气候。雨季时，草原上一片葱绿，是良好的天然牧场。

巴西高原矿产资源丰富，以伊塔比拉为中心的铁矿四角地区是世界著名的优质大铁矿区。

【百科链接】

火山灰：

细微的火山碎屑物，由岩石、矿物、火山玻璃碎片组成，坚硬而不溶于水。

巴西高原

巴西高原为一古老高原，发育于巴西陆台，古老的基底岩系由花岗岩、片麻岩、片岩、千枚岩和石英岩等组成。地表起伏比较平缓，地势向北和西北倾斜，大部分具有上升为准平原的特征，海拔在300至1500米之间。由于各部分构造的具体情况、升隆程度及岩性等不同，巴西高原在地形特征上具有明显差异。

青藏高原

青藏高原实际上是由一系列高大山脉组成的高山“大本营”，地理学家称它为“山原”。高原上的山脉主要是东西走向和西北—东南走向的，自北向南有祁连山、昆仑山、唐古拉山、冈底斯山和喜马拉雅山。这些山脉海拔都在五六千米以上。

【百科链接】

盐湖：

咸水湖的一种，干旱地区含盐度（以氯化物为主）很高的湖泊，湖水蒸发量大于或至少等于降水量及地下水对湖泊的补给量。

青藏高原：世界第三极

青藏高原是世界最高的高原，位于中国西南部，包括西藏自治区和青海省全部、四川省西部、新疆维吾尔自治区南部、甘肃省西南部及云南省西部。高原东西长 2700 千米，南北宽 1400 千米，面积 240 万平方千米，平均海拔 4000 至 5000 米。

青藏高原的形成与喜马拉雅造山运动密切相关，它是世界上最年轻的高原。高原南有喜马拉雅山脉，北有昆仑山脉和祁连山脉，东为横断山脉,西为喀喇昆仑山脉。内有唐古拉山脉、念青唐古拉山脉、冈底斯山脉等，这些山脉海拔大多超过 6000 米。其中，喜马拉雅山脉的许多山峰海拔超过 8000 米。因此，青藏高原又有“世界屋脊”、“世界第三极”之称。

青藏高原还是长江、黄河、雅鲁藏布江、恒河、印度河、怒江、澜沧江、塔里木河等东亚、东南亚和南亚许多大河的发源地。

青藏高原是全球中低纬度地区最大的冰川活动中心，冰川面积占中国冰川面积的 77%。高原上有大小湖泊 1500 多个，是中国湖泊最多的地区，也是盐湖的最大分布区，如青海湖和纳木错湖。高原地下多地热活动，形成了许多温泉、热泉、沸泉，如羊八井地热田。

青藏高原具有独特的高原气候特征：空气稀薄，气压低，含氧量少，平均气压为海平面大气压的一半；光照充足，辐射量大；气候严酷，寒冷干燥。

青藏高原的自然植被多矮小稀疏，具有抗干寒、抗风、耐盐等特征。牲畜以耐高寒的牦牛、藏绵羊、藏山羊为主。

黄土高原：黄河的沙源

黄土高原是世界最大的黄土沉积区，位于中国中部偏北，东西长 1000 千米，南北宽 700 千米，包括太行山以西、青海省日月山以东、秦岭以北、长城以南的广大地区，面积约 40 万平方千米。按地形差别可分为陇中高原、陕北高原、山西高原和豫西山地等区。

黄土高原

黄土高原地面沟壑纵横，水土流失严重。同时，黄土高原地壳还在不断地上升，河、沟还在不断地下切，这进一步加剧了其纵横起伏的状况。

黄土高原海

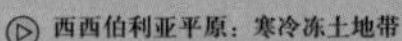

拔在1000至1500米之间，除少数石质山地外，高原黄土层厚度都在50至80米之间。从东南向西北，气候依次为暖温带半湿润气候、半干旱气候和干旱气候。植被依次是森林草原、草原和风沙草原。由于黄土高原的黄土颗粒细，富含可溶性矿物质养分，所以盆地和河谷农垦历史悠久，是中国古代文化的摇篮。

黄土高原水土流失严重，黄河中90%的泥沙来自黄土高原，随泥沙流失的氮、磷、钾养分约有3000余万吨。综合治理黄土高原是中国改造自然工程中的重点项目。通过植树造林、种草、将坡耕地改为水平梯田等治理措施，目前已取得了可喜的成绩。

亚马孙平原：最大的冲积平原

亚马孙平原是世界最大的冲积平原，位于南美洲北部亚马孙河中下游，介于巴西高原和圭亚那高原之间，西抵安第斯山麓，东滨大西洋，跨越巴西、秘鲁、哥伦比亚和玻利维亚4国领土，面积达560万平方千米。平原西宽东窄，地势低平，最宽处1280千米，大部分地区海拔在150米以下，东部更低，逐渐接近海平面。

亚马孙平原地处赤道附近，是世界面积最大的热带雨林区，占地球上热带雨林总面积的50%。这里自然资源丰富，物种繁多，生物多样性保存完好，被称为“生物科学家的天堂”。这里盛产红木、乌木、绿木、三叶橡胶树、乳木、象牙椰子树等多种经济林木，富含石油、锡等矿产资源。平原人烟稀少，交通不便。

【百科链接】

热带雨林：

通常由高大乔木、灌木以及草本、藤本、附生植物组成的多层次的密闭丛林，植物种类丰富且相互杂生，主要集中于赤道附近地区。

从16世纪起，人们开始开发雨林。1969至1975年，亚马孙地区的热带雨林被毁掉了11万多平方千米，巴西的热带雨林面积同400年前相比，整整减少了一半。

亚马孙平原热带雨林的减少主要是由于烧荒耕作、过度采伐、过度放牧和森林火灾导致的，烧荒耕作是其首要原因，占热带森林减少面积的45%。热带雨林的减少不仅意味着森林资源的减少，而且意味着全球范围内的环境恶化，因为森林具有涵养水源、调节气候、消减污染及保持生物多样性的功能。

亚马孙热带雨林

亚马孙热带雨林聚集了250万种昆虫、上万种植物以及大约2000种鸟类和哺乳动物，其鸟类总数约占世界鸟类总数的1/5。

西西伯利亚平原：寒冷冻土地带

西西伯利亚平原是亚洲最大的平原，也是世界最大的平原之一，面积300万平方千米，大部分地区海拔50至150米。人们常把西西伯利亚平原称为世界上最平坦的平原，因为在它的南北方向上，3000米之间的地形高度差竟不超过百米。

冬季的西西伯利亚平原

西西伯利亚平原的冬天很长，足足有6个月。在这段时间，大部分地区都会完全被冰雪所封锁。在奥伊米亚康曾经有过零下71.2摄氏度的低温纪录，这是现时人类居住的地点中所记录的最低气温。

由于西西伯利亚平原的地形非常平坦，这里的河流流速也非常缓慢。每年春季，由南向北流的鄂毕河总是上游先解冻，而北部的下游此时还是冰封状态，结果上游来水无法顺利通过，平原上冰水泛滥，形成了大片的沼泽和湿地。

西西伯利亚平原最主要的资源是石油，如世界著名的秋明油田。平原上还有着广阔的草原，畜牧业十分发达。由于气候寒冷，这里的植被大部分都是针叶林。

西西伯利亚平原是一个极端寒冷的平原。在这里，一碗碗、一桶桶的牛奶被冻成了冰块；露天放置的钢铁失去了韧性，一折就断；卡车司机要特别小心，否则，稍受震动，橡胶轮胎就会崩裂。这里还有厚厚的冻土层，最厚的地方竟达1377.6米。在一些村子里，常可以看到歪歪斜斜的木屋，这是冻土表层融化后地基各部分受力不均的结果。

潘帕斯草原：没有树的草原

潘帕斯草原是位于南美洲南部的亚热带大草原。潘帕斯源于丘克亚语，意为“没有树木的大草原”。潘帕斯草原主要在阿根廷境内，享有“粮仓”的美誉。

潘帕斯草原之所以没有树木，是因为草原西边的安第斯山脉阻挡了来自大西洋的降雨，只有西边靠安第斯山脉一侧的狭长地带才有走廊式的林木，而东部大部分由于缺乏雨水只能生长草科植物。

潘帕斯草原地势自西向东倾斜，夏季炎热，冬季温暖，雨量由东北向西南递减。以500毫米等降水量线为界，西部称干潘帕，主要生长禾本科草类；东部称湿润潘帕，有肥沃的黑土，现大部分已开垦成农田和牧场，盛产小麦、玉米、饲料、蔬菜、水果、肉类、皮革等，是阿根廷最重要的农牧业区，也是阿根廷政治、经济、交通和文化的中心。

潘帕斯草原集中了阿根廷2/3的人口，4/5的工业生产和2/3以上的农业生产。草原上种植的玉米，大部分用来饲养牛羊。阿根廷牛肉产量很高，每年要宰杀1000多万头牛，除了供国内食用外，还大量冷藏出口，牛肉出口量居世界第一。

潘帕斯草原

潘帕斯草原广阔无垠，现大部分已开垦成农田和牧场，盛产小麦、玉米、饲料、蔬菜、水果、肉类、皮革等，是阿根廷最重要的农牧业区，并成为阿根廷政治、经济、交通和文化的中心。

■撒哈拉沙漠：世界最大的沙漠

撒哈拉沙漠

撒哈拉沙漠横亘在非洲北部。长久以来，无垠的沙地连绵，犹如天险阻碍着旅行者深入探险。

撒哈拉沙漠是世界上最大的沙漠，位于阿特拉斯山脉和地中海以南，西起大西洋海岸，东到红海之滨。它横贯非洲大陆北部，东西长达5600千米，南北宽约1600千米，面积约960万平方千米，约占非洲总面积的32%。

撒哈拉沙漠全境处于副热带高压控制下，形成典型的热带沙漠气候。年平均降水量在50毫米以下，内陆有的地方甚至多年无雨，年平均气温一般在25摄氏度以上。

撒哈拉沙漠境内除东部有尼罗河贯穿外流以外，其余全为内流区或无流区。在凹陷地区、河谷及小盆地中，由于地下水出露，形成了许多绿洲，成为沙漠经济活动的主要地区。

绿洲中植物较茂盛，主要是枣椰树，有二三十个品种，动物多聚居在河谷、绿洲和湖泊附近的草木丰盛处，主要有爬行动物、鸵鸟、羚羊、沙狐和骆驼等。

撒哈拉地区平均每平方千米不足1人，以阿拉伯人为主，主要分布在尼罗河谷地和绿洲。近几十年来，沙漠中陆续发现了丰富的石油、天然气、铀、铁、锰、磷酸盐等矿。随着矿产资源的大规模开采，该地区一些国家的经济面貌得到改变，沙漠中也出现了公路网、航空线和新的居民点。

奇观与美景

极光：夜空中的彩带

极光是南北极附近高空的特有景象，常出现在南北纬度67度附近的两个环状区域上空110千米处。这两个环状区域分别称为南极光区和北极光区。在极光区内，差不多每天都会发生极光活动；在中低纬度地区则很难见到极光。但当太阳风的阵风特别强烈的时候，极光也会出现在纬度比较低的地方，有时甚至出现在北纬48度以南。如1958年2月10日夜间发生的一次特大极光，连在热带的科学家都观测到了。

极光的颜色取决于冲入地球磁场的带电粒子的类型，被撞击的分子、原子类型和被撞击的气体是否带电。如果太阳风撞击到低大气层中的氮，就释放出红色的光；如果撞击到大气层上层带电荷的氮，则释放出蓝色和紫色的光；撞击氧原子会释放深红色的光。大约在极地100千米的上空，太阳风与氧原子撞击所释放的白中泛绿的光，是最常见的极光。

海市蜃楼：奇妙的幻景

海市蜃楼是晴朗、无风或微风条件下，光在折射率不均匀的空气中连续折射和全反射而产生的一种光学现象。靠近海面的空气温度较低，折射率较大，而上方的空气因受日照而温度较高，折射率较小。也就是说，海面上空空气层的折射率由下而上随高度逐渐减小，光线在穿过该空气层时，经连续折射向下弯曲。平时海面远处的景物隐匿于地平线以下，人们不能直接看到，但当这些景物射向空中的光线连续弯向地面而到达人眼时，人们逆着光线看去，就会看到海面上空出现了从未见过的奇景，似仙阁凌空。

沙漠中的海市蜃楼

在炎热的沙漠里，接近沙面的热空气层比上层空气的密度小，折射率也小。从远处物体射向地面的光线，被热空气层折射，入射角逐渐增大，发生了全反射，人们逆着反射光线看去，就会看到远处物体的倒影。

【百科链接】

折射：

光从一种介质射入另一种介质时，传播方向发生偏折，这种现象叫作光的折射。

北极光

绚烂的北极光，有种令人窒息的美，它五光十色，是自然界最壮观的景象。

近年来，许多国家研制出一种新型的透镜，叫变折射率透镜。这种透镜各处折射率不同，按一定规律分布，且不存在像差。海市蜃楼的成像原理与变折射率透镜的成像原理相同，即把海市蜃楼形成时的大气看成一个巨型的变折射率的空气透镜，它使远距离的景物移近、放大，映现于天幕。

乌尔禾魔鬼城

魔鬼城属于典型的雅丹地貌，受风力和流水作用的影响形成。流水的切割和风力的侵蚀使地层形成各种奇异的形态，就像大小林立的中世纪城堡群。

雅丹地貌：大自然的鬼斧神工

雅丹，维吾尔语原意为“陡壁的小丘”，现指地面经风化作用、间歇性流水冲刷和风蚀作用形成的与盛行风向平行或相间排列的风蚀土墩和风蚀凹地（沟槽）的地貌组合。

雅丹地貌的形成开始于地表的风化。由于沙漠干旱地区昼夜温差常达40摄氏度以上，外露的花岗岩逐渐崩裂成碎块，原来平坦的地表就会变得起伏不平、凹凸相间，雅丹地貌的雏形即宣告诞生。在沙层暴露后，风、水等外力继续施加作用，使低洼部分进一步加深和扩大，突出地表的部分相对比较稳固，只是外露的疏松沙层受到侵蚀，由此塑造出千奇百怪的形态，至此，雅丹地貌最后形成了。雅丹地貌形成后，也不可能一直保持同样的面貌，随侵蚀作用的继续，凹地会越来越大，而凸起的土丘则会日渐缩小，并逐渐孤立，最终必然崩塌消失。

雅丹地貌在新疆罗布泊东北发育很典型，在世界上其他干旱地区也可以找到。

【百科链接】

花岗岩：

一种酸性火成岩，主要由石英、长石和少量黑云母等暗色矿物组成，主要成分是二氧化硅。

科罗拉多大峡谷：冰川遗迹

位于美国亚利桑那州西北凯巴布高原上的科罗拉多大峡谷，总面积2724.7平方千米，属于科罗拉多河河谷的一部分。联合国教科文组织已宣布将其作为世界自然遗产之一加以保护。

科罗拉多大峡谷是科罗拉多河的杰作。由于河中夹带着大量泥沙，河水常显红色，故科罗拉多在西班牙语中意为“红河”。科罗拉多高原为典型的桌状高地，也称桌子山，即顶部平坦侧面陡峭的山，这种地形是由于冰川侵蚀（下切和剥离）作用形成的。

科罗拉多大峡谷的形状颇不规则，大致呈东西走向。峡谷两岸北高南低，平均谷深1.6千米，谷底宽度为762米。两岸重峦叠嶂，怪石嶙峋，巨岩壁立，一水中流。由于大峡谷的地层结构不同，疏密有别，加之地质年代各异，经河水冲刷后，就形成了许多形状奇特的岩峰峭壁和洞穴。当地人按其形态、风格，冠以一些具有

科罗拉多大峡谷

科罗拉多大峡谷的形状极不规则，大致呈东西走向，总长349千米，蜿蜒曲折，像一条桀骜不驯的巨蟒，匍匐于凯巴布高原之上。1903年美国总统西奥多·罗斯福来此游览时，曾感叹地说：“大峡谷使我充满了敬畏，它无可比拟，无法形容，在这辽阔的世界上，绝无仅有。”

神话意味的美丽名称，如阿波罗神殿、狄安娜神庙等。

科罗拉多大峡谷堪称一个庞大的野生动植物园，目前已发现的禽鸟类、哺乳类、爬行和两栖类动物达 400 多种，而各种植物则达 1500 余种。

黄石国家公园：泉水的魔法

诚实喷泉

美国黄石公园的诚实喷泉是世界上最著名的间歇泉。它有规律地喷发至少已有 200 年了。

黄石国家公园是美国历史最悠久、规模最大的国家公园，位于美国西北部爱达荷、蒙大拿、怀俄明三个州交界处的落基山区，占地 8956 平方千米。

在黄石国家公园内，水潭里大多含有较浓的酸性成分，不少树木遭受侵蚀渐渐枯死变成黄色化石，岩石也被黄色的地下水涂上了一层浓浓的黄色，公园因此得名。

黄石国家公园内有秀美的湖光山色，其中最独特的景观是被称为世界奇观的间歇喷泉，多达 300 多处，比较著名的孤星喷泉、楼阁喷泉、狮群喷泉等。

黄石国家公园内最有名的喷泉是诚实喷泉，它每 65 分钟喷发一次，每一次持续 5 分钟左右，80 多年来一直准时无误，因而闻名遐迩。它喷出的巨大水柱高达 150 多米，滚热的泉水散发出的水蒸气，像洁白的云朵悬浮当空，徐徐飘落，蔚为奇观，每年都有许多来自世界各地的游客前来欣赏这一壮观的景色。

美国黄石国家公园

美国黄石国家公园是世界上最原始、最古老的国家公园，黄石河、黄石湖纵贯其中，有峡谷、瀑布、温泉以及间歇喷泉等，景色秀丽，引人入胜。

生活在黄石国家公园内的动物都是落基山地区的代表性动物，包括野牛、麋、鹿、黑熊、灰熊等，还有多种体形较小的哺乳动物。

东非大裂谷：地球的伤疤

东非大裂谷

东非大裂谷分东西两支。东支南起莫桑比克境内西雷河口，向北穿越肯尼亚全境，一直延伸到西亚的约旦河岸。西支沿维多利亚湖西侧向北穿过坦噶尼喀湖，向北逐渐消失，规模较小。

在非洲东部的高原上，有一条世界上最大的断裂谷带，宽 50 至 100 千米，气势非凡，这就是被称为“地球的伤疤”的东非大裂谷。它南起赞比西河口，向北延伸直达红海。从地质构造上看，这个裂谷带还应包括红海和亚洲西南部的死海谷地，合起来长达 6000 千米。

谷底大多比较平坦，裂谷两侧是陡峭的断崖，谷底与断崖顶部的高差从几百米到 2000 米不等。东非裂谷带两侧的高原上分布有众多的火山，如乞力马扎罗山、肯尼亚山、尼拉贡戈火山等。谷底则有呈串珠状的湖泊约 30 多个，这些湖泊多比较狭长，其中坦噶尼喀湖南北长 670 千米，东西宽 40 至 80 千米，是世界上最狭长的湖泊。

大裂谷地带气候温暖潮湿，草原辽阔，森林茂密，生长着许多珍稀的野生动物。

【百科链接】

化石：

化石是保存在岩层中的古生物遗体、遗物和活动遗迹。

东非大裂谷形成于1000多万年前。板块构造学说认为，这里是陆块分离的地方，即非洲东部正好处于地幔物质上升流动强烈的地带。在上升流作用下，东非地壳抬升形成高原，上升流向两侧相反方向的分散作用使地壳脆弱部分张裂、断陷而成为裂谷带。

黄山：天下第一奇山

黄山雄踞在安徽歙县、太平、休宁和黟县之间，山峰巍峨，连绵不断，号称有72座峰。岩壁上布满了道道裂缝和皱褶，像大自然艺术家精雕细刻凿成的一样。峭岩绝壁、奇峰怪石，乃是黄山的风骨。

黄山三大主峰——莲花、天都和光明顶的海拔均在1800米以上，冠盖群山。

海拔1860米的莲花峰是黄山第一高峰。峰顶仅丈余大小，峰上有“群峭摩天”、“天海奇流”等众多石刻。光明顶居第二，山顶是一处难得的坦地，建有黄山气象站。“黄山自古云成海”，所以全山以“海”相称。光明顶周围为天海，莲花峰以南称前海，狮子林以北称后海，白鹅岭以东称东海，飞来石以西称西海。天都峰高1810米，是黄山第三高峰，文殊台是观赏云海的最佳处。

黄山奇松亦为一绝，有著名的迎客松、送客松、接引松、黑虎松等。黄山温泉也是清澈甘美，可饮可浴。

九寨沟：童话的世界

九寨沟，因沟内有九个寨子而得名。它是全国唯一拥有“世界自然遗产”和“世界生物圈保护区”两顶桂冠的胜地。

黄山

黄山山体主要由燕山期花岗岩构成。前山岩体节理稀疏，岩石呈球状风化，山体浑厚壮观；后山岩体节理密集，岩石呈垂直状风化，山体峻峭优美。因此，形成了黄山的“前山雄伟，后山秀丽”的地貌特征。

九寨沟位于四川西北部的阿坝藏族羌族自治州九寨沟县境内，地处岷山山脉南段尕尔纳峰北麓，是长江水系嘉陵江源头的一条支沟，海拔2000至4300米。九寨沟一年四季均可旅游，犹以秋季为最佳。

九寨沟

位于四川省阿坝藏族羌族自治州九寨沟县，属于国家级自然保护区，以其神奇的风景闻名于世，1992年被联合国教科文组织批准列入“世界文化与自然遗产名录”。

九寨沟已开树正、日则、则查洼、扎如4条旅游风景线，以“三沟一百一十八海”为代表，包括五滩十二瀑，十流数十泉等水景，与九寨十二峰联合组成高山河谷自然景观，四季景色迷人。动植物资源丰富，种类繁多，原始森林遍布，栖息着大熊猫、白唇鹿、苏门羚、金猫等十多种珍稀野生动物。

彩林、翠海、叠瀑和藏情被称为九寨沟的“四绝”。九寨沟以其独特的、原始的生态环境，一尘不染的清新空气和雪山、森林、湖泊组合成的神妙、奇幻、幽美的自然风光，展现出“自然的美，美的自然”，被人们誉为“童话的世界”、“人间仙境”。

【百科链接】

原始森林：

指从未经人工采伐和培育的天然森林，在维护生态平衡、提高环境质量及保护生物多样性方面具有重要意义。

Part 3
动物篇

已经灭绝的动物

三叶虫：最古老的虫子

三叶虫是一种2亿多年前就已灭绝了的动物，生活在古生代的海洋中，属节肢动物门。从纵向看，三叶虫可分头、胸、尾三段，横向看又可分左、中、右三部分。三叶虫为雄雌异体，卵生，其头部及尾部变化较大。三叶虫纲下分7个目，绝大部分的种属在世界的海相沉积岩中都有发现。它经常与海百合、珊瑚、腕足动物、头足动物等共生，适于爬行，是在海底生活的动物，以原生动物、海绵、腔肠、腕足等动物的尸体或海藻及其他细小的植物为食。三叶虫在进化的后期，增大了尾甲，提高了游泳速度，同时头尾能够嵌合使整个身体蜷曲成球形，并可迅速跌落或潜伏到海底以逃避敌人的追击和进攻。

三叶虫化石

三叶虫出现后分布广泛，发展迅速，在寒武纪、奥陶纪和志留纪都可作为众多生物的代表。它们和许多生物一起共同揭开了地球走进生物多样化的序幕。

科学家们都认为三叶虫的远祖早在寒武纪前就已存在，并在前寒武纪后期分化出了许多支系，但它们都没有坚固的硬壳，故没有化石保存下来。

目前已经发现的三叶虫化石有上万种，我国是世界上三叶虫化石最丰富的国家之一。

恐龙：中生代的霸主

恐龙出现于距今约2.25亿年的三叠纪，经过侏罗纪，消失于距今约6500万年的白垩纪，统治地球1.5亿年。在分布上，它的足迹遍及地球的七大洲。大多数恐龙属只有1个种，少数恐龙属有2至3个种。

恐龙总体上说身材都非常庞大，霸王龙的身体全长可达17米，站立起来有6米高，估计至少有10吨重，和3只大象的体重差不多。霸王龙不仅是白垩纪晚期的凶残动物，而且是古今陆地上最大的肉食性动物。比霸王龙更大的是蜥脚类恐龙，它们包括马门溪龙、雷龙、梁龙、腕龙等，体长20至30米，抬头达5至6层楼高。我们所发现的身材最大的恐龙是震龙，它的身长有39至52米，身高可以达到18米，体重可达到130吨。

关于恐龙灭绝的原因，至今仍是众说纷纭。大多数人认为，恐龙灭绝是一颗巨大的陨星撞击地球的结果。也有人认为，中生代末期地球上出现强烈的火山和地震活动，地壳构造发生变化，蕨类植物衰落，裸子植物大量死亡，被子植物兴起，恐龙不能适应这种变化，进而逐渐灭绝。

霸王龙

霸王龙拥有60颗匕首一样锐利的牙齿，还有一张比任何陆地动物都大的嘴，但对从霸王龙化石中提取的蛋白质进行化学分析显示，霸王龙与现在的鸡是亲属关系。

【百科链接】

共生：

动植物互相利用对方一同生活、相依为命的现象。

蜥鳍目 中生代的一种两栖性水生爬行动物，能适应水中生活，四肢短壮而颈长，如贡州龙、蛇颈龙以及典型的海生喜马拉雅龙、巢湖龙等。

翼龙：会飞的爬行动物

中生代三叠纪出现在地球上的翼龙是最早能够飞行的脊椎动物，与恐龙同时出现又同时灭绝。翼龙不仅能像鸟类一样飞翔，而且很可能是飞行能手，它们或大如飞机，或小如麻雀。当恐龙成为陆地霸主时，翼龙始终占据着天空。

1784年，意大利的古生物学家在德国发现了第一件翼龙化石。迄今为止，全世界已经发现了约130多种翼龙化石，全球各大陆都有它们的踪影。所有的翼龙都有细小而中空的骨头，翅膀则是由连接着长指骨和腿的皮肤构成的。按照严格的定义来划分，它们并不是会飞的恐龙，而是恐龙的近亲。翼龙为了适应飞行的需要，已经具有内热和体温恒定的生理机制，有较高的新陈代谢水平、发达的神经系统以及高效率的循环和呼吸系统，是一类最不像爬行动物的爬行动物。

翼龙灭绝的原因还没有彻底搞清楚，问题很可能出在皮翼上。它的皮翼很薄弱，中间没有骨骼支撑，一旦皮翼破损就无法修补，皮翼越大这个缺点就越明显，而从爬行类进化出的鸟类在适应天空飞行方面能力比它们更强，最终取代翼龙独霸了天空。

蛇颈龙：长脖子的海怪

蛇颈龙是调孔亚纲中蜥鳍目的动物，本目动物的主要特征是长尾巴、长脖子、三角小脑袋，全部是海生，因体形像蜥蜴而得名。

蛇颈龙是生活在三叠纪至白垩纪的大型肉食性爬行动物，体长从几米至十几米不等，在浅水环境中生活。三叠纪晚期开始出现，到侏罗纪时期已遍布世界各地，白垩纪末灭绝。

蛇颈龙可根据颈部的长短分为长颈型蛇颈龙和短颈型蛇颈龙。长颈型蛇颈龙主要生活在海洋中，脖子极为细长，像一条蛇，伸缩自如，可以攫取远处的食物；身体宽扁，鳍脚犹如四只很大的桨，使身体进退自如，转动灵活。短颈型蛇颈龙又叫上龙类，这类动物脖子较短，身体粗壮，有长长的嘴，头部较大，鳍脚大而有力，适于游泳。上龙类适应性强，分布广泛，当时的海洋和淡水河湖中均有它们的身影。久负盛名的尼斯湖水怪可能就是蛇颈龙或其后裔。

翼龙

翼龙属于爬行动物，分布较广，南美洲、欧洲以及中国都发现了其化石，法国还发现了翼龙的足迹化石。

蛇颈龙

蛇颈龙是海中爬虫类的一种，海中爬虫类包括了海洋鳄鱼和鱼龙。它们由陆上生物演化而来，再回到海洋中。

【百科链接】

蕨类植物：

植物的一大类，远古时多为高大树木，现代的多为草本，用孢子繁殖，如石蕨、石松等。

■始祖鸟：介于爬行类和鸟类之间

始祖鸟如乌鸦大小，有初龙类型的头骨、长的颈部、坚实的身体、坚壮的后肢和一条很长的尾巴。前肢变大，显然已有翅膀的作用。眼孔很大，眼眶前方有一个大的眶前孔。头骨及下颌前端部分变长变窄成喙状，有发育完好的牙齿。

始祖鸟背部较为短壮，利于飞行，骨头的排列也和鸟臀类恐龙很相似，后肢强壮，脚上有3个向前伸的带爪的趾、1个向后伸的短趾。这种后趾是典型的兽脚类恐龙和鸟类的特征。

始祖鸟骨质的尾巴为典型的爬行类样式，长度和脊柱的其余部分相等。肩胛骨细长，臂骨也很长，前肢大大伸长，由前面3个趾组成。前肢躯体部分都长有羽毛。

鸟类出现于侏罗纪，而始祖鸟正是爬行类和鸟类的中间类型。从骨骼方面说，它基本上是爬行类，但具有一些非常倾向于鸟类的特征。羽毛是典型的鸟类羽毛，也因为这一点，始祖鸟被确定为鸟纲中最早和最原始的成员。羽毛不仅表明这种动物能够飞行，并且也说明它是温血的。扩大的脑腔表示它们已经发展了相当复杂的中枢神经系统，这一点对于飞行动物是非常重要的。

始祖鸟复原图

由于始祖鸟的骨骼结构与虚骨龙十分相似，有人便以此作为鸟类由恐龙进化而来的证据。

■恐鸟：比鸵鸟还大的鸟

恐鸟一词和恐龙一样，形容其大得吓人。恐鸟曾是新西兰众多鸟类中最大的一种，平均身高有3米，比现在的鸵鸟还要高。

恐鸟除了腹部是黄色羽毛之外，其他全部是黄黑色相间的羽毛。它的身躯肥大，下肢粗短，奔跑能力远不及鸵鸟。它的脖子有羽毛覆盖，比鸵鸟的脖子要长，有3根脚趾。恐鸟是“一夫一妻”制，它们可以共同生活终生，只有在其中一只死去后，幸存者才另寻配偶。它们以夫妻为单位终年栖息在新西兰南部岛屿的原始

哈斯特鹰捕捉恐鸟

哈斯特鹰是恐鸟的天敌。它们一般从侧面攻击恐鸟，先用一只利爪抓住恐鸟，再用另一只爪子猛击恐鸟头部或者脖子，恐鸟便立时毙命。

低地和海岸边的林区草地里，以浆果、草籽和根茎为食，有时也采食一些昆虫。恐鸟有10个种类，最大的一种是迪诺尼斯恐鸟。

一般认为恐鸟约在1500年前开始逐渐绝种。恐鸟的灭绝，人类肯定难辞其咎，但把这笔账全算在人类头上，恐怕也有失公允。恐鸟的迅速消失，原因比较复杂，当时成年恐鸟的死亡率很高，而出生率很低加上自然灾害的影响，恐鸟走向灭绝不可避免。

【百科链接】

侏罗纪：

中生代的第二个纪，距今2.08亿至1.44亿年，是爬行动物和裸子植物的时代。

剑齿虎：长獠牙的征服者

剑齿虎并不只代表一种动物，它是长有长獠牙的猫科动物的统称，巨大的犬齿是它们的标志。现在科学家研究的比较多的是距今200万年至1万年前的剑齿虎，也就是狭义上的剑齿虎。它们主要有三类：

第一类是美洲剑齿虎。它是美洲独有的，也是目前研究得比较多的剑齿虎。它们前肢力量巨大，颈部肌肉强劲，但是奔跑速度并不快。它的捕猎方式大多是隐藏在暗处伺机而动，捕捉大型的行动缓慢的动物，如猛犸象、乳齿象等。它的外形很像现代的老虎，但是体型比虎大。它比狮子更强悍，比老虎更凶猛。

第二类是巨颏虎。这种剑齿虎得名于巨大而突出的下颌颏突。它的上犬齿比较长，牙齿光滑，无小锯齿。四肢短粗，颈椎长而腰椎短，分布很广，常与锯齿虎共生在一起，频繁出现在欧亚大陆上。由于它地理分布广泛，横跨欧亚非美等大陆，是进行动物群跨地区对比的理想对象。

剑齿虎狩猎图

生活在北美洲的“命运剑齿虎”是美洲剑齿虎的代表种类，这个可怕的名字很大程度上来源于其模样：呈马刀状的剑齿超过12厘米长，上下颌可张开95度，令人胆寒。

第三类就是锯齿虎。关于剑齿虎灭绝的原因，有很多说法，目前尚无定论。

猛犸象：身披长毛的巨兽

猛犸象生活在第四纪大冰川时期，一般身高5米，体重10吨左右，以草和灌木叶子为食。猛犸象身披长毛，可抗御严寒，一直生活在高寒地带的草原和丘陵上。当时的古人类与其同期进化，但进化到新人（晚期智人）阶段时，猛犸象开始成为人类捕杀和猎取的对象。

猛犸象

猛犸象是一种适于寒冷气候的动物。在更新世，它广泛分布于包括中国东北部在内的北半球寒带地区。

猛犸象化石出土最多的地方是北极圈附近。由于猛犸象灭绝不到1万年的时间，而在自然界中，化石的形成需要2.5万年，所以猛犸象的化石都是半石化的。苏联古生物学家曾在西伯利亚永久冻土层中发现了一头基本完整的猛犸象，它的皮、毛和肉俱全，嘴边还沾有青草。

关于猛犸象突然灭绝的原因，专家们认为是由外因和内因共同造成的。当时气候变暖，猛犸象由于得不到足够的食物，被迫向北方迁移，再加上本身生长速度缓慢，在人类和猛兽的追杀下，幼象的成活率极低，且被捕杀的数量越来越多，这些因素最终导致了猛犸象的灭绝。

【百科链接】

出生率：

一定时期内（通常是一年）出生个体数目在群体总数中所占的比率，通常用千分率来表示。

珍稀奇特的动物

文昌鱼：无头的鱼

文昌鱼是一种原始的脊索动物，早在6亿多年前的古生代就已出现。

文昌鱼

文昌鱼属于脊索动物门的头索动物亚门，也叫全索亚门。这类动物有纵贯全身的脊索，而且脊索延伸到神经管的前面，故称头索动物；又因文昌鱼没有真正的头和脑，另有无头类之称。

文昌鱼主要分布在我国厦门、青岛、烟台、台湾等地，体形像海鳗，呈纺锤形，成鱼体长42至47毫米，细长侧扁，两头尖尖，国外常称其为“双尖鱼”或“海矛”。文昌鱼没有明显的头部，更没有集中的嗅觉、视觉、听觉等感觉器官，没有鳞片，没有偶鳍，没有骨质的骨骼，主要由脊索支持身体，脊索像一条富于弹性的棒状物纵贯全身，这也是它归属脊索动物的依据。

文昌鱼具有重要的研究价值，它以简单而典型的形式代表了脊索动物的发育，是从无脊椎动物进化到脊椎动物的过渡种。文昌鱼还有较高的经济价值，肉味近似虾，鲜美可口，干制品含有70%的蛋白质和其他无机盐类，含碘较高，是名贵的水产品。

文昌鱼在地球上已生存了数亿年，至今仍保持着亿万年前的形态和生活方式。

鸭嘴兽：卵生的哺乳动物

鸭嘴兽是澳大利亚特有的一种单孔目哺乳动物，从外形到生活习性都十分奇特。所谓单孔目动物，是指处于爬行动物与哺乳动物中间的一种动物，它们虽然用肺呼吸，身上长毛，体温恒定，但以产卵的方式繁殖，保留了爬行动物的一些重要特性。

鸭嘴兽是单孔目中最具代表性的动物。它们的嘴宽扁似鸭，无唇，尾扁平，指（趾）间有蹼，无耳壳。雌鸭嘴兽虽然也分泌乳汁哺育幼仔，但却不是胎生而是卵生，即由母体产卵，像鸟类一样靠母体的温度孵化。母体没有乳房和乳头，而是在腹部两侧分泌乳汁，幼仔就伏在母兽腹部上舔食。

鸭嘴兽一般生活在河、溪的岸边。它们平时大多数时间都在水里，皮毛有油脂，能使身体在较冷的水中保持温暖。在水中游泳时它是闭着眼的，靠电信号及触觉敏感的鸭嘴寻找在河床底部的食物，以软体虫及小鱼虾为食。雄性的鸭嘴兽后足长有刺，内存毒汁，必要时喷出，用以自卫。雌性鸭嘴兽出生时也有毒汁，但它们长到30厘米时毒汁就消失了。

鸭嘴兽代表最低等的哺乳类，对研究哺乳类的起源有重要的科学价值。它们在形态结构和生活习性上的特殊性决定了它们具有“活化石”的地位。

动物界的“活化石”——鸭嘴兽

鸭嘴兽被认为是爬行类向哺乳类动物进化的过渡动物，在动物起源研究上具有特殊的意义。

【百科链接】

脊索：

某些动物所特有的原始骨骼，位于其身体的中轴、消化管的背侧，有支撑动物身体的功能。

袋鼠的育儿袋

小袋鼠刚出生就存放在袋鼠妈妈的保育袋内，6至7个月后才开始短时间地离开保育袋学习生活，一年后才能正式断奶，离开保育袋。

【百科链接】

胎盘：

后兽类和真兽类哺乳动物妊娠期间，在子宫内长成的母子间交换物质的过渡性器官。

袋鼠：动物里的好妈妈

袋鼠属于有袋类动物，原产于澳大利亚、巴布亚新几内亚的某些地区，其中有些种类为澳大利亚独有。因此，袋鼠被澳大利亚人视为国家的象征，用在国徽和一些货币上。

袋鼠是低等的哺乳动物，雌性一般有育儿袋，大多数无胎盘。雌袋鼠每年生产1至2次，小袋鼠在雌袋鼠受精30至40天左右即出生，因此发育极不完全，必须留在母亲的袋内，直到发育完全。

奇异的是，雌性袋鼠有左右两个子宫，可以轮流怀孕，即左边的子宫刚刚生下小袋鼠，右边的子宫又怀了小袋鼠。如果条件适宜，雌性袋鼠就一直忙着带小袋鼠。袋鼠妈妈可同时拥有一只在袋外的小袋鼠、一只在袋内的小袋鼠和一只待产的小袋鼠。

袋鼠多在夜间活动，通常在太阳下山后几个小时才出来寻食，而在太阳出来后不久就回巢。

大熊猫："戴眼镜"的国宝

大熊猫主要产于我国四川西北的深山密林里，陕西、甘肃的个别县境内也有零星的大熊猫。目前这些地方栖息的大熊猫，总数有1000只左右。

独来独往是大熊猫的生活习性之一，只有在繁殖期到来时，它们才会去寻找异性伙伴。一只成年大熊猫发情期也就几天的时间，而雄性、雌性大熊猫的发情期不尽相同，加上它们的择偶性很强，从不随意结交异性伙伴，此外，雌性大熊猫只具备喂养一个幼崽的能力，这些就使大熊猫极为稀有了。

1978年，我国赠送给日本的大熊猫“兰兰”不幸病故，1亿多人口的日本竟有3000万人为大熊猫志哀，日本首相也在哀悼者行列。1984年第23届奥运会在洛杉矶举行，洛杉矶市政府特地向我国借了一对大熊猫，该市动物园更因此比往年多接待了100多万名参观者。而参观者大多要排队等上4个小时左右，才能与大熊猫见面3分钟。在1990年举行的亚运会上，大熊猫被定为大会的吉祥物。世界人民这样珍视大熊猫，作为大熊猫故乡的中国，更应当无比珍爱我国所独有的国宝大熊猫。

大熊猫

关于大熊猫的分类，学术界一直有较大争议。国际上普遍将它列为熊科、大熊猫亚科；我国在传统上则将大熊猫单列为大熊猫科。大熊猫体型肥硕似熊，但头圆尾短，头部和身体毛色黑白相间分明。它们看似笨拙，其实很灵活，能够爬上高高的树干。

受精卵　雄性的精子与雌性的次级卵母细胞结合之后形成受精卵。形成受精卵的过程就是受精，以人为例，其受精过程大概需要 24 小时。

扬子鳄：濒临灭绝的猪婆龙

扬子鳄俗称土龙或猪婆龙，身长 2 米左右，体重 10 至 30 千克。全身明显地分为头、颈、躯干、四肢和尾。全身覆盖着革制甲片，腹部的甲片较高。背部呈暗褐色或墨黄色，腹部为灰色，尾部长而侧扁，有灰黑或灰黄相间的花纹。它的尾是自卫和攻击敌人的武器，在水中还起到推动身体前进的作用。

扬子鳄是水陆两栖的爬行动物，喜欢栖息在人烟稀少的河流、湖泊、水塘之中。它常在夜间活动、觅食，主要吃一些小动物，如鱼、虾、鼠类、河蚌和小鸟等。扬子鳄有冬眠的习性，它所在的栖息地冬季较寒冷，气温在零摄氏度以下，这样的温度使得它只好躲到洞中冬眠了。

扬子鳄群体中雌雄比例约为 5 ∶ 1。动物学家经过研究发现，扬子鳄的性别与其孵化时的温度密切相关，孵化温度在 30 摄氏度以下时孵出来的全是雌性幼鳄；在 34 摄氏度以上时孵出来的全是雄性幼鳄；而在 31 至 33 摄氏度间孵出来的，雌性为多数雄性为少数；如果孵化温度低于 26 摄氏度或高于 36 摄氏度，则孵化不出扬子鳄，野性扬子鳄的受精卵在孵化时大多在适宜孵化雌性的温度条件下，这就造成了扬子鳄雌多于雄的状况。

扬子鳄

扬子鳄与北美洲的密西西比河鳄为目前世界上仅存的两种淡水鳄，数量极其稀少。它们很早之前就生活在地球上了，具有重要的研究价值。

中华鲟：长江里的旅行者

中华鲟是世界现存鱼类中最原始的种类之一，曾和恐龙生活在同一时期，因珍贵稀少被誉为“水中的大熊猫”，对于古生物学、地质学、仿生学等多种学科都有重要的科研价值。

中华鲟鱼体呈纺锤形，头尖吻长，个体较大，寿命较长，最长寿命者可达 40 岁，但其成熟期长，从幼鱼长到成鱼需 8 至 14 年。中华鲟是长江中最大的鱼，故又有“长江鱼王”之称。据观察，中华鲟年平均生长速度，雄鱼 5 至 8 千克，雌鱼 8 至 13 千克。

鲟鱼

鲟鱼是世界上现有鱼类中体形大、寿命最长、最古老的一种。全世界鲟鱼种类有 27 种，中国有 8 种，中华鲟是其典型代表。

成年中华鲟雄鱼一般重 68 至 106 千克，雌鱼重 130 至 250 千克。最大的中华鲟重达 500 千克。中华鲟产卵量很大，一条母鲟一次可产百万粒鱼子，但成活率不高，最后成鱼的只是少数。中华鲟个体虽然庞大，但只以浮游生物、植物碎屑为主食，偶尔吞食小鱼、小虾。

【百科链接】

鱼类洄游：

鱼类因生理要求、遗传和外界环境因素的影响而产生的周期性的定向往返移动。

中华鲟是溯河洄游性鱼类，一生主要生活在沿海大陆架地区，产卵时洄游进入长江，上溯数千千米抵达长江上游进行产卵繁殖。

金丝猴：鼻孔朝天的动物

金丝猴，顾名思义是源于它那与众不同的金黄色体毛。它的雅号还有两个：它长着一副蓝色的面孔，因此又被称为蓝面猴；它那蓝色的脸上又长着一只鼻孔朝天的鼻子，所以它又有了一个仰鼻猴的雅号。

金丝猴的身高在70至80厘米，体重多在10千克以上，尾巴几乎与身体等长。

金丝猴喜欢群居，每群少则十余只，多则上百只以至数百只，其中有一只猴王。金丝猴食性比较广，主要吃素食，但有时也会捉野鸟、掏鸟蛋、逮昆虫开开荤。

金丝猴妊娠期7至8个月，春季产仔，每胎仅产一只仔猴。长到4岁多，幼猴就成年了。金丝猴寿命一般在18年左右。

金丝猴与大熊猫不仅同为国宝，而且是近邻。有金丝猴的地方，常常也有大熊猫，只不过前者灵活地在树上跳来跳去嬉戏、觅食，而后者则缓慢而孤独地在树下活动或觅食，双方互不侵犯，各得其乐。

现在我国已将金丝猴列入一级保护动物，并建立了自然保护区。

金丝猴

金丝猴群栖息在高山密林之中，主要在树上生活，也到地面找东西吃。主食有树叶、嫩树枝、花、果等，也吃树皮和树根，爱吃昆虫、鸟和鸟蛋。

【百科链接】

沼泽：

地表过湿或有薄层积水，土壤水分饱和并有泥炭堆积，生长着喜湿性和喜水性沼生植物的地段。

麋鹿：奇特的四不像

我国是世界上产鹿最多的国家，有十六七种，其中最珍贵的是麋鹿。从外形看，它的角似鹿非鹿，颈似驼非驼，蹄似牛非牛，尾似驴非驴，什么也不像，所以叫它“四不像”。

麋鹿是我国特产的珍兽，原产于我国东部湿润的平原地区，是一种草食性哺乳动物。雄麋鹿身高1至3米，身长2米以上，体重可达200千克左右。它头上长角，角长80厘米左右，每两年脱换一次，尾巴也有75厘米长，是鹿类中尾巴最长的。雌麋鹿无角体小，重量仅100千克左右，尾巴长约60厘米。

麋鹿喜欢生活在水草丰茂的沼泽地区和河湖岸边。它们常在水中站立、跋涉、游泳、潜水和觅食。麋鹿的毛色在夏季是红棕色，冬季脱毛后变成棕灰色。它们平时性情温驯，但在夏末秋初的发情期间，雄麋鹿会变得异常凶猛好斗。

麋鹿

野生的麋鹿虽然灭绝了，但是通过放养，中国重新建立了麋鹿的自然种群。1986年8月，中国从英国乌邦寺迎回了20头麋鹿，放养在清代曾豢养麋鹿的南海子，并建立了一个麋鹿生态研究中心及麋鹿苑；1987年8月，英国伦敦动物园又无偿提供了39头麋鹿，放养在江苏大丰麋鹿保护区。

乌贼

乌贼生活在温暖的海洋中，游速快，主要以甲壳类为食，也捕食鱼类及其他软体动物等。我国常见的乌贼有金乌贼与无针乌贼。

乌贼：烟幕专家

乌贼属软体动物门头足纲。与其他软体动物不同，它没有外壳，只有一个已退化的内壳在外套膜中。除这个内壳和顶端的背以外，乌贼全身几乎没有坚硬的东西，可它却是海上凶猛的"强盗"，常用腕足和吸盘作为武器去攻击船只和人类。

乌贼喜欢在海上漂浮，但常常遇到大鱼的袭击，在逃亡的紧要关头，乌贼只能使出最后的绝招，放出"烟幕弹"来躲避敌害。那么，乌贼施放的"烟幕弹"是从哪里来的呢？原来，在乌贼体内的直肠有一个支管，末端膨大呈囊状，为墨囊，囊内有墨腺，可分泌墨汁。当乌贼逃避大鱼的追捕时，墨囊内的墨汁通过肛门排入外套腔内，与水流一起喷出体外，形成与自己身体形状相似的黑色浓雾，悬浮在水中。当大鱼碰到时，黑色浓雾"炸开"，而乌贼则在黑色烟幕的掩护下乘机溜掉了。乌贼施放出的烟幕可以持续几分钟，最大的乌贼喷出的墨汁可将百米范围内的海水染黑。

【百科链接】

软体动物门：

动物界的第二大门。该门类的动物身体柔软，左右对称，不分节，由头部、足部、内脏囊、外套膜与贝壳五部分组成，通称贝类。

海兔：随环境变色

海兔俗名雨虎，又名海猪仔，属软体动物门腹足纲。成体贝壳完全退化或为内壳，呈板状或斧状，具石灰质或仅存角质膜。体呈卵圆形，头部有2对呈耳形的触角，头颈部明显，腹足宽，后端呈尾状，因静止时很像坐着的兔子而得名。

海兔在世界各暖海区域都有分布，中国已知19种。海兔侧足发达，能做游泳器官；外套膜小，仅包被贝壳，掩盖本鳃；有紫汁腺，能发射紫色汁液杀伤小型动物或逃避敌害。

生活在海藻上的海兔用强大的齿舌刮食藻类，常因刮食不同颜色的藻类而改变体色。海兔雌雄同体，两个海兔互相交尾或数个海兔连成一串进行交尾，前边一个起雌性作用，后边一个起雄性作用，中间个体既起雌性作用又起雄性作用。卵群呈索带状缠成一团，固着于海藻、石块上，中国称其为海粉丝，日本称其为海索面，味美可食，医药上用以治疗眼炎或做清凉剂。海兔具有很高的营养、食用与药物价值，但这些价值目前还没有被很好地开发利用。

海兔

海兔有一种特殊的本领，它吃什么颜色的海藻就会变成什么颜色。如吃红藻的海兔身体呈玫瑰红色，吃墨角藻的海兔身体呈棕绿色。这种本领使它们可以很好地保护自己。

胆固醇 一种脂类物质，不易溶于水，广泛存在于动物体内，尤以脑、神经组织最为丰富，肝和胆汁中含量较高。

比目鱼

比目鱼会根据季节的更替做短距离的集群洄游。其肤色会随着环境的改变而改变，是著名的伪装大师。

比目鱼：侧着身子游泳

比目鱼是两只眼睛长在一边的奇鱼，它是海水鱼中的一大类，包括鲆科、鲽科、鳎科。实际上，比目鱼这种奇异形状并不是与生俱来的，刚孵化出来的小比目鱼的眼睛也是生在两边的，在它长到大约 3 厘米长的时候，眼睛就开始"搬家"，一侧的眼睛向头的上方移动，渐渐地越过头的上缘移到另一侧，直到接近另一只眼睛时才停止。

比目鱼的生活习性非常有趣，在水中游动时，有眼睛的一侧向上，侧着身子游泳。它常常平卧在海底，在身体上覆盖上一层沙子，只露出两只眼睛以等待猎物、躲避敌害。这样一来，两只眼睛在一侧的优势就显示出来了，当然这也是动物进化与自然选择的结果。

比目鱼为名贵食用鱼类，亦称牙偏、偏口、沙地、左口、鱼帝等，我国沿海各地都有出产，以北戴河所产最好。比目鱼体形扁平、口大，有眼的一面为灰褐色至深褐色，上有黑色斑点，无眼的一面为白色。全身只生一根大刺，鳞片小，肉质细嫩，味道鲜美。

【百科链接】

北戴河：

我国开发最早的海滨度假区，地处河北省秦皇岛市，海滩沙质比较好，坡度也比较平缓，是一个优良的天然海水浴场。

海参：抛出肠子逃生

海参比原始鱼类出现还早，在 6 亿多年前的前寒武纪就开始存在了。

海参深居海底，不会游泳，只能用管足和肌肉的伸缩在海底蠕动爬行，速度相当缓慢，一小时走不了 3 米的路程。它生来没有眼睛，更没有震慑敌人的锐利武器。如此这般，亿万年来，在弱肉强食的海洋世界中，它们是如何繁衍至今而不灭绝的呢？

原来，海参可以变换体色，有效地躲过天敌的伤害。除了变换体色，海参还练成了一套特殊的求生护身绝招：当阴险狡猾的海盘车、贪婪凶恶的大鲨鱼垂涎欲滴地偷袭过来时，警觉的海参迅速地把体腔内又黏又长的肠子、树枝一样的水肺一股脑儿地喷射出来，让强敌饱餐一顿，而自身借助反冲力，逃得无影无踪。大约经过 50 天的时间，海参又会生出一副新内脏。

海参是高蛋白、低脂肪、低胆固醇食物，因此传统习惯上把海参视为滋补食品，属于珍贵海味之一，是酒宴上的佳肴。海参对高血压、冠心病、肝炎等疾病也有一定食疗功效。

海参

海参是一种腔肠动物，其消化系统和排泄系统非常独特，遇到敌害时逃生的手段是吐出自己的内脏（其内脏可以再生）。

海星：断腕逃生

海星

海星是典型的海洋生物，品种很多，主要分布在热带或亚热带水域。

海星是棘皮动物门的一纲，下分海燕和海盘车两科。

海星主要分布于世界各地浅海海底的沙地或礁石上，有很强的繁殖能力。全世界大概有1800种海星，大部分是通过体外受精繁殖的，不需要交配。雄性海星的每个腕上都有一对睾丸，它们将大量精子排到水中，雌性也同样通过长在腕两侧的卵巢排出成千上万的卵子。精子和卵子在水中相遇，完成受精，形成新的生命体。

海星还有一种特殊的能力——再生。海星的身体由五个对称的腕和体盘所组成。行动时，以腕代足。若它的腕被石块压住或者被敌害咬住时，它会自动折断被压住或被咬牢的腕逃生。一段时间后，缺损的腕会重新长出来。海星的任何一个部位都可以重新生成一个新的海星。

飞鱼：空中滑翔

飞鱼是对鳐目飞鱼科鱼类的统称，因能跃出水面在空中滑翔而得名。飞鱼属于中小型经济鱼类，广泛分布于太平洋、大西洋和印度洋的热带、亚热带水域，有时深入温带水域，产于大西洋的飞鱼最北分布可达北海，而产于太平洋的可达日本海中部，中国沿海也有分布。

飞鱼为暖水性上层鱼类，喜群集洄游。受鲨鱼等凶猛鱼类追逐或其他惊扰时，剧烈摆动尾部，达到极大速度，从而跃出水面，展开胸鳍和腹鳍，在空中滑翔飞行，离水面最高可达3至6米。每次滑翔延续时间为3至5秒，有时长达10秒，速度为20米/秒至30米/秒。鱼坠入水后，再次剧烈摆动尾部作第二次滑翔，通常顺风时连续跳跃滑翔，距离可达100米以上，有时400至500条成群结队地掠过海面。飞鱼主要猎食甲壳类、浮游动物、鱼卵及小型鱼类。

飞鱼大都属于分批产卵类型，在产卵期间，每条可产卵2至3次，以后便逐渐游向外海。飞鱼的主要捕捞国有菲律宾、印度尼西亚等。中国的飞鱼资源量较稳定，台湾省的飞鱼主要产在高雄沿海。飞鱼供鲜销或制成干品，个别种类肉质较差，常用做钓饵。

【百科链接】

浮游生物：

悬浮于水层中个体很小的生物，行动能力微弱，全受水流支配，如藻类、水母等。

飞鱼

飞鱼长相很奇特，身体近乎圆筒形，没有翅膀，但有非常发达的胸鳍，看上去有点像鸟的翅膀，并向后伸展到尾部。

负鼠：擅长装死

负鼠是一种身长40至45厘米、外形似老鼠的小动物。母负鼠以其别致的育儿袋带着小负鼠四处活动。

负鼠在遇到突如其来的袭击无法逃生脱险时，就会装死以保全生命。为此，负鼠得了一个骗子的坏名声。

过去，有人曾认为负鼠的装死并非骗术，而是它们在大难临头时真的被凶神恶煞的猛兽吓昏过去了。但是，科学家运用电生理学的原理对负鼠进行活体脑测试，揭开了这一谜底。针对负鼠身体在不同状况下的生物电流分析，科学家们得出结论，负鼠处于装死状态时，大脑一刻也没有停止活动，不但与动物麻醉或酣睡时的生物电流情况大相径庭，大脑工作效率甚至更高。

竹节虫：酷似竹枝

竹节虫属于无脊椎动物门昆虫纲竹节虫目，简称“䗛”。竹节虫的体形生来就和周围植被相似，如果它静止不动的话，人们很难发现它，这一现象叫作拟态。一般的竹节虫体长在20厘米左右，爬行速度非常快。如果用手捏住其瘦长的胸部，就会感到其挣扎的力量十分大。

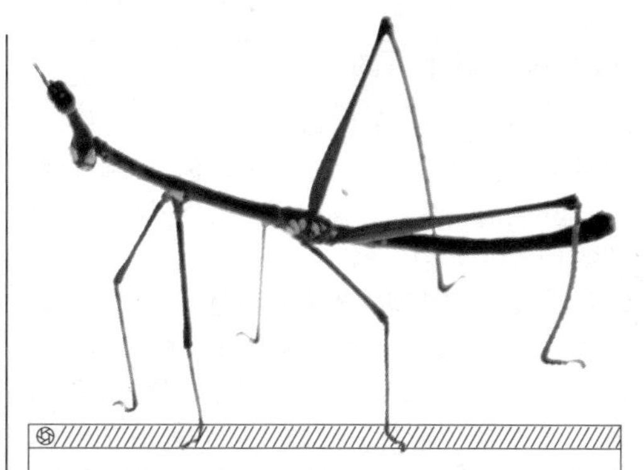

竹节虫

竹节虫算得上是著名的伪装大师。当它栖息在树枝或竹枝时，活像一枝枯枝或枯竹，很难分辨。有些竹节虫受惊后落在地上，还能装死不动。

几乎所有的竹节虫种类均具极佳的拟态，大部分种类身体细长，极似植物枝条。受到伤害时，稚虫的足可以自行脱落，而且可以再生。高温、低温、暗光可使竹节虫的体色变深，相反，则体色可变浅。白天与黑夜的体色也不同，呈节奏性体色变化。竹节虫为草食性，常为害植物。

竹节虫的繁殖也很特别，一般交配后将卵单粒产在树枝上，要经过一两年才能孵化为幼虫。有些雌虫不经交配也能产卵，生下无父的后代，这种生殖方式叫孤雌生殖。竹节虫是不完全变态的昆虫，刚孵出的幼虫和成虫很相似，它们常在夜间爬到树上，经过几次蜕皮后，逐渐长大为成虫。成虫的寿命很短，只有3至6个月。

竹节虫主要分布在热带和亚热带地区的森林或竹林中，有的种类会为害农作物。

负鼠

负鼠性情温驯，常常夜间外出，捕食昆虫、蜗牛等小型无脊椎动物，也吃一些植物。

【百科链接】

生物电流：

生物体的神经活动和肌肉运动等都伴随着很微弱的电流和电位变化，这种电流就叫作生物电流。

■ 臭鼬：臭不可闻

臭鼬体形大小如家猫，体长51至61厘米，体重0.9至2.5千克。头部呈亮黑色，两眼间有一条狭长的白纹，两条宽阔的白色背纹始于颈背并向后延伸至尾部。

臭鼬用它那特殊的黑白颜色警告敌人。如果敌人靠得太近，臭鼬会蹲下来，竖起尾巴，用前爪跺地发出警告。如果这样的警告未被理睬，臭鼬便会转身，向敌人喷射恶臭的液体——由尾巴旁的腺体分泌出来。在3.5米距离内，臭鼬一般都能击中目标。这种液体会导致被击中者短时间失明，其强烈的臭味在约800米的范围内都可以闻到。

臭鼬属包括两种，一种就是臭鼬，另一种叫冠臭鼬。从加拿大南部横贯整个美国，直到墨西哥北部，都分布着毛皮上有条形花纹的臭鼬。冠臭鼬则分布在美国西南部和中美地区。它们一般生活在树林、草原和沙漠中。白天在地洞中睡觉，晚上外出觅食，以昆虫、青蛙、鸟类和蛋为食。

臭鼬（右）与黑熊

从加拿大南部横贯整个美国，直到墨西哥北部，都分布着这种美丽而又令人讨厌的动物。

■ 刺猬：无从下手的刺儿球

刺猬是变温动物，它们不能稳定地调节体温，使其保持在同一水平。但它们都有忍耐蛰伏期体温和代谢率降低的能力，以此度过寒冷或食物短缺的困难时期。

刺猬

在野生环境自由生存的刺猬会为公园、花园、小院清除虫蛹、老鼠和蛇，是不用付薪水的“园丁”。

刺猬属于猬科刺猬亚科。在我国，从东北、华北至长江中下游都能见到刺猬的身影。刺猬身体背面密生着粗硬棘刺，耳较短，不伸出棘刺。它主要捕食各种无脊椎动物和小型脊椎动物，兼食根、果、瓜等植物。刺猬有非常长的鼻子，触觉与嗅觉很发达，最喜爱的食物是蚂蚁与白蚁。

刺猬除肚子外，全身都长有硬刺，当它遇到危险时，会蜷缩成一团，像一个有刺的球。它的形态和温驯的性格非常可爱，有些品种只比手掌略大。

刺猬住在灌木丛内，会游泳，怕热，因捕食大量有害昆虫而被视为益兽。它的皮、肉、胆、心、肝、脑等都具有药用价值。

【百科链接】

变温动物：

又叫冷血动物，指体温随外界温度的改变而改变的动物。

擅长捕猎的动物

蝎子：尾后毒针

蝎子属于节肢动物门蛛形纲，最典型的特征就是身体、螯弯曲分段且带有毒刺的尾巴。成体长5至6厘米，可分为头胸部、前腹部和后腹部。

蝎子分布于中国北方大部分地区，以及南方的江苏、福建、台湾等地，主要栖息于山坡石砾中、落叶下、树皮内以及墙缝、土穴阴暗处。它们喜欢在潮湿的场地活动，在干燥的穴内栖息。夜间外出觅食及交配。蝎子具有极强的耐饥能力，可饿七八十天而不死，寿命可达10年以上。

蝎子的毒刺由一个球形的底和一个尖而弯曲的钩刺组成，从钩刺尖端的针眼状开口射出毒液，用以自卫和杀死捕获物。毒液由毒腺分泌，毒腺通过细管与针眼相连。每一个腺体外包有一层薄薄的平滑肌纤维，毒腺通过肌肉的收缩射出毒液。

蝎子

世界上的蝎子有800余种，我国有10余种。其中体形最大的要数生活在非洲热带雨林和热带草原上的帝王蝎。

鹈鹕

鹈鹕的目光锐利，善于游水和飞翔。即使在高空飞翔时，漫游在水中的鱼儿也逃不过它的眼睛。

鹈鹕：嘴下皮囊

鹈鹕是一种海边常见的水禽，最明显的特征就是长着大而具有弹性的喉囊。鹈鹕的嘴长30多厘米，大皮囊是下嘴壳与皮肤相连接形成的，可以自由伸缩。

鹈鹕以像小捞网似的大喉囊捕鱼为生，是有名的捕鱼能手。斑嘴鹈鹕在水中捕鱼时张开大嘴兜水前进，将水和鱼一起兜入喉囊，然后闭上嘴，收缩喉囊，将水从嘴缘挤出，把鱼留在嘴中。成群的鹈鹕发现鱼群，会马上排成一队，张开大嘴向前游动，包围圈愈缩愈小，最后将鱼群赶到浅水处“歼灭”，场面十分壮观。

褐鹈鹕捕鱼时往往单独或成小群活动。它们先是将大嘴潜入水中，接近目标后，颈部迅速伸直，尖嘴直刺鱼身。褐鹈鹕还有另一种捕鱼方法，它们先飞上高空，然后略收翅膀，猛地从空中直冲而下，降落在水面。它们硕大的身体拍击水面产生很强的震动，能震昏水下1.5米处的鱼。震昏的鱼漂上水面，它们便能顺利捕食。

■射水鱼：水下狙击手

射水鱼俗称高射炮鱼，属于鲈形目射水鱼科。射水鱼的体形近似卵形，身体侧扁，头长而尖，在天然水域中，体长可达 20 至 30 厘米。

射水鱼爱吃动物性饵料，尤其爱吃生活在水外的活的小昆虫。在自然环境中，水面附近、树枝、草叶上的苍蝇、蚊子、蜘蛛、蛾子等小昆虫都是射水鱼的捕捉对象。射水鱼有非常独特的捕食本领，它常常贴近水面四处游动，当发现停歇在水面附近、树枝、草叶上的猎物后，便调整好体位，选择合适的角度，瞄准目标，从口中喷射出一股水柱，将猎物击落水中，然后美餐一顿。这样的捕食方法在鱼类中是绝无仅有的，在整个动物界中，恐怕也是独一无二的了。在将近一米的距离内，射水鱼的命中率几乎是百分之百，故有“神炮手”的美称。

射水鱼

射水鱼可以捕捉岸边的昆虫。其口腔上部有管槽，射出的水柱可达 1 米，能击中岸边草丛中的昆虫。

射水鱼大多生活在印度洋到太平洋一带的热带沿海及江河中，是一种半咸水鱼类，也是一种著名的观赏鱼。

■游隼：高空俯冲

游隼也叫花梨鹰、鸭虎、黑背花梨鹞等，是体形比较大的隼类，翅长而尖，眼周为黄色，颊部有一条粗的垂直向下的黑色髭纹。

游隼一部分为留鸟，一部分为候鸟，共分为 18 个亚种，我国有 4 个亚种。

游隼栖息于山地、丘陵、荒漠、河流、沼泽与湖泊沿岸地带，主要捕食野鸭、鸥、鸠鸽类、乌鸦和野雁等中小型禽类。它主要是在空中捕食，因而比其他猛禽需要更快的速度。它们大多数时候都在空中飞翔巡猎，发现猎物时首先快速升上高空，然后将双翅收起，使翅膀上的飞羽和身体的纵轴平行，头收缩到肩部，向猎物猛扑下去。它们以锐利的喙咬穿猎物颈部的要害部位，并同时用爪击打，使猎物受伤而失去飞翔能力，待猎物下坠时，再快速向猎物冲去，用利爪抓住它。

【百科链接】

候鸟：

与留鸟相对，指随着季节变化而南北迁徙，以寻找适宜的生存环境的鸟类。

游隼有时占用其他鸟类如乌鸦的巢，有时在树洞或建筑物上筑巢，一般在林间空地和悬崖的茂密森林中营巢。每窝产卵 2 至 4 枚，由亲鸟轮流孵卵，孵出后由亲鸟抚养 35 至 42 天才能离巢。

游隼

游隼体格强健，飞行速度很快。它们在很高的空中飞行，看到水中的鱼也会像闪电般俯冲下来，以锋利的双爪捕杀猎物。

大食蚁兽：长舌和利爪

大食蚁兽是生活在美洲的一种以白蚁为食的哺乳动物，它没有牙齿，有一个很长的嘴，当长嘴前端的鼻子嗅到白蚁的气味以后，便用锋利的前爪刨开蚁穴，直捣白蚁窝，伸出长约30厘米的舌头，趁白蚁惊慌逃窜时，利用舌上的黏液粘住白蚁，送进嘴里，享受美食。

遇到危险时，大食蚁兽就疾走逃遁，若实在逃不脱，它就用尾巴坐在地上，竖起前半身，用前足有力的钩爪进行反击，同时口中发出奇特的哨声，以威胁敌人。

大食蚁兽

大食蚁兽有一根蓬松多毛的尾巴，雨天和热天可以当伞，夜晚铺在地上就成了绒毛毯子。

海獭：巧用工具

海獭是海兽中个子最小的了，大小跟狗相仿。它的前肢裸出并且很小，后肢长而扁平，趾间有蹼；后肢在游泳时交替踩水，产生向前推动的力量。

当它捕食海胆、贻贝等硬壳动物时，首先潜到水底，把捞到的动物全部挟于两前肢下松弛的皮囊下，还顺便捡起一块约有拳头那么大的石块，游到海面后，把胸腹作为“餐桌”，石头作为“餐具”，用前肢夹着所捕到的动物在石头上撞击，直到壳破肉出，方才吞食。饱餐后，海獭认真地清洗“餐桌”，同时把“餐具”收好，以备后用。

海獭

海獭是稀有动物，只产于北太平洋的寒冷海域，是海兽中会利用工具捕食的动物。

海獭的食物是海胆、鲍鱼、蟹、牡蛎、贻贝、章鱼等，它每天所吃的食物量占它体重的1/4至1/3，是地球上食量最大的动物。

虎鲸：海上霸王

虎鲸是一种大型的齿鲸，一般身长为8至10米，背部呈黑色，腹部为灰白色，背鳍弯曲长达1米，嘴细长，牙齿锋利，性情凶猛，善于进攻猎物，是企鹅、海豹等海洋动物的大敌。

虎鲸有时还袭击须鲸或抹香鲸，可称得上是海上霸王。即便是动物之王的蓝鲸，遇到一群虎鲸围猎，也难逃被猎杀的厄运。

虎鲸之所以能成为海中霸王，一是因为它们具有锐利的牙齿；二是因为它们具有快速、准确地追捕猎物的本领；三是因为虎鲸是群栖动物，常三四头一起活动，多时则达三四十头，集体围猎当然威力大增。

【百科链接】

背鳍：

沿水生脊椎动物的背中线生长的正中鳍，起平衡作用。

长途迁徙的冠军

蝴蝶：越洋迁徙

全世界有14000余种蝴蝶。蝴蝶分布广泛，大部分分布在美洲，在除寒带外的世界其他地区也都有分布。在亚洲，中国台湾也以蝴蝶品种繁多而闻名。

一般的蝴蝶，成虫交配产卵后在冬季到来之前就死亡了，但有的品种会迁徙到南方过冬，迁徙的蝴蝶群非常壮观。目前比较闻名的蝴蝶越冬地点是美洲的墨西哥和中国的云南。目前已知有200多种蝶类能作迁徙性的飞行。

蝴蝶的迁徙距离相当远。澳大利亚有种黑褐色的蝴蝶，每年要从澳大利亚乘着西风，飞越宽2000多千米的塔斯曼海。美洲的"彩蝶王"，每年春天飞越墨西哥湾，向北到达美国，甚至一直飞到加拿大；到了秋末，又从加拿大经过美国中西部，飞回墨西哥德雷山脉的陡峭山谷中。非洲有一种粉蝶，每年春天，都会飞越地中海和阿尔卑斯山，到达冰岛，甚至北极圈避暑。

对虾：长途洄游

蝴蝶

蝴蝶的数量以南美洲亚马孙河流域最多，其次是东南亚一带。世界上最美丽、最有观赏价值的蝴蝶多出产于南美的巴西、秘鲁等国。

过去，虾在市场上常成对出售，故称对虾，也称大虾、明虾。

对虾属共有28个现生种，主要分布于热带和亚热带浅海。中国近海特产的中国对虾，是仅分布于亚热带边缘区的一种洄游性虾类。

中国对虾仅分布于黄海、渤海和南海北部及广东中西部近岸水域。对虾能适应变化较大的水温和盐度环境。黄海种群在低于10摄氏度和高于30摄氏度的环境尚能生存，但适宜的繁殖温度却要高于15摄氏度。产卵场都在盐度较低的河口或近岸水域，仔虾期能适应河口咸淡水环境，甚至在盐度不到1%的半咸水域也能正常生活。仔虾常大量密集成群，随潮水进入河口内数十千米，体长超过30毫米的稚虾逐渐游离河口，在沿岸水深仅1米左右的浅水区摄食发育。幼虾随体长的增长而逐渐向远岸海域移动。

对虾

对虾是十足目对虾总科对虾科的一属，身体长而侧扁，甲壳薄而透明，腹部发达。

每年秋末冬初，渤海和黄海沿岸浅海区水温迅速降低，虾群便向黄海南部的深水区作越冬洄游，越冬场底层水温宜维持在10摄氏度以上，盐度在3.2%至3.3%。到翌年春末夏初，虾群又开始向北方渤海和黄海各大河口近岸水域洄游，然后产卵繁殖。

【百科链接】

黄海：

位于中国大陆与朝鲜半岛之间，为大陆架浅海。因古黄河曾自江苏北部注入此海，且海水呈黄褐色而得名。

天鹅：迁徙越冬

天鹅别名鹄、白鹅、大天鹅、咳声天鹅，属于雁形目鸭科。它体重约10千克，体长1.5米左右，是一种大型游禽。头和颈的长度超过体躯长度，全身洁白，从眼角至上嘴基部为淡黄色，嘴大部分为黑色，跗蹠、趾及蹼为黑色。幼鸟通体淡灰褐色，嘴呈暗肉色。

天鹅主要栖息于水生植物丰富的大型湖泊或沼泽地带，以水栖昆虫、贝类、鱼类、蛙、苜蓿、谷粒和杂草等为食。4岁后性成熟，巢由水草和泥土构成，每窝产卵4至6枚，孵卵期35至40天，由雌性孵卵。它是世界上飞得最高的鸟类之一，能飞越“世界屋脊”珠穆朗玛峰，最高飞行高度可达9000米以上。

天鹅是一种冬候鸟。每年三四月间，它们成群地从南方飞向北方产卵繁殖。一过10月，它们又再次结队南迁，在南方气候较温暖的地方越冬。在飞行时，天鹅常常以6至20只组成小群，边飞边鸣，速度非常快。

天鹅

天鹅头颈很长，约占体长的一半，在游泳时脖子经常伸直，两翅贴伏。由于体态优雅，天鹅自古以来就是纯真与善良的化身。

大马哈鱼：回乡产卵

大马哈鱼又称鲑鱼，是一类典型的洄游鱼类。大马哈鱼有很多种，在世界各地都有分布。我国黑龙江及其支流乌苏里江流域盛产大马哈鱼，是著名的“大马哈鱼之乡”。

大马哈鱼

大马哈鱼身体长而侧扁，吻端突出，形似鸟喙，口大，内生尖锐的齿，是凶猛的食肉鱼类。

大马哈鱼的祖辈原本生活在寒冷地区的河流中，但是那里食物缺乏，它们不得不一直游到海洋中去觅食成长。然而无论它们离开出生地多远，也要返回故乡生儿育女。

刚开始出发的时候，它们身体丰满，肤色俊美，精力充沛，游泳的速度也快，每昼夜可游40千米。经过日日夜夜的长途跋涉，它们终于回到了久别的故乡。然而，这时的大马哈鱼已经疲惫不堪，整个身体暗淡无光，瘦得背部像驼峰一样突出来，又大又长的牙齿裸露在外，呈现出一副狰狞的面孔。即使这样，它们还在积极地筹划自己的婚礼，成群结队地聚集在一个个的小石坑中。在那里，雌鱼先产下卵子，雄鱼将精液撒在上面。生殖完毕的大马哈鱼已经筋疲力尽了，很快便在故乡甘美的水中走完了生命的旅程，慢慢地死去。

小马哈鱼孵出的日子正是早春时节，这时其他鱼类都还没有苏醒过来，环境对它们来说是安全的。等长到6厘米后，它们便要离开故乡，顺着急流向着大海的方向出发了。

【百科链接】

乌苏里江：

黑龙江的支流，源自松阿察，汇入黑龙江，是中国与俄罗斯的界河。全长880千米，流域面积19万平方千米。

鸿雁：列队飞行

鸿雁，亦名原鹅、大雁等，指体大而颈长的雁。嘴比头部长并与前额成一条直线，前颈和脸颊呈白色，后颈和头顶呈红褐色，二者之间有明显的分界线，飞行时作典型的雁鸣，为升调的拖长音。长相近似家鹅。

鸿雁喜欢栖息在旷野、河川、湖泊、沼泽等水生植物丛生的近水环境，有时也活动于山区、平原和海湾等处。鸿雁主要食物为各种植物，偶尔也吃少量软体动物。

鸿雁

鸿雁常栖息于旷野、河川、沼泽和湖泊的沿岸。春天，鸿雁常20至40只集成小群，秋季集群较大，并在飞行高空排列成“人”字形。

鸿雁还是出色的旅行家。每到秋冬季节，它们就从老家西伯利亚一带成群结队、浩浩荡荡地飞到我国南方过冬。第二年春天，它们又经过长途旅行，回到西伯利亚产蛋繁殖。鸿雁的飞行速度很快，每小时能飞68至90千米，几千千米的漫长旅途得飞上一两个月。

在长途旅行中，雁群的队伍组织得十分严密，它们常常排成“人”字形或“一”字形，一边飞着，一边不断发出“嘎嘎”的叫声。鸿雁的这种叫声主要起呼唤、起飞和停歇等信号作用。

驯鹿：千里跋涉

驯鹿是驯鹿属的唯一一种，又名角鹿，下分9个亚种。驯鹿主要栖息于寒带、亚寒带的森林和冻土地带。在中国，主要生活在以针叶林、针阔叶混交林为主的寒温带。它们以苔藓、地衣等低等植物为食，随着季节的变化，也吃树木的枝条和嫩芽、蘑菇、嫩青草、树叶等。

春天一到，驯鹿便离开自己越冬的森林和草原，沿着几百年不变的路线往北进发。跋涉途中，总是由雌鹿打头，雄鹿紧随其后，秩序井然，边走边吃，日夜兼程，沿途脱掉厚厚的冬装，生出新的薄薄的夏衣，脱下的绒毛掉在地上，正好成了路标。它们总是匀速前进，只有遇到狼群的惊扰或猎人的追赶时，才会一阵猛跑，发出惊天动地的巨响，扬起满天的尘土，打破草原的宁静。

幼小的驯鹿生长速度之快是任何动物也无法比拟的，母鹿在冬季受孕，在春季的迁徙途中产仔。幼仔产下两三天即可跟着母鹿一起赶路，一个星期之后，它们就能像父母一样跑得飞快。

驯鹿为珍稀动物，茸、肉、皮、乳均可利用。中国黑龙江省的鄂温克族还用它做交通运输工具。

【百科链接】

针叶林：

针叶林是寒温带的地带性植被，是分布最靠北的森林，针叶林的北界就是森林的北界。

驯鹿

驯鹿栖息于寒带、亚寒带的森林和冻土地带，雌雄都有角，角干向前弯曲，幅宽可达1.8米，每年更换一次。

发光发电的精灵

自带手电的萤火虫

萤火虫是鞘翅目萤总科中的一科，头被前胸覆盖，腹端具发光器，能发光，体较扁而体壁柔软。

萤火虫夜间活动，卵、幼虫和蛹也能发光，成虫的发光有诱异作用。幼虫和成虫均以蜗牛和小昆虫为食，喜栖于潮湿温暖、草木繁盛的地方。

萤火虫在夏日夜晚发出的光，和太阳光以及各种电灯的光都不一样。太阳依靠核聚变来发光，电灯依靠电流对灯丝的加热来发光。萤火虫发出的光，是由体内一系列特殊的化学反应引起的。由于它能100%地将能量转换成光能，不产生热量，人们称它为冷光源。

萤火虫的这种特异功能是由它体内所含的荧光素、荧光酶和氧气相互作用的结果。荧光酶是一种蛋白质，是发光的催化剂。在它的作用下，荧光素和氧气发生化学反应，形成氧化荧光素。在这个化学反应中，每氧化一个荧光素分子就发射出一个光子，因而反应所产生的能量全部以光的形式释放出来。

萤火虫

萤火虫种类繁多，广泛分布于热带、亚热带和温带地区，中国有50多种。雄性萤火虫的眼睛比雌性的眼睛大，腹部末端下方有发光器，能发黄绿色的光。

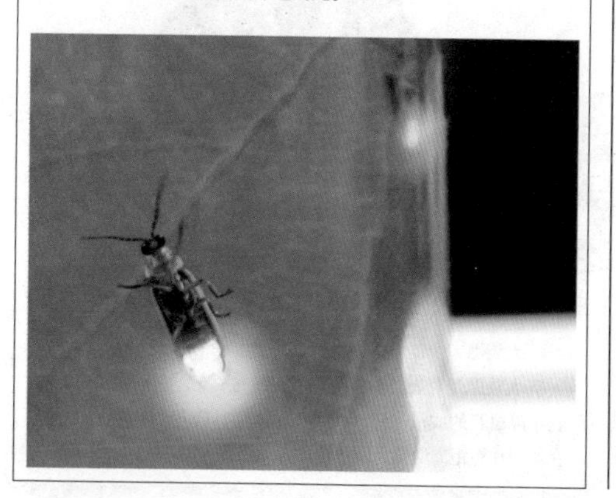

打着灯笼的灯笼鱼

灯笼鱼是灯笼鱼亚目的一科，因身上有能发出晶莹夺目光泽的圆形发光器而得名。从北极至南极所有大洋均有分布，通常生活在温暖海域的表层及次深层。灯笼鱼大多为身长5至15厘米的小型种，体侧排列着发光器的灯笼鱼有235种。

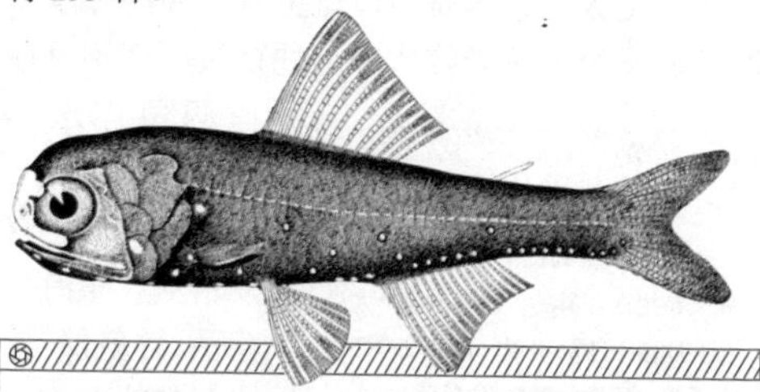

灯笼鱼

灯笼鱼栖息于热带和亚热带1000米水深的海区里，体上的发光器能发出红黄色光泽，夜间常接近于洋面的表层，以小型浮游动物为食。

灯笼鱼生活在几百米深的海里，是外洋性的深海鱼。眼大，口大且裂开，但牙齿不坚固，所以主要以小型的虾或其他的浮游生物为生。

灯笼鱼的发光器能自行发光。发光器下的肌肉附有反光组织，发光器上的鳞片变形为透镜状。发光是同类间的识别信号，对同种集群或举行生殖活动有作用，也有引诱猎物的作用，在深海发出忽明忽暗的光可以将虾引诱过来。

【百科链接】

蛹：

在完全变态的昆虫（如苍蝇、桑蚕）中，从幼虫过渡到成虫时的虫体形态叫蛹。

中国常见种有灯笼鱼属中的芒光灯笼鱼，体披栉鳞，臀鳍上方有发光器3个，排列成一直线，体侧后部发光器位于脂鳍基的下方。另一种灯笼鱼，鳞片容易脱落，故又称为裸鰛。

爆火鱼：摩擦出火花

生活在大洋洲所罗门群岛海域的爆火鱼，以“爆火星”而闻名。

爆火鱼个头不大，身体略扁，头部尖尖的，尾部像燕子尾巴似的分着叉。每当它们成群结队穿梭遨游时，它们的身躯便会相互碰撞和摩擦，“嚓嚓”地爆出火花来，看上去就像正负电极相击时发出的电光。这种鱼之所以能相撞爆火，是因为它体表的鱼斑上有一种能在水里摩擦而发光的荧磷物质，这种物质可使相互碰撞的鱼体迸溅出光亮的火花。

爆火鱼喜欢群居、集游式生活，这就使“爆火”的机会大大增加。爆火鱼越聚集成一团，“爆火”的景象就越壮观。若是在夜晚，闪烁的火花简直就像一条条火龙，美丽极了。

所罗门群岛海域

所罗门群岛位于太平洋西南部，属美拉尼西亚群岛。该国由6个大岛和900多个小岛组成，面积29785平方千米。所罗门群岛海域辽阔，水产资源丰富。

大袋鼯：发光滑翔家

【百科链接】

鳞片：
着生在生物体表面的鳞状构造。

大袋鼯是澳大利亚最大的滑翔动物，也是世界上最大的滑翔动物之一。它在滑翔时能发出一种磷光，因此又被称为“发光滑翔家”。

大袋鼯是大袋鼯属的唯一一种，分布在澳大利亚昆士兰省东部到维多利亚省南部的海边地区。身长30至48厘米，尾长45至55厘米，成年兽体重1.2至1.5千克。体毛柔软带有丝光，毛色变化较大，从纯白色到灰色均有。前后肢间生有翼膜，使得大袋鼯能在树间滑翔，最长滑行距离为87米。翼膜的翼状褶由前肢肘部延伸到后肢的踝部，在大袋鼯飞行时往往呈前部尖的锐角三角形，这是大袋鼯能够远距离滑翔的重要原因。

大袋鼯主要栖居于森林中，偶尔到地面活动。野生的大袋鼯单独活动，人工饲养的可成对生活。母兽的育儿袋内有1对乳头，幼儿刚出生时就在育儿袋中生活，3个半月以后离开育儿袋并趴在母兽背上，随母兽一起在树间滑行，7个月后可以独立生活，第二年即可繁殖后代。雌性大袋鼯每年繁殖1次，每胎产1仔。野外个体寿命可达15年。

大袋鼯食性单一，除一种散发薄荷气味的桉树叶外，其他任何植物都不愿意吃。这一习性决定了它们只能做澳大利亚的“土著居民”。

大袋鼯喜欢在夜间活动，它的眼睛在夜间的灯光下，能发出一种磷光，这种光犹如“探照灯”般为它的滑翔指明了方向。

大袋鼯

大袋鼯是有袋类动物向空中发展的一支，它们和啮齿类动物中鼯鼠科的成员一样，在四肢和体侧有宽大多毛的皮膜，能在树间作短距离滑翔，因此被称为大袋鼯。

电压 指静电场或电路中任意两点之间的电位差。电压的高低，一般是用单位伏特表示，简称伏，用符号“V”表示。

电鳗
电鳗放电却电不着自己，不过放电后要经过一段时间的恢复，才能再次放电。

【百科链接】

电流：
电荷的定向移动。

电鳗：水中发电王

生活在南美洲亚马孙河和圭亚那河的电鳗，身长2米左右，体重约达20千克。它体表光滑无鳞，背部黑色，腹部橙黄色，没有背鳍和腹鳍，臀鳍特别长，是主要的游泳器官。

电鳗是鱼类中放电能力最强的淡水鱼类，它输出的电压有300伏，有的甚至可达800伏。在水中3至6米范围内，常有人触及电鳗放出的电而被击昏，甚至因此跌入水中而被淹死，因此，电鳗有“水中发电王”之称。

电鳗的发电器是由许多电板组成的，分布在身体两侧的肌肉内，身体的尾端为正极，头部为负极，电流从尾部流向头部。当电鳗的头和尾触及敌人，或受到刺激时，即可产生强大的电流。它所释放的电量，能够轻而易举地把比它小的动物击死，有时还会击毙比它大的动物，正在河里涉水的马和牛也会被电鳗击昏。

电鳐：海中的活电池

世界上有好多种电鳐，其发电能力各不相同：非洲电鳐一次发电的电压在200伏左右，中等大小的电鳐一次发电的电压在70至80伏，较小的南美电鳐一次只能发出37伏电压。由于电鳐会发电，人们把它叫作活的发电机、活电池、电鱼等。

最大的电鳐可以达到2米，背腹扁平，头和胸部在一起，尾部呈粗棒状，像团扇。在头胸部的腹面两侧各有一个肾脏形蜂窝状的发电器。它们排列成六角柱体，叫电板柱。电鳐身上共有2000个电板柱，有200万块电板。这些电板之间充满胶状物质，可以起绝缘作用。每个电板的表面分布有神经末梢，一面为负极，另一面则为正极。人们日常生活中所用的干电池，在正负极间填充糊状物，就是受电鳐里的胶状物启发而改进的。

电流的方向是从正极流到负极，也就是从电鳐的背面流到腹面。在神经脉冲的作用下，这两个放电器就能把神经能变成电能，放出电来。单个电板产生的电压很微弱，但是，由于电板数量很多，电鳐发出的电压还是很强的。电鳐的发电器官是从某些鳃肌演变而来的。在演变发生过程中解除了腮肌原来的职务，而承担了新的作用——发电。

电鳐
电鳐的鳃裂和口都在腹部，身体平扁，吻不突出，臀鳍消失，尾鳍很小，胸鳍宽大。在胸鳍和头之间的身体每侧都有一个发电器官，以电击退敌人或捕获猎物。

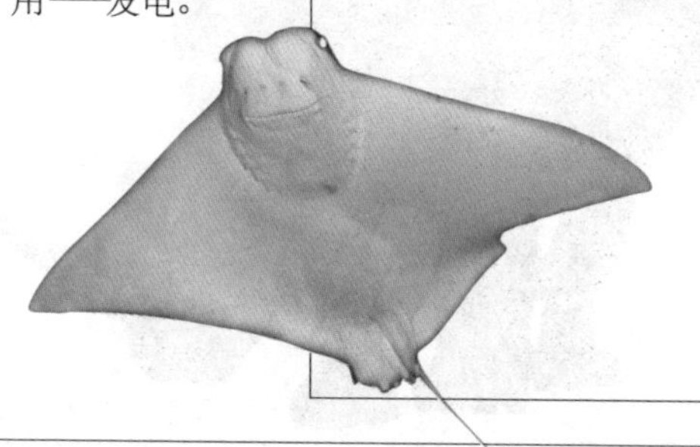

合作共栖

犀牛与犀牛鸟

犀牛身体庞大，体重可达1500千克，头上长着两只奇怪的角，一前一后，前大后小。顶起架来，任何猛兽都不是它的对手。这样一位蛮横凶猛的家伙，居然也有一位知心的“小朋友”——犀牛鸟。

犀牛鸟名叫牛鹭，也叫剔食鸟，它们靠啄食犀牛皮肤内隐藏的寄生虫为生，这样，既填饱了肚子，又清洁了犀牛的身体。原来，犀牛的皮上有许多褶皱，褶皱内的皮肤非常娇嫩，神经、血管密布其间，而它喜欢在水泽泥沼中生活，时间久了，褶皱里就钻进了各种寄生虫，这些寄生虫叮咬犀牛的皮肤，使它疼痒难忍。停歇在犀牛背上的犀牛鸟，嘴巴尖长，它们结成小群，不停地在犀牛的皮肤褶皱处觅食小虫，有时还跑到犀牛的肚子下面或腿之间，或毫不客气地爬到犀牛的嘴巴或鼻尖上去。因为它们是在为自己捉寄生虫，所以犀牛对犀牛鸟很客气。有人也因此把犀牛鸟称为犀牛的“私人医生”。

犀牛眼睛小，视力很差，听觉也不灵敏。所以每当发生险情时，这些视觉良好的犀牛鸟便会大声啼叫并在上空盘旋，向犀牛发出警报。所以有人又把犀牛鸟称为犀牛的“警卫员”。

犀牛

因为人类的大肆捕杀，犀牛的数量已经非常稀少，目前已被列为国际保护动物。

蜜獾与导蜜鸟

蜜獾和导蜜鸟是一对好朋友。蜜獾牙齿锋利，前爪粗硬有力，适于挖土、爬树和捣蜂巢。它皮肤坚硬厚实，上面布满了长而蓬松的粗毛，不怕野蜂蜇。导蜜鸟平时也总是忙于寻找野蜂巢，不过它感兴趣的不是蜂蜜，而是建筑蜂房的蜂蜡。但它们要把蜂巢弄破却力不从心，所以只好找蜜獾当帮手。而蜜獾也恰巧需要导蜜鸟的帮助。

蜜獾

蜜獾是杂食性动物，各种食物都吃，包括小型哺乳动物、鸟类、爬虫、蚂蚁、腐肉、野果、浆果、坚果等，甚至连眼镜蛇和蒙巴蛇一类的毒蛇也吃。

野蜂常常把巢筑在高高的树上，蜜獾不易找到。所以当目光敏锐的导蜜鸟发现树上有蜂巢时，便马上去找蜜獾，扇动着翅膀，身体作出特殊的动作，并发出引人注意的达达声。当蜜獾得到信号后，便匆匆赶来，爬上树去，把蜂巢咬碎，赶走蜜蜂，把蜂蜜吃掉。蜜獾美餐一顿离去后，就轮到导蜜鸟独自享受蜂房里的蜂蜡了。

【百科链接】

寄生虫：

寄生在别的动物或植物体内或体表的动物，从宿主身上取得养分，有的传染疾病。

纤维素 由葡萄糖组成的大分子多糖，是植物细胞壁的主要成分。纤维素不溶于水及一般有机溶剂。纤维素含量高的植物有棉花、麻、麦秆、稻草等。

鳄鱼与千鸟

生活在非洲河流中的鳄鱼，生性凶猛残暴，令人惊讶的是，它却和一种名叫千鸟的小鸟成了好朋友。千鸟的感觉器官比较灵敏，只要周围稍有动静，它就唧唧喳喳地叫起来，鳄鱼则正好从千鸟的突然惊叫中得到警报，做好防范准备，或者潜入水中逃走。

平常的时候，鳄鱼懒洋洋地躺在河边闭目养神，乖巧的千鸟总会当一回鳄鱼口腔的义务“清道夫”，尽心尽职地为鳄鱼的口腔做保健。每当这时，鳄鱼总会十分乐意地接受它的热心服务，顺从地张开血盆大口，让千鸟帮助它剔牙，清理口腔异物。这样，鳄鱼得到了一位十分尽职的义务保健员，而千鸟则在鳄鱼的利牙锐齿间觅到了美味，填饱了肚子，真是一举两得。

鳄鱼

鳄鱼不是鱼，属脊椎动物爬行纲，是现存最大的爬行动物。它入水能游，登陆能爬，体胖力大，被称为“爬虫类之王”。

白蚁与鞭毛虫

在自然界中，白蚁是腐木与朽材的分解者，它们是少数能分解纤维素的动物之一，能使纤维素变成养料回归土壤，在生态循环中位居重要的一环。那么，连牛马都啃不动的木材，小小的白蚁是如何把它消化掉呢？原来，在白蚁的肠道里，寄生着一种名叫鞭毛虫的原生动物，是它解决了这个难题。

白蚁的肠道不分泌纤维素酶，无法消化木质纤维素，但鞭毛虫能分泌一种消化纤维素的酶，把木质纤维素酵解为可吸收的葡萄糖，从而为白蚁提供充足的养分。另一方面，鞭毛虫也在白蚁的肠道中获得了所需的养料。白蚁与鞭毛虫密切合作，互利共生，各得其利。

海葵与小丑鱼

海葵虽然拥有致命的武器，却也有房客同住，其中最常见的就是小丑鱼。小丑鱼身材娇小，全然不怕海葵那些有毒的触手。一遇到危险，它们就会立即躲进海葵的保护伞下。一般的珊瑚礁鱼类看到海葵，往往会躲得远远的。

但是，海葵的毒刺也不是天下无敌的，蝶鱼就是它们命中的克星。每当这时候，小丑鱼就会对蝶鱼展开猛烈的攻击。面对作风强悍的小丑鱼，蝶鱼经常被打得落荒而逃。平时，小丑鱼会拣食海葵吃剩的饵料，同时它们还为“房东”海葵除去泥土、其他杂物和寄生虫。

【百科链接】

葡萄糖：

自然界分布最广泛的单糖。它的氧化反应放出的热量是生命活动所需能量的重要来源。

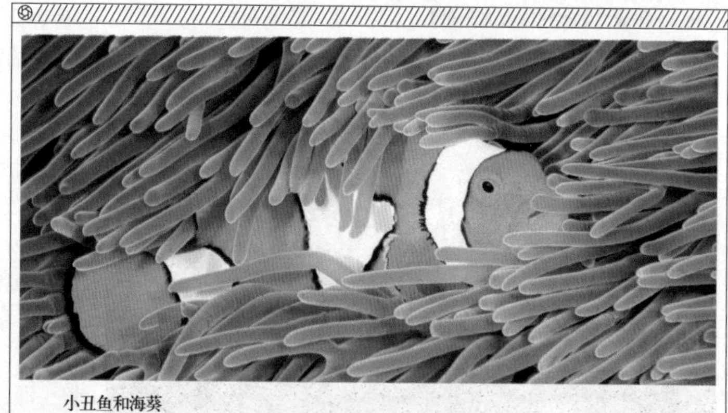

小丑鱼和海葵

小丑鱼在海葵中来去自如，互惠互利。这种互相依存的生活方式，在自然界中存在很多。

建筑高手

珊瑚虫：海底花园的建设者

珊瑚虫属腔肠动物，种类很多，是“海底花园”的建设者之一。它的建筑材料是外胚层的细胞所分泌的石灰质物质，各种各样美丽的建筑物则是它身体的一个组成部分——外骨骼。平时看到的珊瑚便是珊瑚虫死后留下的骨骼。

群体生活的珊瑚虫，它们的骨架连在一起，肠腔也通过小肠系统连在一起，所以这些群体珊瑚虫有许多“口”，却共用一个“胃”。能够建造珊瑚礁的珊瑚虫有500多种，这些造礁珊瑚虫生活在浅海水域，水深50米以内，适宜温度为22至32摄氏度，如果温度低于18摄氏度则不能生存。所以在高纬度海区，人们见不到珊瑚礁。

珊瑚虫的触手很小，都长在口边，海水经过消化腔时，其中的食物和钙质都被它吸收。珊瑚的群体骨骼式样繁多，颜色各异。这些千姿百态、五彩缤纷的珊瑚骨骼在海底构成了巧夺天工的“水下花园”。

珊瑚

珊瑚生长得非常缓慢。图中红色的为活体珊瑚骨骼，上面的星星点点为珊瑚虫。美丽的珊瑚把海底世界打扮得宛如花园。

蜜蜂：天才的建筑师

蜂群是由许多蜜蜂个体组成的群体。一个蜂群由一只蜂王、少数雄蜂和大量工蜂组成，成员间互有分工，各司其职。

蜂巢

蜂巢是蜜蜂所建的巢穴，由众多正六边形的蜂蜡巢室所组成。蜂巢的结构令人惊叹，称得上是巧夺天工。

蜂巢是蜂群居住和生活的处所，由工蜂分泌蜡筑造的巢脾构成。巢脾数量因蜂群大小而异，彼此平行，相互间保持10毫米左右的距离作为蜜蜂的通道。巢脾两面的巢房，按其大小和形状可分为工蜂房、雄蜂房和过渡型巢房三种。

前两种分别用以培育工蜂和雄蜂，也用以贮存蜂蜜或蜂粮，均呈六棱形筒状。过渡型巢房不规则，分布在工蜂房和雄蜂房之间及巢脾边缘，用以贮藏蜂蜜和加固巢脾，容积随蜜蜂繁殖代数的增加而逐渐变小，通常可使用2至3年。

此外，蜂群在自然交替或意外失去蜂王时，工蜂会筑造一种专门用于培育蜂王的蜂房，称为王台。

蜂群靠增大或减小在巢脾上的覆盖密度、振翅扇风、蒸发水分等活动来调节巢温，保证幼蜂正常发育。巢脾间的相对湿度在

【百科链接】

工蜂：

生殖器官发育不全的雌蜂。它们除采集花蜜和花粉外，还要哺饲蜂王、幼虫，建造蜂房等。

大流蜜期随着流蜜量的增多而增大，蜂群加强扇风活动，把巢内的相对湿度降低到40%至65%，以利花蜜的水分蒸发。当蜜源缺乏或气候干燥时，蜜蜂会出外采水，以调节巢内的温湿度，并供生命活动之需。

织布鸟：纺锤形的家

织布鸟大小似麻雀，嘴强健。每到繁殖季节，雄鸟就开始了一场编织吊巢的紧张角逐。它们先把衔来的植物纤维的一端紧紧地系在选好的树枝上，用嘴来回编织，穿网打结，织成实心的巢颈。然后由巢颈往下织，外壁逐渐增大，最后密封巢顶，形成空心的巢室。织布鸟通常在巢的底部织一个长长的飞行管道，末端留有开口。雄鸟把主体工程完成以后，就围绕着巢口振翅飞翔，炫耀求偶。如果鸟巢博得了雌鸟的赞许，求偶便成功了。之后，雌鸟会用青草或其他柔韧的材料装饰巢穴内部，还会在飞行管道的周围设置栅栏，以防止鸟卵跌出巢外。

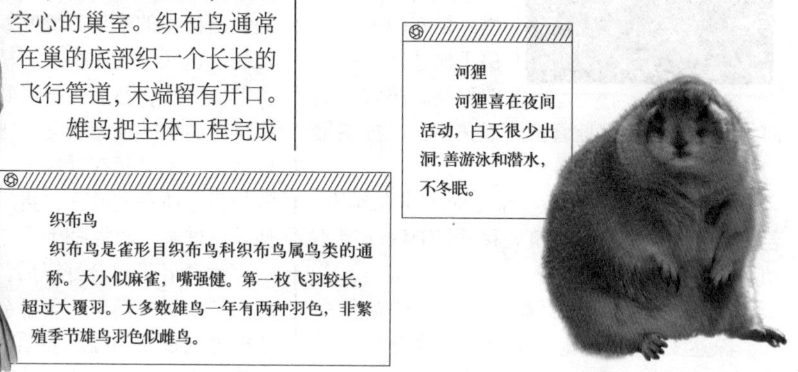

织布鸟
织布鸟是雀形目织布鸟科织布鸟属鸟类的通称。大小似麻雀，嘴强健。第一枚飞羽较长，超过大覆羽。大多数雄鸟一年有两种羽色，非繁殖季节雄鸟羽色似雌鸟。

河狸：筑坝建房

河狸喜欢在小溪上建坝截流，并喜欢把安乐窝筑在水塘的中央。它之所以要在河边伐树，是因为它的牙齿总是在长，就像人类经常要修剪指甲一样，河狸靠不停地啮啃树木来磨牙。河狸那锋利的前齿覆盖着一层坚硬的黄色珐琅质，能够咬倒所有的树木，但它的后齿相对来说比较软，而且非常容易磨损。

一棵树被咬倒以后，河狸先剥去树皮，然后吃掉那些最可口的部分，最后将粗大的树枝拖回去筑穴。它将拖回来的树枝放到水下，让树枝的根部逆向水流，然后用泥和石头把树枝固定。就这样，堤坝一层层加高。窝建好后，河狸还要不断进行修复。河狸的窝通常建在3米深的水下，里面每一根树枝都码得错落有致，一层层泥土像混凝土一样坚固。

河狸
河狸喜在夜间活动，白天很少出洞；善游泳和潜水，不冬眠。

【百科链接】

混凝土：

由胶凝材料、水和骨料按适当比例配合、拌制成混合物，经一定时间硬化而成的人造石材。

金丝燕：价值连城的燕窝

金丝燕筑窝时，雌雄成燕反复飞向选择地的岩壁，每次都把嘴里的一些唾液吐到岩壁上去——这是一种由唾液腺所分泌的胶质黏液，遇空气迅速干涸成丝状。经过无数次的反复，它们首先在岩壁上勾出一个半圆形的轮廓，然后再逐渐往上添加凸边，一层层地筑成一个肘托形的巢。这种用纯唾液做成的巢就是名贵的燕窝，它具有很高的强度和黏着力，外观犹如一只白色的半透明杯子。窝内不用任何铺垫，雌燕就在里面产卵和伏孵，雄燕则出去寻找食物。

但绝大多数种类的金丝燕都不是用纯唾液做巢的，而是用干草、羽毛、苔藓或海藻等与唾液混合建窝。

■ 白蚁：庞大的宫殿

白蚁巢穴

在非洲与澳大利亚常见的高大白蚁巢，通常由十几吨的泥土砌成，有5至6米高，最高可达9米，呈圆锥形塔状，是当地特有的景观。

白蚁与蚂蚁虽同称为蚁，但在分类地位上，蚂蚁属于较高级的全变态昆虫，白蚁则属于较低级的半变态昆虫。白蚁有1700个不同的种类，同蚂蚁一样是群居的社会性昆虫。它们生活在由沙子、动物粪便与唾液混合后筑成的巨大巢穴里。巢穴的形状取决于建造它的白蚁的种类。巢穴由内向外的通道由白蚁监管打开或关闭，以控制巢内的温度。

白蚁的巢穴能达到6米高，而且非常牢固，若人们想把它们从原建筑处移开，有时不得不动用炸药。

澳大利亚北部的罗盘白蚁建造的楔状巢穴，深达3.5米，其宽大平坦的两面分别对着东面和西面，这或许是控制巢内温度的一种方法。平坦的面可以吸收早晚太阳的温热，而东面朝向则使它不会吸进中午太阳的毒热。

白蚁群中最重要的成员是蚁王与蚁后，它们都长有翅膀。一旦蚁后与蚁王从另外一个白蚁群飞过来以后，它们的翅膀就脱落了。蚁后住在蚁巢中专门的一个房间里，除了产卵外什么都不做。工蚁负责给它喂食和清洁，兵蚁负责保卫它。

■ 缝叶蚁：穿针引线

缝叶蚁是一种浅红色的大蚂蚁，生活在东南亚和澳大利亚的丛林里，体长5厘米。它不会吐丝，看起来比一般的小蚂蚁粗笨，可是它筑巢的时候却十分灵巧，能够穿“针”引“线”，缝制出精美的蚁巢。缝叶蚁在开始筑巢前，先爬到一株阔叶树，在枝头精心选择两张完整结实的大叶片，然后一些缝叶蚁在叶片的边缘一字排开，在叶缘上咬出一排整齐的小孔。孔咬好后，它们又爬在叶缘上，齐心协力，用后足攀住自己所在的叶片，再用前足将另一片叶子使劲拉过来，使两片叶子的叶缘对合到一起。

两片叶子对合好以后，另一些缝叶蚁就从原先的蚁巢里衔出一条条会吐丝的幼虫，用挤压的办法使它们吐出黏丝来，然后拿它们当作针梭，在两片叶缘的小孔中来回穿梭，这样，幼虫吐出的丝线就把叶片“缝”合在一起了。缝叶蚁缝合的巢不但“针脚”齐整，而且十分坚固，比缝叶莺用树叶缝制的鸟巢还要好。这样精巧的缝纫技艺，在动物界里是十分罕见的。

缝叶蚁

缝叶蚁生活在东南亚和澳大利亚热带森林的边缘地区。与许多种蚂蚁不同，缝叶蚁不在地面上建造巢穴，而是利用高挂在树上的叶子织巢。

【百科链接】

缝叶莺：

又称裁缝鸟，身材娇小，尾巴很长，常用一片或多片植物叶子缝缀成巢。

Part 4
植物篇

植物的生长

光合作用：能量转化

光合作用是植物和某些细菌利用叶绿素，在可见光的照射下，将二氧化碳和水转化为葡萄糖，并释放出氧气的生化过程。

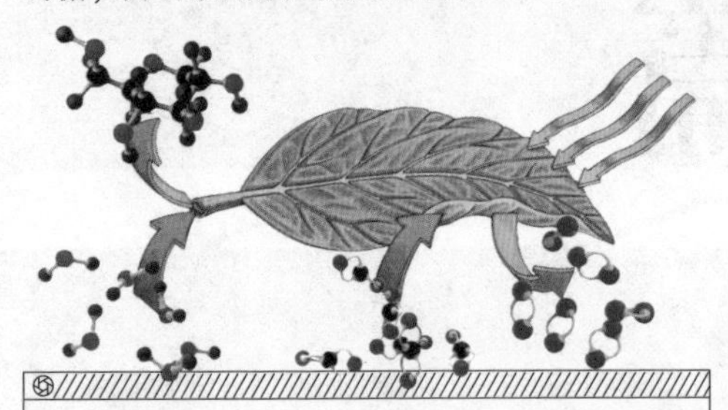

光合作用

植物利用阳光的能量，将二氧化碳转换成葡萄糖，以供植物及动物作为食物的来源。叶绿体是植物进行光合作用的地方，因此可以说是阳光传递生命的媒介。

植物与动物不同，它们没有消化系统，因此必须依靠其他的方式来摄取营养，这就是所谓的自养生物。对于绿色植物来说，在阳光充足的白天，它们利用阳光的能量来进行光合作用，以获得生长发育必需的养分，这个过程的关键参与者是内部的叶绿体。叶绿体在阳光的作用下，把经由气孔进入叶子内部的二氧化碳和由根部吸收的水转变成为葡萄糖，同时释放出氧气。光合作用可分为光反应和暗反应两个步骤。

研究光合作用，对农业生产、环保等领域起着基础性的指导作用。知道光反应、暗反应的影响因素，可以趋利避害，如建造温室、加快空气流通使农作物增产等。

【百科链接】

温室：

又称暖房，能透光、保温（或加温），是用来栽培植物的人造设施。

藻类：无根的植物

藻类是所有植物中最古老的种类之一。大多数藻类生活在水中，它们的结构非常简单，没有根、茎、叶的区别，是一个叶状体。藻类的体形差异很大，如生活在海洋中的硅藻就非常小，是浮游生物中的浮游植物；而海带属就是一群很大的海藻，这些褐色海藻可长达 4 米；而果囊马尾藻则可长达几十米。藻类有不同形状 一些呈简单的线状，另一些是扁平状或球形，并有凹凸不平的边缘。

藻类是无胚、自养、以孢子进行繁殖的低等植物。藻体为单细胞群体或多细胞体，微小者须借助显微镜才能看见，大者如马尾藻、巨藻等可长达几米、几十米到上百米。藻类内部构造初具细胞上的分化，而不具有真正的根、茎、叶。整个藻体是一个简单的含有叶绿素能进行光合作用的叶状体。

马尾藻

海上大量漂浮的马尾藻属于褐藻门马尾藻科，是大型的藻类，是唯一能在开阔水域上自主生长的藻类。

根据不同的生态习性，藻类可分为浮游藻和底栖藻。浮游藻是在水中漂浮生活的小型藻类，包括硅藻、甲藻、金藻、黄藻和蓝藻等门及绿藻门的单细胞种类。底栖藻和陆生植物一样，需要固定的生长基层，一般分布在沿岸、潮间带或浅水的底质上。

苔藓植物：喜阴湿环境

苔藓植物是绿色自养性的陆生植物，由孢子萌发成原丝体，再由原丝体发育而成。苔藓植物一般较小，通常看到的植物体大致可分成两种类型：一种是苔类，保持叶状体的形状；另一种是藓类，开始有类似茎、叶的分化。苔藓植物没有真根，只有假根。

苔藓植物通过有性生殖繁殖。首先是精子器产生精子。精子有两条鞭毛，借水游到颈卵器内，与卵结合，卵细胞受精后成为合子。合子在颈卵器内发育成胚,胚依靠配子体(植物体)的营养，发育成孢子体。孢子体不能独立生活，只能寄生在配子体上。孢子体最主要的部分是孢蒴，孢蒴内的孢原组织细胞经多次分裂后再经减数分裂，形成孢子，孢子散出，在适宜的环境中萌发成新的配子体。

在苔藓植物的生命史中，从孢子萌发到形成配子体，配子体产生雌雄配子，这一阶段为有性世代；从受精卵发育成胚，由胚发育形成孢子体的阶段称为无性世代。有性世代和无性世代互相交替形成了世代交替。

苔藓

苔藓是一群小型的多细胞绿色植物，多适生于阴湿的环境中。最大的也只有数十厘米高，普通的与藻类相似，是扁平的叶状体。

苔藓植物一般生长在潮湿而阴暗的环境中，它是从水生生物过渡到陆生生物的代表。

真菌和地衣：共生复合体

地衣是一类特殊的生物有机体，它不是单一的植物体，而是由一种真菌和一种藻高度结合的共生复合体。组成地衣的真菌绝大多数为子囊菌亚门的真菌，少数为担子菌亚门的真菌。只有那些在生物演化过程中，与一定的藻类共生而生存下来的地衣型真菌，才能与相应的地衣型藻类共生而形成地衣。

地衣

地衣是多年生生物，是由真菌和藻结合的复合有机体。因为这两种生物长期紧密地联合在一起，无论在形态上、构造上、生理上和遗传上都形成单独的固定有机体。

地衣中的菌丝缠绕藻细胞，并包围藻类。藻类光合作用制造的营养物质供给整个植物体，菌类则吸收水分和无机盐，为藻类提供进行光合作用的原料。地衣约有500属2600种，分布极为广泛，从南北两极到赤道，从高山到平原，从森林到荒漠，都有地衣的存在。地衣对营养条件要求不高，能耐干旱，也能生长在贫瘠的峭壁、岩石、树皮或沙漠上。地衣分泌的地衣酸可腐蚀岩石，对土壤的形成有重要作用。地衣大多数是喜光植物，要求空气清洁新鲜，特别是对二氧化硫非常敏感，因此可作为鉴别大气污染程度的指示植物。

【百科链接】

真菌：

具有真核和细胞壁的异养生物，种属很多，大多是由纤细管状菌丝构成的菌丝体。

根：植物的命脉

根具有吸收、输导、固着、支持、贮藏和繁殖的功能。根是某些植物适应陆地生活的过程中发展起来的一种器官，通常向下生长，大部分隐藏在地面以下，也有少数植物的根不长在地下，而是长在空气中，甚至向上生长。

一株植物所有的根总称为根系。根系有两种类型：一类是由明显的主根、侧根结合起来的直根系，如大豆、棉花等；另一类是没有主、侧根区别的，形状像胡须般的须根系，如稻、麦等。一般植物的根系要比地面上的植株部分多5至15倍。一株生长27年的苹果树，根的延展范围要超过树冠的两三倍。

植物的营养主要靠根吸收供应。根可分为根冠、生长点、伸长区、根毛区和成熟区五个部分。根冠像帽子一样戴在根的尖端，它的里面有生长点，是根各部分组织的发源地。伸长区是伸长最快的地方。

根毛就像微型抽水机，有很强的吸水能力。它个子虽小，但数目很多。玉米的根毛在1平方毫米的面积上就有400多条。

榕树的气生根

榕树以庞大的气生根而闻名于世，享有“林是一棵树，树是一座林”的盛誉。从枝条上垂下的气生根一律向下，共同构成了庞大而复杂的根系。

茎：运送养料的通道

茎是高等植物长期适应陆地生活过程中所形成的地上部分器官，一般具有向上生长的习性。茎的下部连接根，在茎上有节和节间，在节上生叶、开花和结果。

植物的茎

植物的茎具有输导营养物质和水分以及支持叶、花和果实在一定空间的作用。有的茎还具有光合作用、贮藏营养物质和繁殖的功能。

茎的主要功能是输导和支持，通过茎能把根所吸收的物质，输送到植物体的各个部分，同时也能把植物在光合作用过程中的产物，输送到植物体所需的各个部分。茎支撑植物体的叶、花、果实向四面空间伸展，支持植物体对不利自然条件的抵御。此外，茎还有贮藏和繁殖的作用。

茎的形态是多种多样的，有粗有细，有长有短，高的可达150余米，低的只有几厘米。没有茎的植物是极为罕见的。通常所说“无地上茎”，实质是地上茎极短或极不明显，而绝不是没有地上茎。

节是茎最本质的特征。节在某些植物的茎上很明显，如毛竹、玉米、甘蔗。在这些植物的茎上，每隔一定距离，都可以看到有一环一环的突起，这就是节，这些节在幼小的茎上和老茎上始终都很明显。但是有相当数目的植物，其茎上的节并不像上述几种植物那样清晰，特别是在老茎上，更看不出何处是节。在这种情况下，我们可以根据什么地方长叶来确定什么地方是节，因为叶是生长在节上的。

【百科链接】

榕树：

桑科榕属植物的总称，是世界上树冠最大的树。

花萼 位于花冠外面的绿色叶状构造，起着保护花蕾的作用。有的植物的花除花萼外，外面还有一轮绿色的瓣片，叫作副萼。

叶： 营养加工厂

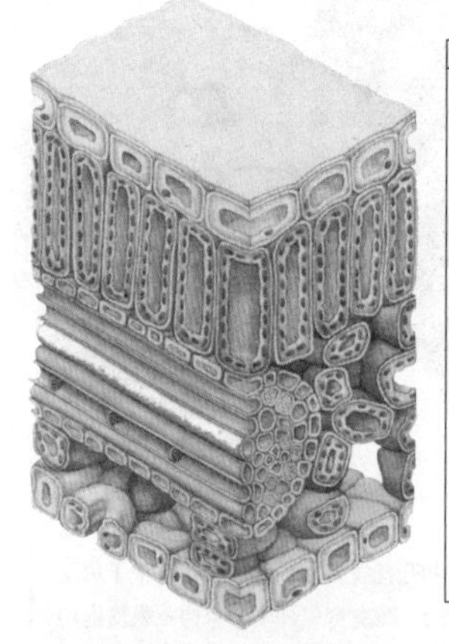

植物叶子的结构示意图

植物叶子由叶肉、叶脉等组成。叶肉里有大量叶绿体，可以进行光合作用。叶脉是吸收水分和输送养料的器官。叶子是植物进行光合作用、制造养分的主要器官。

叶是维管植物的营养器官之一，主要着生于茎节处、芽或枝的外侧，通常含大量叶绿素，功能为进行光合作用合成有机物，并为蒸腾作用提供场所。叶可分为完全叶和不完全叶。完全叶包括叶片、叶柄和托叶三部分。不完全叶则缺少其中一部分或两部分。

叶片是叶的主体部分，通常为绿色扁平体，两侧对称，有背腹之分。叶柄是叶片与茎的联系部分，位于叶片的基部，上端与叶片相连，下端着生在茎上。叶柄通常呈细圆柱形、扁平形或有一条沟槽。

托叶的形状、大小因植物种类不同而差异甚大，一般较细小。在区别各种植物时，托叶常常是一个很重要的依据，比叶柄还重要些，因为在同一种植物的不同个体中，托叶的有无是极为一致的，其质地、形态也不会有多大变化。

花：植物的繁殖器官

花是被子植物繁衍后代的繁殖器官。一朵完全的花由花梗、花托、花萼、花冠、雄蕊、雌蕊等几部分组成。

花的最外一轮叶状构造称花萼，包在花蕾外面，起保护花蕾的作用。花萼由若干萼片组成，萼片有分离和结合两种情况。在某些植物的花萼外，还有一轮绿色叶状萼片，称为副萼，如棉花。

花冠位于花萼内侧，由若干片花瓣组成，排成一轮或多轮。通常花冠具有鲜艳的颜色，但也有许多植物的花冠呈白色。有些植物的花瓣基部能分泌蜜汁和香气，或者能产生有特殊香味的挥发油。

同花萼一样，花冠也有分离的和结合的两种情况，前者称为离瓣花，如蚕豆；后者称合瓣花，如桂花。

花萼、花冠合称花被，特别是这两者在形态、大小、色泽等方面都没有什么区别时，我们就统称它们为花被。如果在一朵花中，不仅花萼、花冠都存在，而且有明显区别，就被称为双被花。

雄蕊和雌蕊是被子植物的繁殖器官。雄蕊呈轮状或螺旋状排列于花萼上，由细长的花丝和着生其上的花药组成。雌蕊位于花的中央，由柱头、花柱和子房构成，其中子房发育成果实。

植物的花

花的各部分不易受外界环境的影响，所以长期以来，人们都以花的形态结构作为被子植物分类鉴定和系统演化的主要依据。

果实：营养丰富

果实是被子植物独有的繁殖器官，一般由雌蕊的子房受精后发育形成。果实一般包含果皮及种子两部分，主要功能为保护种子及协助种子的传播。在开花植物中，能形成真正果实的植物是很多的。不过，由于各种植物果实本身结构特点的不同，果实的类型又是多种多样的。

例如苹果，我们吃的果肉部分，是花托强烈增大后形成的，子房则埋藏在肥厚的花托里。我们吃完苹果剩下的核才是子房，而种子就包含在子房里面。由子房形成的果实，有葡萄、西红柿、柿子等，不过，它们与由子房形成的果实——桃子又有不同，除外果皮像一层薄膜以外，中果皮和内果皮都变成了多汁的果肉。其中，西红柿更加特别，它着生子房的胎座也很发达，而且是肉质的。

最常见的是一朵花发展成为一个果实，但果实中也有不少是由很多花聚生在一起，由整个花序发育为一个果实的，这种果实叫聚花果（也叫复果），像桑葚、菠萝、菠萝蜜等就是。

种子：孕育生命

种子的大家庭可谓种类繁多，约有20万种，它们都是种子植物的小宝宝，而种子植物约占世界植物总数的2/3还要多。

苹果

苹果的果实是由子房和花托发育而成的假果，其中子房发育成果心，花托发育成果肉，胚发育成种子。果肉及果皮内均含有鞣酸，其中果皮中鞣酸的含量更丰富。

种子的颜色也包含了世上所有的颜色，其中约有一半是黑色和棕色。种子有圆有扁，也有的是长方形、三角形或多角形。

种子具有寿命，但不同的种子寿命长短不一样。我国科学工作者在泥炭层中挖出了一些莲子，经过鉴定，这些莲子在地层中已经沉睡了1000多年，大约是唐宋时代的莲子。1951年，人们把古莲种子种了下去，1953年夏季，它们居然开出了粉红色的荷花。相比之下，有些种子的寿命就短多了，如兰花种子的寿命只有几个小时，杨树和柳树种子的寿命也只有10多天。

种子的力量惊人的大。石块下面的小草，为了要生长，不管上面的石头有多重，也不管石块与石块中间的缝隙多么窄，总要曲曲折折地、顽强不屈地挺出地面来。它的根往土里钻，芽向地面透，这是一种巨大的力量。

种子发芽示意图

种子成熟离开母体后仍是活的，但各类植物种子的寿命有很大差异。其寿命的长短除与遗传特性和发育是否健壮有关外，还受环境因素的影响。科学实验证实，低温、低湿、黑暗以及空气中的含氧量较低是种子理想的贮存条件。

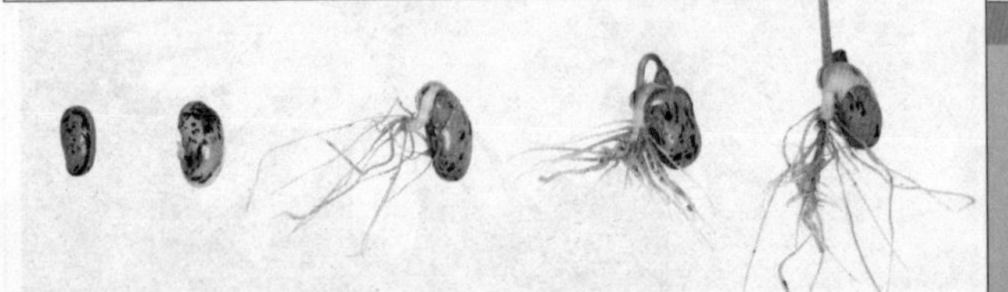

【百科链接】

子房：

被子植物花中雌蕊的主要组成部分，由子房壁和胚珠组成。传粉受精后，子房发育成果实。

世界名花

玫瑰：爱的表达

玫瑰属于蔷薇科的落叶灌木，生有羽状复叶，叶的背面密生茸毛，小枝上还密生皮刺。玫瑰的花朵主要用于提炼香精玫瑰油。玫瑰原产亚洲中部和东部干燥地区，保加利亚是世界上最大的玫瑰产地，素以“玫瑰之邦”闻名。

玫瑰花朵单生于枝顶，有红、紫、白等色，都有迷人的清香，适于栽植在花坛和庭院中，也宜作瓶插布置于客厅中。

西方人习惯把色彩艳丽、芳香浓郁的玫瑰看作友谊之花和爱情之花。作为馈赠的上品，情人们更以互赠玫瑰表达爱情。红玫瑰一直是英格兰王室的标记，也是英国的国花。美国在民意调查的基础上，于1986年9月23日由国会众议院通过，把玫瑰定为美国的国花。此外把玫瑰定为国花的国家还有卢森堡、保加利亚、伊朗、伊拉克和叙利亚。

玫瑰除具有很高的观赏价值和经济价值外，还有很强的阻滞灰尘的能力，对二氧化硫、氟化氢等有毒气体也有较强的吸收能力，是净化环境的功臣。

玫瑰

玫瑰因枝秆多刺，故有“刺玫花”之称。诗人白居易有“菡萏泥连萼，玫瑰刺绕枝”之句。玫瑰花可提取高级香料玫瑰油，玫瑰油价值比黄金还要昂贵，故玫瑰有“金花”之称。

牡丹：国色天香

牡丹是原产中国的传统名花，又名木芍药、洛阳花、鹿韭等。花大而多变，色彩艳丽，富丽堂皇，被誉为“花中之王”。

牡丹品种繁多，迄今尚无统一的分类标准。一般可按花色分为白、黄、粉、红、紫、黑、雪青、绿色等品种；按花期分为早花、中花、晚花品种；中国古时还按花形分为多叶与千叶两类。

牡丹主要分布在中国西北部的甘肃、陕西、山西、四川、河南等山区。性喜阳光充足、干燥温凉、夏无高温、冬不甚寒之地。最喜排水良好、中性至微碱性的深厚壤土或富含腐殖质的黏质壤土。

牡丹雍容华贵，花大叶茂，适于庭院种植或花坛布置，可丛栽，也可孤植或盆栽。根皮可加工成中药丹皮，有镇静作用。

牡丹

牡丹是中国传统名花，它端丽妩媚，雍容华贵，色、香、韵三美兼具。唐诗中赞它“佳名唤作百花王”。

【百科链接】

腐殖质：

土壤有机质的主要部分，是具有酸性、含氮量很高的胶体状的高分子有机化合物。

郁金香：高贵典雅

郁金香属于百合科多年生草本植物。它色彩艳丽，变化多端，以红、黄、紫三色最受人们欢迎，而黑色郁金香，更被视为稀世奇珍。

黑色郁金香

由于黑花很少，物以稀为贵，黑色郁金香、黑牡丹和墨菊就成了珍品。

其实，纯黑的花是没有的，黑郁金香所开的黑花，并不是真正的黑色，只是红到发紫的暗紫色罢了。这些黑花大都是通过人工杂交培育出来的，如荷兰所产的“黛颜寡妇”“绝代佳丽”“黑人皇后”等品种。

郁金香喜欢在冷凉的气候条件下生长，花期只有10天左右。它原产于伊朗和土耳其高山地带，形成了适应冬季湿冷和夏季干热气候的特点。宜在富含腐殖质、排水良好的沙壤土中种植。

郁金香是重要的春季球根花卉。矮壮品种宜布置春季花坛，鲜艳夺目；高茎品种适用切花或配置花景，也可丛植于草坪边缘。中矮品种适宜盆栽，点缀室内环境，增添欢乐气氛。

虞美人

虞美人花开时，向上的花朵上四片薄薄的花瓣质薄如绫，光洁似绸；轻盈的花冠似朵朵红云、片片彩绸，十分艳丽。

虞美人：漂亮的丽春花

虞美人又名丽春花、赛牡丹、小种罂粟花、蝴蝶满园春。原产欧亚大陆，世界各地多有栽培。

虞美人为一年生草本植物，株高40至60厘米，分枝细弱；花单生，有长梗，未开放时下垂；花色丰富，蒴果杯形，种子肾形，寿命3至5年。

虞美人耐寒，怕暑热，喜阳光充足的环境，喜排水良好、肥沃的沙壤土。不耐移栽，能自播。花期5至6月。

虞美人姿态轻盈，袅袅婷婷，因风飞舞，俨然彩蝶展翅，颇引人遐思。虞美人兼具素雅与浓艳之美，其容其姿大有中国古典艺术中美人的风韵，堪称花草中的妙品。

薰衣草：紫色的香草

薰衣草是一种馥郁的紫蓝色小花，又名香水植物、灵香草、香草、黄香草。为唇形科薰衣草属多年生常绿耐寒亚灌木。

薰衣草丛生，多分枝，常见的为直立生长，叶互生，多为椭圆形披尖叶或叶面较大的针形叶，叶缘反卷。花有蓝、深紫、粉红、白等色，常见的为紫蓝色，全株有略带木头甜味的清淡香气。

薰衣草原产于地中海地区，性喜干燥，花形如小麦穗，花上覆盖着星形细毛，末梢上开着小小的紫蓝色花朵，窄长的叶片呈灰绿色，成株时高可达90厘米，通常在6月开花。

【百科链接】

百合科：

属被子植物门单子叶植物纲，大多数为草本，茎直立或攀援，叶互生或基生，少对生或轮生。常见的有百合、郁金香等。

庭园树木

松树：抗旱耐寒的先锋

黄山松

松树是常绿乔木，有少数为灌木。树皮多为鳞片状，叶针形，果球形。松树的品种在全世界有100多种，各种松树的生物特性不尽相同。

松树是松科松属植物的通称，是人工造林的重要树种，也是树中的抗旱耐寒先锋。

松树是常绿树，绝大多数是高大乔木，高20至50米，最高可达75米。幼时树冠为金字塔形，树枝多呈轮状着生。幼苗出土、子叶展开以后，首先着生的为初生叶，单生，螺旋状排列，线状披针形，叶缘具齿。

全世界的松属植物有80余种，中国有22种，分属于两亚属的4组。松树在世界范围内的造林面积在针叶树中居首位。

松树纯林容易发生病虫害和火灾，生产力也低，因此不管采用栽植或直播造林都要注意。混交类型要经过长期试验才能确定。在中国东北地区，常见的与红松天然混交的树种有紫椴、枫桦、鱼鳞云杉、臭冷杉等。

由于松树姿态雄伟、苍劲，树体高大、长寿，具有重要的观赏价值，因此，中国很多风景区都把它作为重要景观成分，如辽宁千山、山东泰山、江西庐山都以松树景色而闻名。

柏树：百木之长

柏树是柏科植物的通称，裸子植物门松杉纲的一科，为常绿乔木或灌木。

柏树的叶比较小，在枝上交叉对生或3至4枚轮生，有时在一株树上兼有鳞叶和刺叶，称异型叶。球花单性，雌雄同株或异株，单生于枝顶或叶腋。果球形，成熟开裂或肉质合生成浆果状。

【百科链接】

浆果：

肉果的一种，其中果皮和内果皮都是肉质，水分很多。常见的浆果类果实有葡萄、番茄等。

全世界共有柏树22属，约150种。我国有8属29种，广布全国。柏树木材具树脂细胞，无树脂道，纹理直或斜，结构细密，材质好，坚韧耐用，有香气，可供建筑、桥梁、舟车、器具、文具、家具等用。叶可提取香油，树皮可提炼栲胶。柏树多数种类在造林、固沙及水土保持方面占有重要地位。翠柏、巨柏、福建柏、朝鲜崖柏等被列为我国首批珍稀濒危保护植物。

柏树

柏树斗寒傲雪、坚毅挺拔，乃百木之长，素为正气、高尚、长寿、不朽的象征。

在我国的园林寺庙、名胜古迹处，常常可以看到古柏参天，荫蔽全宇。

柏树主要的功用在于观赏、绿化、木材和入药。

杉树：高耸入云

杉树

杉树树干通直，高大，木材纹理直，材质轻软，结构细致，不开裂，耐腐蚀，为优良木材。

杉树属松科，是一种常绿乔木，多生长在海拔2500至4000米的山区寒带上。常见的重要品种有以下几种：

柳杉，又名长叶柳杉、长叶孔雀松，高达40米，胸径达2米多、花期为4个月，球果成熟时呈深褐色，10至11月成熟。柳杉产于浙江天目山、福建南屏三千八百坎及江西庐山等处海拔1100米以下的地带。

银杉，松科单种属植物，为第三纪残遗种。银杉高可达20米，叶为条形。生长在长枝上的叶子长4至5厘米，短枝上的叶子不足2.5厘米。球果为卵圆形或长椭圆形，种鳞13至16个。银杉间断分布于越城岭太平山区及大娄山东段，总计30多个分布点，其中1/3的分布点仅保存有1至2株。银杉适宜的生存地点已被其他树种所占据，因而被迫生存于亚热带海拔980至1870米中山地带的狭窄山脊、孤立的帽状石山顶和悬崖、壁缝中。

杉树纹理顺直、耐腐防虫，广泛用于建筑、桥梁、电线杆、造船、家具和工艺制品等。杉树生长快，一般只要10年就可成材，是我国南方最重要的特产用材树种之一。据统计，我国建材约有1/4是杉树。

【百科链接】

天目山：

地处浙江省临安市境内，峭壁突兀，怪石林立，峡谷众多，自然景观幽美，人称“江南奇山”。

杨树：适应性最强的树

杨树是对杨柳科杨属植物的通称，全属有100多种，主要分布在欧洲、亚洲、北美洲的温带、寒带及地中海沿岸国家与中东地区。

杨树为喜光树种，喜温带气候，具有一定的耐寒能力，对环境的适应性很强。从湿度来说，杨树可分两类：杨属中多数树种分布在年降雨量500至700毫米的地区，可称为中生偏湿类型；另一类属于中亚草原和森林草原的树种，如小叶杨、黑杨、银白杨、新疆杨等，具有较强的抗旱能力。杨树生长迅速，适应性强，容易繁殖，是绿化的主要树种之一，也是生态防护林、农业防护林和工业用材林的主要树种。多年来，我国在杨树科学研究上取得不少成就，成功地引进和选育出一批杨树优良无性系列品种，并大面积推广。目前，我国已成为世界上杨树人工林面积最大的国家。

在工业上，杨木是上好的人造板和纤维用材，杨树叶可加工成优质的饲料。

杨树

杨树高大挺拔，姿态雄伟，叶大荫浓，是城乡及工矿区优良的绿化树种，常用作行道树、园路树、庭荫树或营造防护林。杨树可孤植、丛植、群植于建筑物周围、草坪、广场、水边，在街道、公路、学校、运动场、工厂、牧场周围列植、对植或群植。

柳树：垂条柔美

柳树是对杨柳科柳属植物的通称，全世界有500多种，主要分布在北半球温带地区，中国有257种，120个变种和33个变型。柳树属于落叶乔木、灌木。单叶，披针形或卵状披针形，叶缘有锯齿，叶柄短。花单性，雌雄异株，种子小。为喜光树种，旱柳对气候和土壤的适应性均强。柳树生长快，萌芽力强，寿命短，10至20年即可成材。

柳树

柳树对空气污染及尘埃的抵抗力强，适合种植于都市庭园中，尤适于水池或溪流边。

柳树的木材质轻洁白，坚韧细致，纹理通直，容易切削，干燥后不易变形。无特殊气味，油漆性能好，是建筑、坑木、包装箱板、胶合板、炊具、农具、火柴杆等用材。柳木纤维含量较高，是造纸和人造棉的原料。

柳枝是很好的薪炭柴，许多种的枝条可供编织柳条篮、柳条筐、帽子等。柳叶可做羊、马的饲料。柳树还是优美的观赏树种，不少游览胜地如西湖的“柳浪闻莺”、贵阳绵溪的“桃溪柳岸”等都以柳命名。此外，柳树也是固堤、护岸、防风固沙、净化大气和改良盐碱地的重要树种。

【百科链接】

叶脉：

生长在叶片上的维管束，是茎中维管束的分枝。这些维管束经过叶柄分布到叶片的各个部分。

银杏：植物界的活化石

银杏是一种全球最古老的孑遗植物，人们把它称为“世界第一活化石”。

我国是世界上人工栽培银杏最早的国家。银杏是难得的长寿树，我国不少地方都发现有银杏古树，特别是在一些古刹寺庙周围，常常可以见到数百年甚至千年有余的大树。世界上最年老的银杏树还应数我国山东莒县定林寺中的大银杏，树高24.7米，胸围15.7米，树冠荫地200平方米，树龄有3000余年。银杏树在200多年前传入欧美各国，许多著名的植物园都栽种银杏作为观赏植物。

银杏雌雄异株，其枝、叶形态及叶脉，都与其他较高等的裸子植物不同，是现存种子植物中最古老的一属。

银杏的种子成熟时橙黄如杏，外种皮很厚，中种皮白而坚硬，故又有白果之称。银杏种子的种仁可做药用，有润肺、止咳的功效。它的枝叶含有抗虫毒素，能防虫蛀。

银杏叶中还含有一种叫银杏黄酮的化学物质，具有防治脑动脉硬化、血栓形成等作用。因此，银杏叶提取物是当今国际上心脑血管保健药物中新的一族，在欧美市场上尤受欢迎。

银杏

银杏树高大挺拔，叶似扇形，叶形古雅，寿命绵长。无病虫害，不污染环境，树干光洁，是著名的无公害树种。

珍稀奇特的植物

王莲：莲中之王

神奇的莲中之王——王莲，生长在南美洲亚马孙河流域，是世界上最大的莲。直径2米多，最大可达4米，圆形，叶缘向上卷曲，浮于水面，可载重20至30千克。

王莲属于睡莲科，为多年生草本植物，有直立的短茎和发达的须根，叶缘直立，叶片圆形，像圆盘浮在水面，叶面光滑，背面和叶柄上有许多坚硬的刺。花大型，直径25至40厘米，傍晚伸出水面开放，甚芳香，次日逐渐闭合，傍晚再次开放，第三天闭合并沉入水中。

王莲以巨大的盘叶和美丽浓香的花朵而著称，是现代园林水景中必不可少的观赏植物，也是城市花卉展览中必备的珍贵花卉。家庭中的小型水池也可以栽植观赏。

古莲：千年之后的萌发

古莲属于中国古代莲系，是我国辽宁省新金县普兰店1951年出土的千年古莲的实生苗，现我国各地均有栽种。

古莲的地下茎（主藕）长40至50厘米，有4至5节，直径3厘米左右。立叶高达15厘米以上，呈浅棕色；花蕾椭圆形至长卵形，紫红色，长10至12厘米，宽4.6至5.6厘米；花红色，花径26厘米左右。花瓣21枚左右，雄蕊约200枚，花托漏斗形，心皮16至23枚。莲蓬碗形，灰棕色，结实13至19粒，莲子呈椭圆形。

古莲的生命力极强，适宜于湖、塘或缸里栽种。

王莲

王莲在水生有花植物中叶片最大，原产于南美巴西，现已引种到世界各地，深受人们的喜爱。

胡杨：荒漠勇士

胡杨，又称胡桐，为杨柳科落叶乔木，能忍受荒漠中的干旱，对盐碱也有极强的忍耐力。胡杨的根可以扎到地下10米深处去吸收水分，其细胞还有特殊的功能，不受碱水的伤害。

胡杨

胡杨是最古老的一种杨树，在6000多万年前就开始在地球上生存。在塔里木河流域，胡杨被誉为“英雄树”，世居于此的维吾尔族人称它“生下来千年不死，死后千年不倒，倒下去千年不朽”。

世界上的胡杨绝大部分生长在中国，而中国90%以上的胡杨又生长在新疆的塔里木河流域。目前，世界最古老，面积最大，保存最完整、最原始的胡杨林保护区在新疆轮台县境内。

胡杨是荒漠地区特有的珍贵森林资源，它对于稳定荒漠河流地带的生态平衡，防风固沙、调节绿洲气候和形成肥沃的森林土壤，具有十分重要的作用，是荒漠地区农牧业发展的天然屏障。

【百科链接】

绿洲：

沙漠中有水草的绿地，土壤肥沃、灌溉条件便利，往往是干旱地区农牧业发达的地方。

雪莲：雪原奇花

雪莲又叫雪兔子，生长在海拔5000米左右近雪线的高山碎石坡上。

雪莲的茎、叶上密密生长着白色茸毛，既可以防风保温，又可以反射高山地区阳光的强烈辐射，是适应高山地区风大、温度低、光线强、天气变化快等特殊气候的典型植物。

雪莲

雪莲是菊科凤毛菊属雪莲亚属的草本植物，生长在海拔4800至5800米的高山流石坡以及雪线附近的碎石间。

雪莲是菊科凤毛菊属的多年生草本植物，高约20至30厘米，根茎粗壮，在茎的基部密生着许多卵圆形叶片，茎顶则由10多枚薄薄的淡黄绿色的苞叶所包裹。苞叶膜质，宽5至7厘米，上下排列成两层，顶部微微向外张开，外形有如盛开的莲花花瓣，故有“雪莲”之称。

雪莲主要分布在我国新疆的天山、西藏昌都地区和四川西北部的高山上，其中新疆天山产的大雪莲现已为数不多，故已被国家列为二级保护植物。

【百科链接】

雪线：

常年积雪的下界，即年降雪量与年消融量相等的平衡线，是一种气候标志线。

雪莲是一种贵重的药材，全株均可入药，一般在夏天开花时采收，其茎、叶、花有活血通经，散寒除湿的功效，对风湿性关节炎、闭经等疾病均有显著疗效。

红树：胎生的树

红树是一种灌木或乔木，单叶，交互对生，有早落的托叶。由于生长在海滩浅水中，树干上常长出许多气根，成拱形弯曲插入淤泥，以抵抗海浪的冲击和海风的吹袭。

红树生长在含有机质丰富而又缺氧的环境中，通气组织特别发达，如木榄属的曲膝状气根，红树属的支持根。这些根彼此纵横交错，起着加速浮泥沉积的作用，从而使海滩面积不断扩展，成为营造海岸防护林的重要树种之一。

红树主要有16属，约120种，主要分布于东半球热带和亚热带地区，美洲热带有少量分布。中国有木榄属、竹节树属、角果木属、秋茄树属、山红树属和红树属等6属13种1变种，分布于华南沿海地区，如海南岛东北部和东南部一些海湾内的泥滩。

红树树皮呈黑褐色，十分光滑，具厚革质、顶端有短尖或凸尖的叶，花无柄，有环状的小苞片，花瓣膜质、光滑，花药多室、瓣裂，子房顶部有明显的花柱和长达40厘米的胚轴。

红树的一个显著特征是胎萌现象：种子在果实里即行萌发，长出5至16厘米的幼苗，幼苗到成熟期后脱离大树，插入淤泥中再长出根。

红树林

红树是一种稀有的木本胎生植物，生长于陆地与海洋交界带的滩涂浅滩。红树林是陆地向海洋过渡的特殊生态系统，生物资源量非常丰富。

面包树：长出来的面包

我们都知道，面包是用面粉做的，可是，在南太平洋一些岛屿上，居民吃的“面包”却是从树上摘下来的，这种长面包的树叫作面包树。

面包树是四季常青的大乔木，属桑科。一般高10多米，最高可达40至60米。面包树雌雄同株，雌花丛集成球形，雄花集成穗状。它的枝条、树干直到根部，都能结果。

每株树可以结面包果60至70颗。面包果营养丰富，含有大量的淀粉、维生素A和维生素B，还有少量的蛋白质和脂肪。人们从树上摘下成熟的面包果，放在火上烘烤到黄色时，就可食用。这种烤制的面包果，松软可口，酸中带甜，风味和面包差不多。

面包果还可用来制作果酱和酿酒。它是当地居民不可缺少的粮食，一棵面包树所结的果实，能养活一两个人。面包树原产于南太平洋一些岛屿国家，在巴西、印度、斯里兰卡等国家和非洲热带地区均有种植，我国多地也有种植。

面包树

面包树分布于南太平洋群岛及印度、菲律宾一带，为东南亚著名的林木之一，我国亦有种植。

糖槭

糖槭树俗称枫树，加拿大的枫树最为著名。每年入秋以后，层林尽染，万山红遍，登高远望，美不胜收。年轻人特别喜爱采集各种形状的枫树红叶，制作书签或纪念品以赠友人。

糖槭：流出糖浆的树

糖槭是一种槭树科糖槭属高大乔木，亦称槭树，原产于加拿大东部和美国。树高达24米，冠幅可达16米。幼树直立生长，随着树龄的增长，树冠逐渐敞开呈圆形。枝条呈棕红色到棕色，有小孔，冬季枝条呈黑棕色或灰色。叶对生，浅绿到深绿色，长12.5厘米，秋季叶片色彩艳丽，呈亮黄、橘红、红等色彩。

从糖槭树干流出的汁液，可制砂糖。每升液汁可制成1.1千克的糖浆，具有特殊风味，还常用来制作蜜饯、糖果或烟草的调味品。汁液为无色易流动的溶液，含有糖及各种酸与盐分。

采糖的方法有两种，其一是在树干钻一个或几个孔，并在该钻孔内打入金属喷槽，汁液从喷槽流入悬挂于喷槽上的小桶。其二是钻孔后，插入塑料液槽并连上塑料管道流进加工厂，这种方法节省劳力和时间，收采的汁液量也较多。收集的汁液，可倒入一个无盖浅锅蒸煮，水分蒸发后，带香味的糖浆就制成了。糖浆呈黄褐色，颜色越浅级别越高，颜色越浓级别则越低。

糖槭是重要的用材树种，木质坚硬耐用，质地光泽美观，可以用来制作家具、地板、书柜、乐器等。

【百科链接】

蜜饯：

原意是指用糖或蜂蜜腌制果蔬的加工方法，现已演变成为我国一种传统食品的名称。

纺锤树：草原水塔

纺锤树主要生长在巴西高原的东部，树干中间胀鼓鼓的，像一个纺锤，因此人们称它为纺锤树。

这种树高可达30米，树干两头细中间粗，最粗的地方直径达5米。纺锤树的顶端有少数长叶子的枝条，远看又像一个插着枝条的花瓶，因此又叫瓶子树。

纺锤树的生活环境干旱少雨，在它那直径有好几米粗的肚皮内贮存着2吨多的水。旱季时，人们常砍倒一棵纺锤树作为饮水的来源。若以每人平均每天饮水3千克计算，砍一棵纺锤树可供四口之家饮用半年。世界上再没有比纺锤树更能贮水的木本植物了。

龙血树：会流血的树

龙血树原产于非洲及亚洲热带地区，生活在热带雨林中，全世界共有150多种，我国南方的热带雨林中有5种。

龙血树属于百合科，它的生长十分缓慢，几百年才长成一棵树，几十年才开一次花，因此十分稀有。龙血树虽属单子叶植物，但它茎中的薄壁细胞却能不断分裂，使茎逐年加粗。

龙血树受伤后会流出暗红色的树脂，像血一样，叫作“血竭”。“血竭”有止血、活血、生肌、消炎、行气等功效，可治疗跌打损伤、刀枪伤、淤血等。

龙血树

龙血树株形优美规整，叶形、叶色多种多样，为现代室内装饰的优良观赏植物，中、小盆花可点缀书房、客厅和卧室，大、中型植株可美化、布置厅堂。

血竭还是有名的防腐剂，古代人曾把它作为保存人类尸体的高级材料，现在人们用它做油漆。

大王花：恶臭的大花

大王花是世界上最大的花，被称为“花王”，多生长在马来西亚、印度尼西亚的热带雨林中。每年的5至10月是主要生长季节。大王花色泽红艳，带有浅红色的斑点，盛开时直径达1至2米。

大王花

大王花又叫莱佛士亚花，是世界上最大的花。它长得并不难看，但恶臭扑鼻，使人望而远之。

大王花是名副其实的寄生花，必须生长在别的植物上，靠吸取别的植物的营养来生活，然后开出最大的花朵。大王花一生只开一朵花。

大王花的种子比一粒米还小，而且带黏性。当大象或其他动物踩上它时，就会被带到别的地方生根发芽，进行繁殖。

这种花不但“懒”，而且奇臭无比。刚开花的时候，大王花会有淡淡的香味，可是过了几天，它就发出阵阵臭味，蝴蝶、蜜蜂都不愿理睬它，帮助它传粉的是一群闹哄哄的蝇类和甲虫。

【百科链接】

防腐剂：

抑制或阻止微生物在有机物中生长繁殖的药剂，能防止有机物的腐烂。

植物杀手

箭毒木：见血封喉

箭毒木是一种高大的常绿乔木，属桑科植物。我国西双版纳的傣族人习惯用箭毒木的毒汁制造毒箭打猎，这种毒箭杀伤力很强，野兽一旦中箭，见血即死，因此人们把它叫作“见血封喉”。美洲、非洲和欧洲的土人，都曾用这种毒汁制造武器来抵御外来侵略者和捕猎野兽。

箭毒木一般高25至30米，树干通直，树冠庞大，叶椭圆形，长十几厘米。春夏开黄花，秋结紫黑色肉果，有蜜味芬芳。树皮和叶子中有白色的乳汁，内含强心苷，有剧毒，如果进入眼中，眼睛顿时失明；一旦进入血液，能使肌肉松弛、血液凝固、心脏停止跳动。

由于箭毒木毒性强烈，有人称它为“死亡之树”，一旦中毒，就可能危及生命。解毒方法是先将红背桉叶连根捣乱，加淘米水摇匀，过滤后饮用。

箭毒木

箭毒木为桑科常绿乔木，又名加独树、加布、剪刀树等。树干基部粗大，具有板根，树皮灰色，春季开花。

箭毒木虽有剧毒，但其树皮厚，纤维多，且纤维柔软而富弹性，是做褥垫的上等材料。西双版纳的傣族人民把它伐倒浸入水中，除去毒液后，剥下它的树皮捶松、晒干，用来做床上的褥垫，既舒适又耐用，睡上几十年还具有很好的弹性。

毒芹：致命毒草

芹菜分家芹（人工栽种供食用的芹菜）和野芹两大类。有些野生芹菜有毒，不能食用，常见的是毒芹和水毒芹，它们的形态与芹菜相仿，因此人们常因误食而中毒。毒芹生长在水湿之处，多分布于我国北部及东北等地。

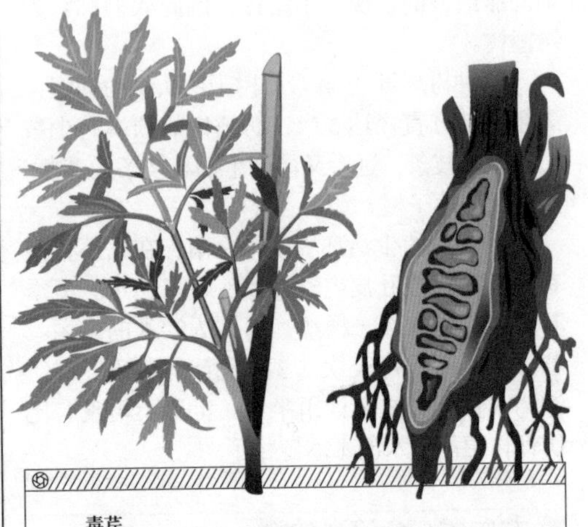

毒芹

毒芹碱易被人体吸收，人食后数分钟即毒发，常见症状为口唇发泡（乃至血泡），毒素主要作用于中枢神经系统，有非常显著的致痉挛作用。

毒芹又名毒人参、斑毒芹、芹叶钩吻。全株有毒，以成熟的种子毒性最强。毒芹的成分主要为毒芹碱，毒芹碱是一种生物碱，为强碱性，具有特殊刺激性鼠尿臭味，主要麻痹运动神经，对延脑中枢亦有抑制作用。

食毒芹后不久即感口腔、咽喉部烧灼刺痛，随即出现胸闷、头痛、恶心、呕吐等症状，时间久了就会眼睑下垂、瞳孔散大、失声，最后因呼吸肌麻痹窒息而死。致死时间最短者数分钟，长者可达25小时。

误食毒芹中毒后，要立即催吐，多饮水并尽快到医院就诊。

【百科链接】

瞳孔：

指虹膜中间的开孔，是光线进入眼内的门户，在亮光处缩小，在暗光处散大。

酸性 酸类水溶液所具有的通性。酸类溶液能使蓝色石蕊变为红色。其溶液的pH值小于7；pH值愈小，说明酸性愈强。

茅膏菜：黏液捕虫

茅膏菜属五桠果亚纲的一科，食虫的草本植物，多生于强酸性湿地上，互生，有限花序，但呈总状花序或圆锥花序状，萼片4至5片。花粉粒结成四合体，常具小刺。

黏液腺布满茅膏菜的叶面，各腺具柄，内含黏液，顶端膨大为头状，分泌黏液。小虫触及到腺体，就会被黏液粘住，而且越挣扎粘得就越牢。茅膏菜还能使邻近及远处的腺体均屈向小虫，使虫窒息而死。消化、吸收其蛋白质后，叶或腺体又复舒展。

茅膏草还是一种药物，《本草拾遗》说它“主治赤白久痢”，《江苏药材志》说它可“止血、镇痛”，此外还用于治疗感冒发热、小儿疳积及瘰疬等症。茅膏菜的叶是有毒的，叶的汁液能使皮肤灼痛和发炎，接触它时应多加小心。

茅膏菜

茅膏菜一般分布在热带和温带地区，有半数以上分布在澳大利亚，我国有6个种。

猪笼草：香气陷阱

猪笼草为猪笼草属植物的统称，是一种能够捕食昆虫的多年生草本植物。

猪笼草在自然界常常平卧生长，茎株一般不超过1米，也有超过3米的。叶片呈椭圆形，构造复杂，分叶柄、叶身和卷须。叶片的顶端连接着向下弯曲的卷须，卷须尾部扩大并反卷形成瓶状，这个卷须形成的瓶状物即为捕虫囊。

猪笼草

美丽而有趣的猪笼草如今已作为观赏植物进入了普通家庭。

猪笼草的捕虫囊内有蜜腺，能分泌蜜汁引诱昆虫。昆虫进入捕虫囊后，囊盖并不像人们想象的那样合上，但是捕虫囊的囊口内侧囊壁很光滑，能防止昆虫爬出。囊中经常有半囊水，水过多时，卷须无法承重还会自动倾斜倒去一部分。捕虫囊下半部的内侧囊壁稍厚，并有很多消化腺，这些腺体分泌出稍带黏性的消化液储存在囊底。

猪笼草的消化液呈酸性，具有消化昆虫的能力。囊盖的主要用途是引诱昆虫，因为囊盖的内壁也有很多蜜腺，能够发出香气。掉进囊内的昆虫多数是蚂蚁，也有一些会飞的昆虫，如野蝇和蚊子。

猪笼草属植物种类繁多，全世界约有百种左右，大多数生长在潮湿的热带雨林里，中国海南、广东、云南等省也有这种植物。

【百科链接】

食虫植物：

具有捕食昆虫能力的植物。已知食虫植物约有400种，多数也能进行光合作用。

槲寄生：长在树上的树

槲寄生别名北寄生、桑寄生、柳寄生、寄生子，常绿半寄生小灌木，高30至60厘米。

槲寄生茎枝呈圆柱状，直径3至8毫米；节部稍膨大，粗至1.5厘米，有紫黑色环纹；表面金黄色，有不规则纵斜皱纹。叶片质厚，金黄色至黄棕色，多横皱纹。茎质地坚硬，横断面淡黄色，皮部较疏松，髓小。

槲寄生主要寄生于榆树、桦树、枫杨、梨树、麻栎等树上。我国的槲寄生多生长在东北、华北地区。可作药用，具有祛风湿、补肝肾、强筋骨、安胎等功效，可用于治疗风湿痹痛、腰膝酸软、胎动不安等症状。

槲寄生

常青的槲寄生代表着希望和丰饶。在英国有一句家喻户晓的话："没有槲寄生就没有幸福。"

菟丝子：有害的寄生性杂草

菟丝子，又名黄丝、无根草，属旋花科，一年生寄生草本植物。它既可以无性繁殖，又可以种子繁殖。其繁殖量惊人，菟丝子一旦蔓延开来，为害之大难以估量。

菟丝子是有害的寄生性杂草。它常缠绕在寄主植物上，吸收寄主植物的营养，甚至会造成寄主植物死亡。目前防治菟丝子的办法一般采用人工剥离法，将缠绕在乔木、灌木上的菟丝子进行全面清除，然后将其连根拔起并烧毁；第二种方法是在春季采用土壤深埋法，抑制菟丝子的种子萌芽，防止其在土地上蔓延；第三种办法是草甘磷化学防治法，喷洒农药。

马勃：天然催泪弹

马勃属担子菌亚门马勃科，我国热带和温带地区也有生长。马勃个儿很大，籽实体近于球形，直径20厘米，重5千克以上。老熟的马勃内部组织崩解，全体干燥，成为灰黑色的灰包，里面充满着黑色的粉孢子，一经踩破，这些粉孢子就会像烟雾一样喷射出来，呛人眼鼻，美洲印第安人曾用它做"催泪弹"抗击入侵者。

干燥的马勃籽实体可作中药用，性平味苦，有清肺、利咽、解热、止血之功效。马勃幼嫩时，里外白色，肉质稍带黏性，可当菜吃。

马勃

马勃属担子菌亚门马勃科。嫩时色白，圆球形如蘑菇但比蘑菇大。鲜美可食，嫩如豆腐。

包皮完整的马勃粉可直接敷到伤口上，如果包皮破裂，则表示马勃粉受到了外界的污染，最好不要直接使用，以免引起伤口感染。马勃粉经过高压消毒后存放在容器里，使用起来很方便。另外，马勃粉外敷治冻疮也有良效。

【百科链接】

草本植物：

植物体木质部较不发达或不发达，茎多汁，较柔软。各种草本植物生长周期的长短不同。

植物油库

油棕：世界油王

油棕属多年生乔木，是热带地区重要的油料作物之一，经济寿命20至30年，自然寿命可达100多年，果肉的含油量甚高，有“世界油王”之称。

油棕新鲜的果肉和种仁含油率在50%左右。主要有厚壳种、薄壳种和无壳种三个品种，通常用优良厚壳种与优良无壳种杂交而获得产油量高的薄壳种作为种植品种。矮生美洲油棕也可作育种材料。

油棕喜高温、多雨、强光照和肥沃的环境，定植3至4年后开始结果。授粉6个月后，果实成熟，由紫青色转变为橙红色。在气候适宜的地区，每月都能有收获。薄壳种出油率一般为21%至23%，厚壳种为15%至18%。棕油和棕仁油精炼后均可食用，工业上主要用于制造肥皂，还可用做防锈油、润滑剂等。棕仁粕和果渣含蛋白质和脂肪，可配制饲料。

油棕原产于非洲，现在大部分热带地区均有分布。世界油棕的总面积有460多万平方千米，其中栽培面积130多万平方千米。棕油的最大生产国为马来西亚，占世界棕油总产量的50%以上。

油棕

主要分布在亚洲的马来西亚、印度尼西亚，非洲的西部和中部，南美洲的北部和中美洲。我国引种油棕已有80多年的历史，现主要分布于海南、云南、广东、广西等省区。

大豆：最廉价的蛋白质

大豆是一年生草本植物，也是重要的油料作物，常称黄豆、黑豆、青仁乌豆，小粒种类在中国南方称泥豆、马料豆，在东北称秣食豆。

大豆种子富含蛋白质和油分，是优质食用油原料。大豆还是制油漆、肥皂、油墨、甘油、化妆品的原料。中国北方用大豆粉与杂粮粉混合作主食。以大豆制成的酱油、豆腐、豆浆、腐乳、腐竹、豆芽等食物富含植物蛋白，是中国、日本、朝鲜等国的传统食品。从豆粕提取的分离蛋白和浓缩蛋白，可制饮料、蛋白肉和香肠的填料。豆饼、豆粕为优质饲料。

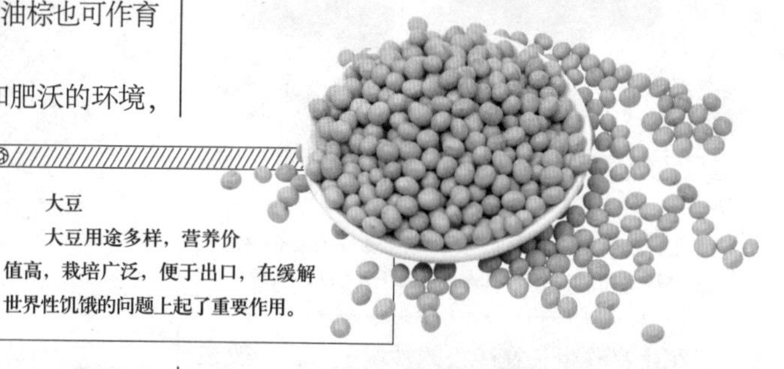

大豆

大豆用途多样，营养价值高，栽培广泛，便于出口，在缓解世界性饥饿的问题上起了重要作用。

大豆的世界主产国和出口国是美国。另外，巴西、阿根廷、巴拉圭、加拿大、印度尼西亚、日本、朝鲜、俄罗斯和罗马尼亚等国也有少量生产。主要进口国是日本和欧洲国家。中国的大豆主产区在松辽平原中北部、三江平原、黄淮平原和长江中下游地区，黑龙江省的产量居全国首位。

【百科链接】

脂肪：

油、脂肪、类脂的总称，食物中的油脂主要是油和脂肪，一般把常温下是固体的油脂称作脂肪。

花生：长生果

花生因为在地上开花，地下结果，所以俗称“落花生”，因营养价值高又名“长生果”。花生是一种经济价值很高的油料作物，含油量比大豆高出1倍，而且可作为干鲜果品食用，喷香酥脆，深受人们喜爱。

花生
花生地上开花，地下结果。荚果果壳坚硬，成熟后不开裂，室间无横隔而有缢缩。每个荚果有2至6粒种子，以2粒居多。

花生喜欢生长在疏松的沙壤土中，一般在春天播种，秋天收获。原产于南美洲的巴西和秘鲁，有2000多年的历史。大约在15世纪末期、16世纪初期，花生来到我国“安家落户”。

现在，我国是世界上种植花生最多的国家之一，山东、江苏、辽宁、河南，都是著名的花生产地。在国际市场上，我国的花生被称为“中国坚果”，享有很高的声誉。

【百科链接】

油料作物：

可以从果实或种子中提炼出烹调油的一些油脂含量很高的植物，主要有花生、大豆、芝麻等。

芝麻：芳香扑鼻

芝麻又称油麻、脂麻、胡麻，为胡麻科芝麻属，一年生草本植物。原产于亚洲的印度（也有人认为原产于非洲或南美的巴西），西汉时期传入我国，有2000多年的栽培历史。芝麻分布于世界各地的几十个国家，是一种珍贵的油料作物，果实含油量在50%以上。

芝麻种子主要用于榨油，在商业上称之为芝麻油，又称香油、麻油，其味香，营养价值极高，为调味之上品。另外，芝麻还可制作食品，如芝麻粉、芝麻酱、芝麻糊等，也可作糖果、糕点、罐头、面包中的添加剂，还可制造奶油和化妆品。

芝麻
我国自古就有许多用芝麻和芝麻油制作的土特产食品和美味佳肴。

油桐：中国特有

油桐是中国特有的油料树种，分布于秦岭、淮河流域以南。

油桐喜温暖、湿润的气候环境，在深厚、肥沃、排水良好的微酸性、中性或微碱性土壤中均生长良好，喜光性强，根系较浅。油桐对大气中的二氧化硫极为敏感。

油桐靠种子繁殖，生长快，有的寿命可达100年以上，是一种高产的木本油料植物。油桐栽培品种很多，主要有小米桐、大米桐、对年桐等。种子榨出的油叫桐油，以它作原料的工业产品在1000种以上。中国桐油产量占全世界总产量的70%以上。

桐油是一种良好的干性油，在工业上用途很广，是油漆、涂料工业的重要原料，又可制成人造汽油、人造橡胶、塑料、颜料及医药。

饮料植物

茶叶：绿色饮料

中国是茶叶的故乡，是世界上最早发现和利用茶叶的国家。茶叶有明目、减肥、利尿、降压、降脂、抗癌、防龋齿、抗辐射、抑制动脉硬化等保健功效，是风靡全球的三大无酒精饮料之一。

茶树最早出现于我国西南部的云贵高原、西双版纳地区。茶叶作为一种饮料，从唐朝开始，流传到我国西北各个少数民族地区，成为人民生活的必需品。在民间，有“一日无茶则滞，三日无茶则病”的说法。

中国人制茶、饮茶已有几千年历史，主要品种有绿茶、红茶、乌龙茶、花茶、白茶、黄茶。茶有健身、治疾之功效，又富欣赏情趣，可陶冶情操。品茶是中国人高雅的娱乐和社交活动，坐茶馆、茶话会则是中国人的社会性群体茶艺活动。中国茶艺在世界享有盛誉，在唐代传入日本，形成日本茶道。

中国人饮茶，注重一个“品”字。品茶不但是鉴别茶的优劣，也带有神思遐想和领略饮茶情趣之意。饮茶始于中国，茶叶冲以煮沸的清水，清饮雅尝，寻求茶的固有之味，重在意境，这是中式品茶的特点。

茶树

茶树属山茶科，常绿灌木或小乔木。其嫩叶背生白色茸毛，称为“白毫”，老熟自落。色泽翠绿、白毫似雪的茶叶是茶中上品。

咖啡：三大饮料之首

咖啡树为常绿灌木，属茜草科。咖啡果为卵圆形，刚形成时呈深红色，经六七个月后成熟，逐渐变成深紫色，形状和颜色与樱桃非常相似。果肉香甜，内含两粒种子，即咖啡豆。将摘下的咖啡豆晒干、焙炒后，研成粉末，就成为咖啡粉，它是一种不含酒精的优良饮料，可作兴奋剂。

咖啡

咖啡原产于非洲北部和中部的热带地区，栽培历史已有2000多年。目前，咖啡的主产区是拉丁美洲、非洲和亚洲。据统计，全世界有76个国家栽培咖啡，主要消费地区为欧、美两洲。

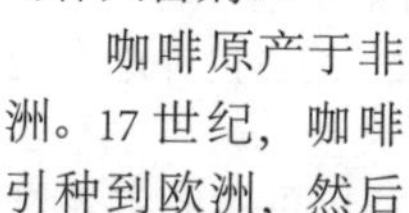

咖啡原产于非洲。17世纪，咖啡引种到欧洲，然后相继传入南亚、东南亚和澳大利亚。南美洲的巴西是蜚声全球的咖啡生产国，产量占世界的1/3。我国种植咖啡较晚，于1884年引种台湾，现栽培于广东、广西、云南、台湾、厦门等地。

咖啡中含有咖啡因，有提神、兴奋的作用，因此，饮用咖啡要讲究科学。早晨，可在咖啡中加牛奶，既能提神，又可增加营养；下班后喝杯咖啡可加速脉搏跳动，消除工作疲劳，振奋精神；饭后喝杯咖啡可帮助消化。咖啡虽然有诸多好处，但是哺乳产妇、孕妇、胃病患者、皮肤病患者和心血管患者最好不要喝咖啡，运动员也应该节制饮用。

【百科链接】

酒精：

学名乙醇，是一种无色透明、易挥发、易燃烧、不导电的液体，有酒的气味和刺激的辛辣滋味。

可可：巧克力的主要成分

可可豆

可可豆是可可树上结的椭圆形的果实。经过焙制的可可豆是制作巧克力的主要原料。

可可是一种以可可树种子为原料制成的粉末状饮料。

可可是常绿乔木，生长于赤道两侧南北纬20度以内的炎热多雨地区。可可树苗从栽培到开花、结果，需数年时间，而长成后其结果期可长达百年。

可可豆的主要产地有非洲的加纳、尼日利亚、科特迪瓦、喀麦隆，美洲的巴西、墨西哥、厄瓜多尔、多米尼加，亚洲的爪哇、斯里兰卡等国。其中以非洲产量最大，约占世界总产量的60%，美洲占30%左右。

可可豆是制造可可粉和可可脂的主要原料。可可粉与可可脂主要被用来制造巧克力糖、糕点及冰激凌等食品。巧克力和可可粉是运动场上最重要的能量补充剂，因此人们把可可树誉为"神粮树"，把可可饮料誉为"神仙饮料"。可可饮料也是世界三大无酒精饮料之一。

此外，可可对胃液中的蛋白质分解酵素具有活化作用，可助消化，因此被视为贵重的强心、利尿药剂。

【百科链接】

喀麦隆：

位于非洲中西部，境内地形复杂，除乍得湖畔和沿海有小部分平原外，大多是高原和山地。

啤酒花：啤酒的灵魂

啤酒花是一种多年生蔓性草本植物，又称蛇麻花、香蛇麻等。

啤酒花原产于欧洲、美洲和亚洲。欧洲最早开始人工栽培，但作为啤酒工业的原料则始于德国。1079年，德国人首先在酿制啤酒时添加了啤酒花，从而使啤酒具有了清爽的苦味和芬芳的香味。此后，啤酒花被誉为"啤酒的灵魂"，成为啤酒酿造的不可缺少的原料之一。

在啤酒酿造中，啤酒花具有不可替代的作用。它可使啤酒具有清爽的芳香气、苦味和防腐性。啤酒花的芳香与麦芽的清香赋予啤酒含蓄的风味。由于啤酒花具有天然防腐作用，所以啤酒无须添加任何防腐添加剂。

啤酒花还是啤酒泡沫的来源。啤酒泡沫是啤酒花中的异葎草酮和麦芽中的起泡蛋白的复合体。优良的啤酒花和麦芽结合，能产生细腻、丰富且挂杯持久的泡沫。

在煮沸麦汁的过程中，由于添加了啤酒花，故可将麦汁中的蛋白络合析出，从而起到澄清麦汁的作用，酿造出清纯的啤酒来。

目前，世界上有20多个国家生产商品性的啤酒花，质量以德国和捷克的最好。近年来，我国新疆产的啤酒花异军突起，成为世界闻名的优良啤酒花之一。

啤酒花

1079年，德国人首先在酿制啤酒时添加了啤酒花，从而使啤酒具有了清爽的苦味和芬芳的香味。此后，啤酒花被誉为"啤酒的灵魂"，成为啤酒酿造的不可缺少的原料之一。

常用药材植物

人参：百草之王

人参是多年生草本植物，属五加科。植株有30至60厘米高。主根粗壮，肉质，呈纺锤形或圆柱形；下部有分枝，外皮是浅黄色；主根顶端为根状茎；伞形花序，呈淡黄绿色；浆果形核果，扁球形，成熟时是鲜红色。

人参多分布于海拔数百米高的针叶阔叶混交林或杂木林下。野生人参原产地是山西上党地区，故称上党人参，后因滥伐森林，破坏了人参的生态环境，近于绝迹。而今野生人参主产地是黑龙江、吉林、辽宁及河北北部的深山老林中。吉林长白山、黑龙江小兴安岭红松林中，低矮的丘陵阴坡和灌木丛下有深厚的腐殖质土壤，适宜野生人参生长发育。人参因名贵稀少，被列为国家一级保护植物。

在我国，食用人参已有很长的历史，唐朝时人们就开始从朝鲜购入野生人参食用。中药行业在经营中按人参的品质、产地和生长环境不同，把人参分为野山人参、园参和高丽参三个品种。按照加工方法还可以细分为生晒参、红参和糖参等。

人参

人参是珍贵的中药材，以“东北三宝”之首驰名中外，在我国药用历史悠久。长期以来，由于过度采挖，滥伐森林，人参赖以生存的森林生态环境遭到严重破坏，野生人参已濒临灭绝。

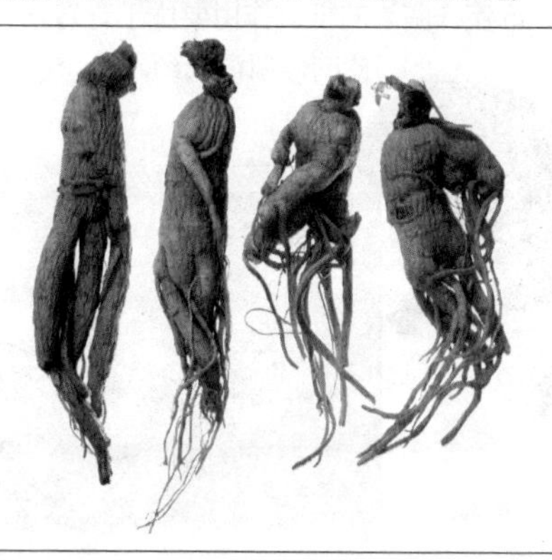

黄芪：补气良药

黄芪也叫黄耆，是多年生高大草本植物，属于豆科。

黄芪

黄芪是名贵中药材，根据药典记载，有补气固表、利尿等功效，民间还有冬令取黄芪配成滋补强身食品的习惯。

夏季开花，结荚果。根很长，一般采挖四年以上的根，除去地上茎叶及须根，晾干后截成一两尺长收藏或切片药用。在秋季采收的黄芪含微量元素硒较多，因而质量较好。

黄芪是著名的补气良药，对人体具有强壮作用。中医认为，黄芪性温、味甘，有补气升阳、固表止汗、排脓生肌、消肿利尿的功能，主治体虚自汗、劳倦内伤、气虚浮肿及痈疽毒疮等。

黄芪产于我国华北、东北、内蒙古和西北地区，主产于山西、黑龙江、辽宁、河北等省。为了保护好黄芪的野生资源，应适当限制采刨，采刨时间应在种子成熟落地之后，严禁采挖幼株。为了扩大资源，应大力发展种植或者人工播植幼株，然后保持半野生状态，直到采收。

我国著名的黄芪有：内蒙古黄芪，分布在内蒙古、河北、山西等地；东北黄芪，产于东北、河北、陕西等地。这两种黄芪以根入药，以内蒙古黄芪为上品。

【百科链接】

生晒参：

为鲜人参“下须”的主根经干燥后的产品，气微香而特异，味先微苦而后甘。

甘草：解毒灵药

甘草是常用的缓和调补药，别名蜜草、国老，为豆科植物甘草的根和根状茎。

甘草多生长在干旱、半干旱的荒漠草原、沙漠边缘和黄土丘陵地带，在引黄灌溉区的田野和河滩地也易于繁殖。

甘草
甘草广泛应用于食品工业，在化工、印染工业中也有应用。

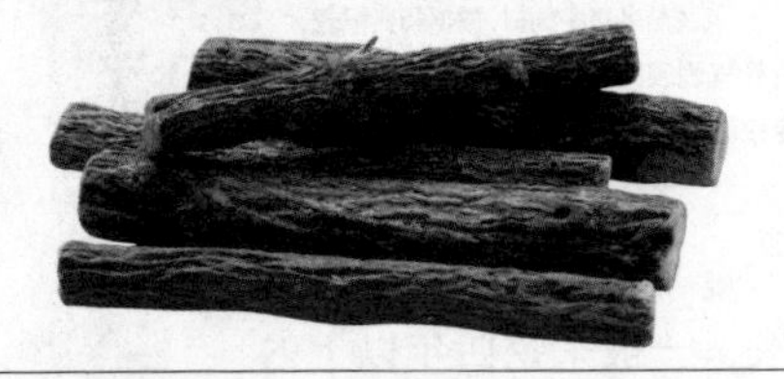

甘草主产于中国的内蒙古、四川、陕西、山西、甘肃、青海、新疆等地，其中以河套地带的最佳。

甘草含多种三萜皂苷，总含量6%至14%，其中主要是甘草甜素；此外，甘草还含有多种黄酮类化合物。药理研究表明，甘草浸膏能减轻对咽喉黏膜的刺激，缓解胃肠平滑肌痉挛和胃溃疡。甘草制剂和甘草甜素有镇咳祛痰、镇静、抗炎、抗菌和抗过敏等作用。

灵芝：祥瑞仙草

灵芝俗称灵芝草，其实它不是草，而是一种珍贵的真菌。

灵芝由菌丝体和籽实体组成。药材灵芝就是籽实体。在圆柱状的菌柄上，长有一个肾形的菌盖，菌盖表面有环状棱纹，根据环纹圈数可推算出生长的年限。灵芝幼小时为乳白色，成熟后变棕红色，带有漆光。菌盖背面是多孔的籽实层，呈白色或淡褐色。成熟时会从菌管中散出大量褐色孢子，在适宜的条件下会长出菌丝体，进而发育形成籽实体。

灵芝
《神农本草经》把灵芝列为上品，谓灵芝“主耳聋，利关节，保神益精，坚筋骨，好颜色，久服轻身不老延年”。

灵芝可入药，是一种滋补强壮剂，有补气益血、养心安神、止咳平喘的功效，可用于治疗神经衰弱、高血压、冠心病、胆固醇过高、老年慢性气管炎、小儿哮喘、白细胞减少症及克山病。

黄连：最苦的药

黄连属于毛茛科植物的一种，为多年生草本药用植物。黄连根茎有分枝，形如鸡爪，表面呈灰黄色或黄褐色，有结节状隆起及须根；叶深绿色，有长柄；花暗绿色；结小果实，卵形。黄连主要以根茎入药。

中国是黄连的故乡。四川黄连产量占全国总产量的80%，所以中医处方中习惯用“川连”代表黄连。

黄连是以苦闻名的良药，这是因为它的根茎中含有一种生物碱——黄连素。有人做过试验：在1份黄连素中加入25万份的水，完全溶解后，还能尝到苦味。

黄连性寒味苦，有清热润燥、泻火解毒的功效。中医常用它来治疗因湿热引起的腹泻、痢疾、呕吐或者脏腑心火亢盛、烦躁不眠等症。黄连还经常配伍黄芩、栀子和龙胆草等中草药，治疗口舌生疮、耳脓目赤、痈肿疔疮等症。

现代研究证明，黄连对金黄色葡萄球菌、溶血性链球菌、肺炎链球菌、霍乱弧菌、炭疽杆菌、痢疾杆菌等的抵抗作用要优于青霉素，是重要的抗菌消炎药。

【百科链接】

克山病：

亦称地方性心肌病，是一种流行于荒僻的山岳、高原及草原地带的疾病，主要病变是心肌实质变性坏死。

能做衣服的植物

棉花：织布银花

棉花属锦葵科棉属植物，原产于热带，本是一种多年生灌木，后来经过人类引种驯化，成为一年生草本植物。

墨西哥的印第安人早在公元前5800年就已经懂得栽培并利用棉花。新疆是中国植棉最早的地区。在东汉墓中出土的蜡质棉花，证明1700多年前中国就已利用棉花了。不过，直到11至13世纪的宋代，棉花才在长江流域种植，后逐渐成为人们做衣服的主要原料。

棉花的花腋生，会自动变色，初开白色，继而黄色，午后红色，次日紫红，临谢灰褐色。蒴果如桃，故称棉桃，成熟开裂，吐絮似雪，中间藏种子。棉花经过轧花加工，称为皮棉，可用于纺纱织布。

棉纤维具有吸湿、保温、通气性能好等优点，在世界纺织纤维消费量中居首位。

绒毛的长短标志着棉花的优劣。中国规定，棉花共分7个品级。长13毫米以上的一类绒可织制棉毯、绒衣、绒布，并可弹棉絮，制造高级纸张；12毫米以下的二类绒和3毫米以下的三类绒是优质纤维素原料，可制造各种人造纤维、电影及照相胶片、火药等。

棉签

医用棉签使用的都是特制的脱脂棉，即棉花经工艺脱脂而成，表层不含有脂肪，有很好的亲水性，纤维柔软细长，洁白而富有弹性。

棉花

世界主要棉花产区：中国、美国、印度、乌兹别克斯坦、埃及等。其中中国的单产量最大，乌兹别克斯坦有"白金之国"之称。

棉籽除留种外，80%以上用于榨油食用。棉籽壳占棉籽重量的38%，经化学处理可生产糠醛、酒精、丙酮等10多种产品。棉茎韧皮纤维可制绳和造纸。棉花的根皮还可入药，有强壮、镇静的功效。

【百科链接】

韧皮纤维：

韧皮部纤维和来源于皮层的皮层纤维，在裸子植物和被子植物中广泛存在。

大麻：古老的麻布

大麻

大麻在我国俗称“火麻”，为一年生草本植物，雌雄异株，原产于亚洲中部，现遍及全球。

大麻，属桑科大麻属的普通大麻种，一年生草本植物，是一种古老的韧皮纤维作物。

从公元前1世纪到19世纪后半叶，大麻一直是人们广泛种植的农作物，也是最早用作纺织纤维的植物之一。可作为纤维产品、服装、绳索、船帆、油脂、纸张及医疗用品的原材料。

大麻纤维呈白色或黄色，有光泽，质地坚韧，耐腐蚀性强，适宜纺织麻布，制造绳索、麻线等。大麻还是制造高级卷烟纸和钞票纸的上等原料。

剑麻：铁柱将军

剑麻属于龙舌兰科龙舌兰属的多年生草本植物，因叶片形状似剑而得名。它是一种重要的纤维作物。剑麻原产于北美洲墨西哥的尤卡坦半岛，1845年传入西印度群岛，1893年传入欧洲和亚洲。

剑麻的茎很短，而叶片丛生于短茎上，形状如一把把利剑，长约80厘米，宽约10厘米。剑麻叶的前端渐尖，尖端有褐色的锐刺。剑麻叶片内含丰富的纤维，纤维细胞呈长形结构，细胞腔大而长，壁厚。剑麻纤维具有纤维长、质地坚韧、富有弹性、拉力强、耐摩擦、耐酸碱、耐腐蚀、不易打滑之特点。

剑麻的长纤维多用于制绳、结网，供航海及渔业等用，也可制成墙纸、抛光布和优质麻袋等物品。纤维软化后可制钢丝绳芯，也可与化纤混纺成衣料。短纤维染色后可制挂毯和地毯。

剑麻

剑麻是一种多年生大型肉质草本植物，茎粗壮而短，开花时主茎可达5米以上。叶在短缩的茎上着生成莲座状。剑麻纤维主要从叶鞘中获取，是当今世界上用量最大的一种硬质纤维。

亚麻：纤维皇后

亚麻是人类最早使用的天然纤维之一，距今已有1万年以上的历史。亚麻纤维是一种稀有天然纤维，仅占天然纤维总量的1.5%，被誉为“天然纤维中的皇后”。

亚麻纤维具有许多优良的性能，最大特点是亚麻的散热性能极佳，吸湿放湿速度快，能及时调节人体皮肤表层的生态温度环境，被誉为“天然空调”。这是因为亚麻是天然纤维中唯一的束纤维，具有天然的纺锤形结构和独特的果胶质斜边孔结构。它与皮肤接触时会产生毛细现象，从而协助皮肤排汗，并清洁皮肤。同时，纤维遇热张开，吸收人体的汗液和热量，并将吸收到的汗液及热量均匀传导出去，使人体皮肤温度下降；遇冷则关闭，保持热量。另外，亚麻能吸收其自重20%的水分，是同等密度其他纤维织物中最高的。

Part 5
微生物篇

微生物王国

显微镜下的生命

微生物也像动物一样，具有生命，可以长大，可以生儿育女、繁殖后代，也可以摄入食物、排出废物，也会死亡。也就是说，生命体（无论动物、植物）所具有的特征它都有，只不过它的个子特别特别小，大部分小到我们无法用肉眼识别，只能借助显微镜才能看到它。当然，有的大型微生物我们用肉眼也可以看到，如蘑菇、木耳等。

微生物家族非常庞大，成员也很多。根据它们的一些特点，我们把它们分成细菌、真菌和病毒三大类。

显微镜下观察到的细菌

细菌的形状千姿百态。它属于非常低级的生物，其最主要的繁殖方式是二次分裂：一个细菌细胞壁横向分裂，形成两个子代细胞。

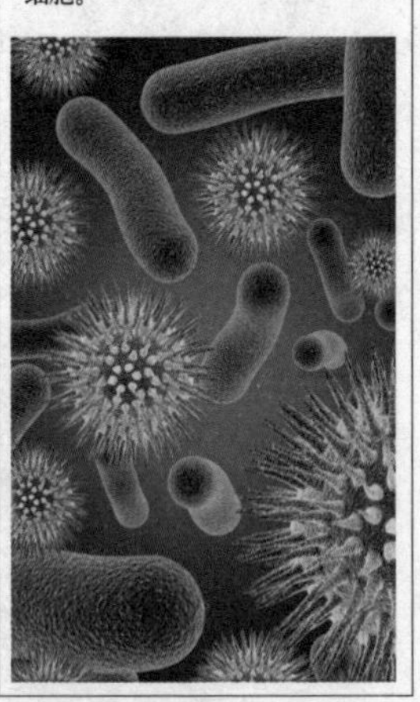

虽然许多微生物我们都看不见，但是它们无时无刻不存在于我们的四周。我们的身体里、衣服上、皮肤上、手上都有许多微生物存在，它们所做的好事和坏事可以使我们感觉到它们的存在。比如，如果没有微生物，我们就无法品尝到酸奶、果奶等饮料。而经常不洗手，吃没有洗干净的水果，就容易得痢疾；穿衣服不注意易得感冒，这都是微生物在捣鬼。

细菌：无处不在

细菌的外形一般为球形、杆形或螺旋形，是以二次分裂方式进行繁殖的原核生物。细菌处处为家，无所不在，不同的细菌对环境条件的要求有很大差别。绝大多数细菌的生长适宜温度是20至40摄氏度，也就是适合在室温或人的体温环境下生活。

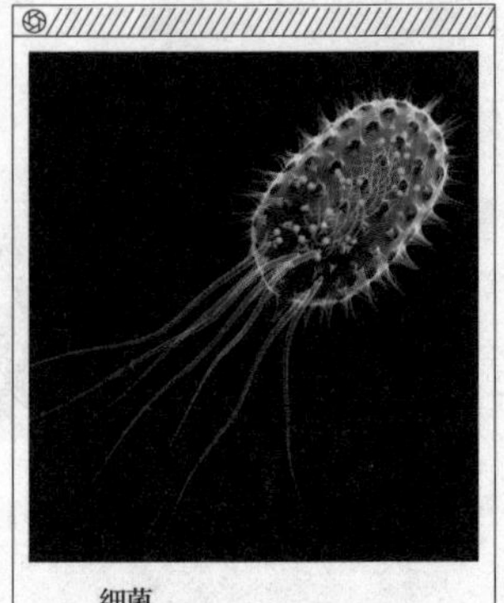

细菌

细菌主要由细胞壁、细胞膜、细胞质、核质体等部分构成。有的细菌还有夹膜、鞭毛、菌毛等特殊结构。

水分也是细菌细胞的主要成分。如果缺少水分，细菌就不能正常生长和繁殖，因此，干燥的环境是不利于细菌生存的。细菌的身体中除了水分，还有蛋白质、糖类、脂类和无机盐等多种成分。

少数细菌不直接从外界获取有机物质，而是从外界吸收二氧化碳等无机物作为原料，自己制造有机物，这类细菌叫作自养细菌。大多数细菌以类似于动物获取营养物质的方式，直接从外界吸收有机物，供应身体的需要，这类细菌叫作异养细菌。

有些细菌在动物的尸体、粪便和植物的枯枝落叶上生活，从那里吸取有机物，同时使这些动植物遗体腐烂，这样的生活方式叫腐生。有些细菌在活的动植物上生活，从它们身上吸取有机物，并可能使动植物生病，这样的生活方式叫寄生。

【百科链接】

痢疾：

是一种传染病。其主要症状是发热、腹痛、腹泻、里急后重，大便有脓血和黏液等。

核酸 由许多核苷酸聚合而成的生物大分子化合物，为生命的最基本物质之一。核酸广泛存在于所有动物、植物细胞，微生物、生物体内，常与蛋白质结合形成核蛋白。

真菌：最庞杂的微生物

真菌种类多、数量大、繁殖快、分布广，与人类的关系极为密切。真菌的细胞核不像细菌那样没有核膜，而是具有典型的核膜，也就是说真菌已经是真核生物了。目前，在自然界中已经发现的真菌不下六七万种。

真菌在经济上所蕴藏的潜在价值是巨大而多样的。作为食品，蘑菇、木耳、银耳、酵母等真菌营养丰富，益于健康。作为药物，灵芝、猴头、多孔菌、冬虫夏草等真菌是名贵的中药和重要的抗癌药物。在工业生产上，真菌的代谢产物如酒精、有机酸、核苷酸、酶、脂肪和维生素等广泛地应用于食品加工、制药行业等。

霉菌：丝状的真菌

霉菌是形成分枝菌丝的真菌的统称，在分类上属于真菌门的各个亚门。

构成霉菌菌体的基本单位称为菌丝，呈长管状，宽2至10微米，可不断自前端生长并分枝，具有细胞核。在固体基质上生长时，部分菌丝深入基质吸收养料，称为基质菌丝或营养菌丝；向空中伸展的称气生菌丝，可进一步发育为繁殖菌丝，产生孢子。

大量菌丝交织成绒毛状、絮状或网状时，称为菌丝体。菌丝体常呈白色、褐色、灰色或其他鲜艳的颜色，有的可产生色素使基质着色。霉菌繁殖迅速，常造成食品、用具霉腐变质，但许多有益种类已被广泛应用，是人类实践活动中最早认识和利用的一类微生物。

发霉的葡萄

葡萄发霉了，这是霉菌搞的鬼。霉菌体形很小，只有群体集中在一起时，才可以看清它们的颜色。

蘑菇

蘑菇是真菌中的一类——担子菌的子实体。子实体是担子菌长出地面的地上部分，样子很像插在地里的一把伞。地下还有白色丝状、到处蔓延的菌丝体，这是担子菌的营养体部分，而不是繁殖器官。

病毒：罪恶昭彰

病毒是一类个体微小、无完整细胞结构、含单一核酸型、必须在活细胞内寄生并复制的非细胞型微生物。病毒能增殖、遗传和演化，因而具有生命体最基本的特征。其主要的特点是：含有单一核酸（DNA或RNA）的基因组和蛋白质外壳，没有细胞结构；在感染细胞的同时或稍后释放其核酸，然后以核酸复制的方式增殖，而不是以二次分裂的方式增殖；具有严格的细胞内寄生性。

由于病毒的结构和组成简单，有些病毒又易于培养和定量，因此从20世纪40年代起，病毒始终是分子生物学研究的重要材料。在实践方面，关于病毒的研究对防治人类、植物和动物的疾病做出了重要贡献，如病毒疫苗的发展，利用昆虫病毒作为杀虫剂等。

【百科链接】

疫苗：

为了预防、控制传染病的发生、流行，用于人体预防接种的预防性生物制品。

看不见的杀手

传染病菌：无孔不入

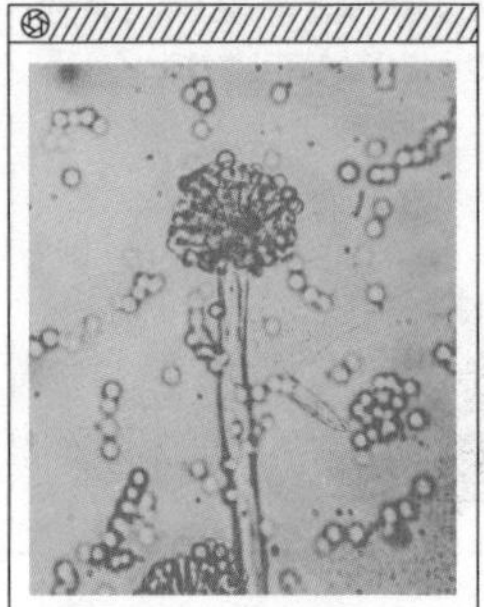

显微镜下观察到的细菌

细菌是自然界分布最广、个体数量最多的有机体。细菌的个体非常小，目前已知最小的细菌只有0.2微米长，因此人们通常只能在显微镜下看到它们。

传染病菌是一种对人类危害巨大的微生物，它种类繁多，分布范围很广，主要通过产生各种酶溶解寄主细胞，突破动植物体的表面“防线”，再释放毒素毒害机体。

传染病菌侵入人体的途径主要有三条：口腔、呼吸道和创伤处。

引起痢疾、伤寒、传染性肝炎等疾病的病菌是从口腔侵入人体的。苍蝇、脏手、不清洁的餐具和变质、被污染的食品，都是这类传染病菌的携带体。

引起肺炎、结核病和流行性感冒等疾病的病菌，则是通过呼吸道侵入人体的。一个患流感的病人在一间屋子里打个喷嚏，唾沫里数以亿计的流感病毒顷刻间便会散布在房间里，同屋的人就有可能因吸进流感病毒而患病。

当人体有外伤、被蚊虫叮咬、进行静脉注射或输血时，细菌也可能乘虚而入，通过血液及体液的循环侵入身体各个部位，引发疾病。

除此之外，传染病菌还能从肛门和生殖器官侵入人体。有些传染病菌甚至能“多管齐下”，从各个门户同时进犯人体。

要抵制传染病菌的入侵，需要养成良好的卫生习惯：饭前便后洗手，不吃变质、不干净的食物，不随地吐痰，等等。

【百科链接】

麦芽糖：

两个糖分子缩合而成的双糖，是饴糖的主要成分，由含淀粉酶的麦芽作用于淀粉而制得。

肉毒杆菌

肉毒杆菌是一种生长在缺氧环境下的细菌，也是目前毒性最强的毒素之一。它在繁殖过程中分泌毒素，军队常常将这种毒素用于制造生化武器。人们摄入和吸收这种毒素后，神经系统会遭到破坏，出现头晕、呼吸困难和肌肉乏力等症状。

肉毒杆菌在自然界中分布广泛，土壤中常可检出，偶尔也出现于某些动物的粪便中。根据所产生毒素的抗原性不同，肉毒杆菌分为A、B、Ca、Cb、D、E、F、G八种类型，能引起人类疾病的有A、B、E、F型，其中以A、B型最为常见。

人体的胃肠道是一个良好的缺氧环境，适于肉毒杆菌生长。它们在胃肠道内既能分解葡萄糖、麦芽糖及果糖，产酸产气，又能消化分解肉渣，使之变黑，腐败变臭。在厌氧环境中，此菌能分泌强烈的肉毒毒素，能引起人的特殊的神经中毒症状，致残率、致死率极高。

肉毒杆菌毒素能使肌肉暂时麻痹，医药学界看中了这一功效，将该毒素用于治疗面部痉挛和其他肌肉运动紊乱症，用它来麻痹肌肉神经，以此达到停止肌肉痉挛的目的。

注射肉毒杆菌

肉毒杆菌有驻颜功效，但应注意，只有专业的皮肤科医生才可以完成这样的手术，而且要经过严格的皮肤测试。另外，手术的价格也非常昂贵。

淋巴瘤　原发于淋巴结或其他淋巴组织的恶性肿瘤。临床表现以无痛性淋巴结肿大最为典型，晚期有恶病质、发热及贫血等症状。

艾滋病："20世纪的瘟疫"

艾滋病，英文缩写为AIDS，中文全称为"获得性免疫缺陷综合征"。它是由于感染了艾滋病病毒而引起的传染病，目前还没有有效的治疗方法，被称为"20世纪的瘟疫"。

艾滋病病毒(HIV)是一种人类逆转录病毒，外形大体与流行性感冒病毒相似，但变异性较大。艾滋病病毒侵入机体后，会破坏机体免疫力，使感染者变得虚弱，无法抵御各种微生物、寄生虫感染和癌症细胞的侵袭，最终死于各种继发性疾病。发病以青壮年较多，发病年龄80%在18至45岁，即性生活较活跃的年龄段，主要通过性和血液传播。

艾滋病病毒

艾滋病是感染了人类免疫缺陷病毒，又称艾滋病病毒所导致的传染病。当免疫系统被破坏后，患者就会由于失去抵抗能力、感染其他疾病而死亡。

艾滋病的合并症如淋巴瘤、HIV直接引起的神经系统损害等没有有效的治疗方法；有的合并症，如中枢神经系统分支杆菌感染、结核菌感染等，经药物治疗可能有一定好转，但效果不佳。

传播迅速的流感病毒

流感病毒是引起流行性感冒的病原病毒，属RNA病毒。

流感病毒分为甲、乙、丙三型，它们没有共同的抗原，但都能感染人，以甲型的流行规模最大，乙型次之，丙型极少引起流行。

流感的主要传染源是患者和隐性感染者，流感病毒主要经飞沫及接触传播。在我国，流感的多发季节主要在11月到次年的2月，某些流感会延伸到春季，甚至夏季。因此，在这些季节里要提高警惕，注意身体健康。

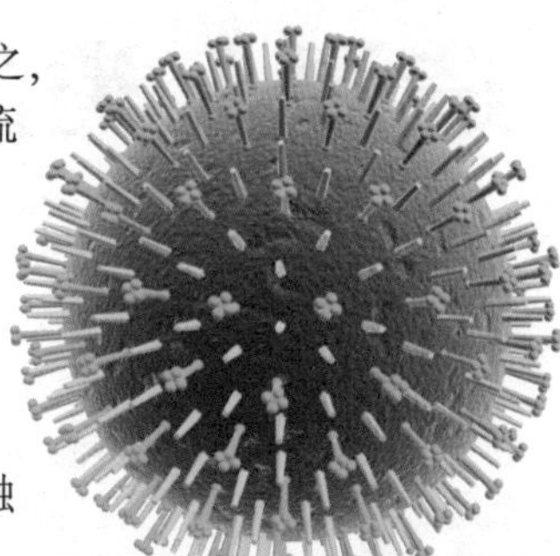

流感病毒

流感病毒有球状和长形两种形状。它们能侵害人类、马、猪和一些鸟。流感病毒不耐热、酸和乙醚，对甲醛、乙醇与紫外线等均敏感。

【百科链接】

合并症：

也叫并发症，是由正在患的某种疾病所引起的另外一种疾病。

危害四方的肝炎病毒

肝炎病毒是引起病毒性肝炎的病原体。人类肝炎病毒有甲型、乙型、非甲非乙型和丁型。

甲型肝炎病毒呈球形，无包膜，核酸为单链RNA。这种病毒常随不干净的食物被人们吃进肚里，然后危及肝脏，侵害全身。由于人们在日常生活中要大量接触各种物品，如果饮食不卫生，就很容易得甲型肝炎。甲型肝炎发病突然，传染面广，但容易医治，而且大部分成年人或得过甲型肝炎的人都具有抵抗甲肝病毒的免疫力。

乙型肝炎病毒呈球形，具有双层外壳结构，外层相当一般病毒的包膜，核酸为双链DNA。乙型肝炎病毒非常顽固，患病后往往长期不能痊愈，而且慢性乙型肝炎还有可能转变为肝癌。乙型肝炎病毒能在高温、低温、干燥和紫外线照射等恶劣条件下长时间存活，目前国内外还缺少治疗乙型肝炎的特效药，只能针对传播途径加强预防措施。

造福人类的精灵

曲霉：酿造大师

曲霉是发酵工业和食品加工业的重要菌种，已被利用的有近60种。2000多年前，我国就用曲霉来制酱、酿酒和制醋。现代工业利用曲霉生产各种酶制剂、有机酸，农业上用做糖化饲料菌种，例如黑曲霉、米曲霉等。

曲霉广泛分布在谷物、空气、土壤和各种有机物上。有的曲霉能产生对人体有害的真菌毒素，有的则引起水果、蔬菜、粮食霉腐。

曲霉菌丝有隔膜，为多细胞霉菌。幼小而活力旺盛时，菌丝体产生大量的分生孢子梗，分生孢子梗顶端膨大成为顶囊，一般呈球形。顶囊表面长满一层或两层辐射状小梗。最上层小梗呈瓶状，顶端生成成串的球形分生孢子。以上几部分结构合称为"孢子穗"。孢子呈绿、黄、橙、褐、黑等颜色，是菌种鉴定的依据。

酒

曲霉有"酿酒博士"之称。早在2000多年前，我国人民已懂得依靠曲霉来酿酒造醋。

酵母菌：发酵高手

酵母菌是单细胞真菌，一般呈卵圆形、圆形、圆柱形或柠檬形。菌落形态与细菌相似，但较大较厚，呈乳白色或红色，表面湿润、黏稠，易被挑起。酵母菌分布很广，在含糖较多的蔬菜、水果表面分布较多，在空气、土壤中较少。

酵母菌在酿造、食品、医药等工业上占有重要的地位。它的维生素、蛋白质含量高，可作食用、药用和饲料用，又能提取多种生化产品，还可用于生产维生素、氨基酸、有机酸等。

醋酸杆菌：酿醋之星

酿造醋除含有5%至20%的醋酸外，还含有氨基酸和乳酸、琥珀酸、草酸、烟酸等多种有机酸，钙、磷、铁等多种矿物质，而以米为原料酿成的米醋，有机酸和氨基酸的含量最高。

醋

醋是由醋酸杆菌发酵产生的，生产醋的酿造过程和酒基本相似，因此，醋酸杆菌又被称为"酿醋之星"。

醋酸杆菌是一类能使糖类和酒精氧化成醋酸的短杆菌，是酿造醋的必备之物。醋酸杆菌没有芽孢，不能运动，好氧，在液体培养基的表面容易形成菌膜，常存在于醋和醋制品中。工业上可以利用醋酸杆菌酿醋、制作醋酸和葡萄糖酸等。

醋酸杆菌细胞呈椭圆形或短杆形，单生、成对或短链排列；细胞端尖或平。乙酸是醋酸杆菌代谢的有机终产物，不产生接触酶，最适宜的生长温度为30摄氏度，广泛分布于水生的厌氧环境中。

【百科链接】

氨基酸：

分子中兼有氨基和羧基的有机化合物，是构成动物营养所需蛋白质的基本物质。

甲烷菌：理想的燃料

甲烷菌是地球上最古老的生命体，在地球诞生初期，死寂而缺氧的环境造就了首批性情随和的"生灵"，它们不需要氧气便能呼吸，靠简单的碳酸盐、甲酸盐等物质维持生命。

时至今日，地球几经沧桑，甲烷菌却本性难移，仍保持着厌氧本色。当然，现代甲烷菌的食物来源更加广泛，杂草、树叶、秸秆、残羹剩饭、动物粪尿乃至垃圾等都是甲烷菌的美味佳肴。沼泽和水草茂密的池塘底部极为缺氧，甲烷菌躲在这里"饱餐"一顿之后，便舒心地呼出一口气来，这便是沼气泡。

沼气泡中充满沼气，沼气的主要成分是甲烷，另外还有氢气、一氧化碳、二氧化碳等。它是廉价的能源，用于点灯、做饭，既清洁又方便，还可以代替汽油、柴油，是一种理想的气体燃料。

甲烷菌的食料非常广泛，几乎所有的有机物都可以用做沼气发酵的原料。沼气池则为甲烷菌提供了一个缺氧的环境。在这里，甲烷菌可以愉快地劳动，源源不断地产生沼气。

食用菌：盘中美味

食用菌是供人类食用的大型真菌，中国已知的有350多种，常见的有香菇、草菇、蘑菇、木耳、银耳、猴头菌等。

不同的食用菌生长在不同的地区、不同的生态环境中。其中，山区森林中生长的种类和数量较多，如香菇、木耳、银耳、猴头菌、松口蘑、红菇和牛肝菌等；在田头、路边、草原和草堆上，生长有草菇、口蘑等。南方生长较多的是高温结实性真菌；高山地区、北方寒冷地带生长较多的则是低温结实性真菌。

猴头菌

猴头菌营养丰富，味道鲜美，含有10多种氨基酸，有异亮氨酸、赖氨酸、苯丙氨酸、蛋氨酸、苏氨酸、缬氨酸等7种人体必需的氨基酸，还含有维生素B_1、维生素B_2及矿物盐等。

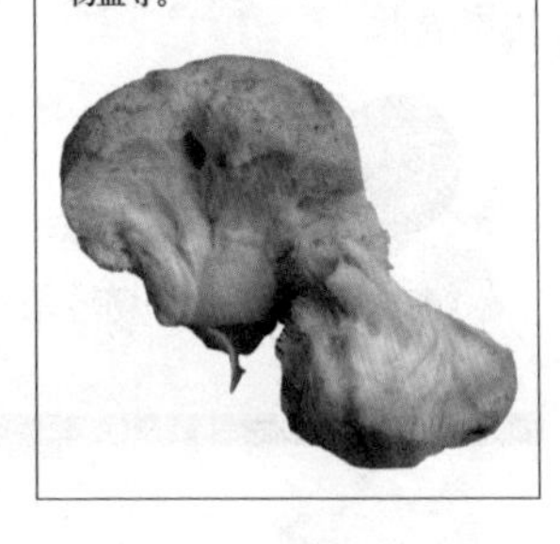

食用菌有白色或浅色的菌丝体，在含有丰富有机质的地方生长，条件适宜时形成子实体，成为人类喜食的佳品。菌丝体和子实体是一般食用菌生长发育的两个主要阶段。各种食用菌就是根据子实体的形态特征，再结合生态、生理等差别来分类识别的。

食用菌不仅味美，而且营养丰富，常被人们称作健康食品，如香菇不仅含有各种人体必需的氨基酸，还具有降低血液中的胆固醇、治疗高血压的作用。近年来，科学家们又发现香菇、蘑菇、金针菇和猴头菌中含有能增强人体抗癌能力的物质。

沼气发电

沼气发电是集环保和节能于一体的能源综合利用新技术，而源源不断的沼气就是甲烷菌辛苦工作的结果。

【百科链接】

碳酸盐：

金属元素阳离子和碳酸根相化合而成的盐类。

微生物电池

微生物燃料电池并非刚刚出现的一项技术。早在1910年，英国植物学家就成功制造出了第一个微生物燃料电池。1984年，美国制造了一种能在外太空使用的微生物燃料电池，它的燃料为宇航员的尿液和活细菌，不过它的放电率极低。

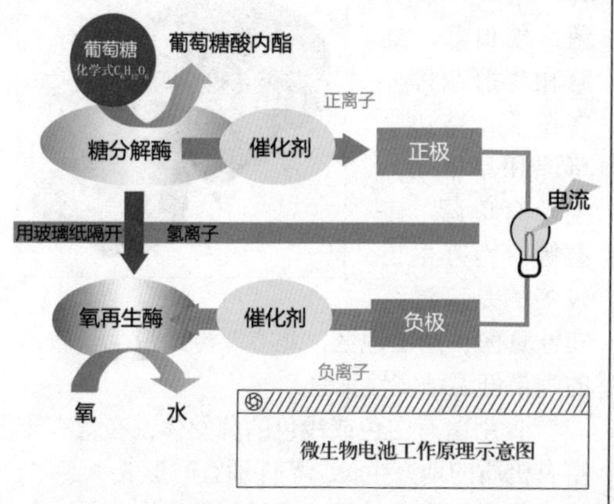

微生物电池工作原理示意图

近几年微生物发电的技术出现了突破，美国的科学家在实验室里研制出了一套利用富含有机物的污水来发电的微生物电池设备。虽然目前产生的电流不多，但该设备改进的空间很大。技术成熟后，可以批量生产的微生物燃料电池的发电能力将有很大提高，预计可以产生500千瓦的稳定电流，大约是300户家庭的用电量。该设备还可以用来处理畜牧厂的废水和废物，也可以用在食品加工厂甚至载人航天器内。

科学家认为，只要是富含有机物的地方都可以使用这种电池，但它最好的用途还是处理污水，假如污水处理厂使用此类设备，就可以一边处理废水一边发电，从而大大降低污水处理的成本。因此，无论对发展中国家还是发达国家来说，这都是一项相当诱人的技术。

微生物农药

微生物农药是一类发展较快的生物农药，包括农用抗生素和活体微生物。农用抗生素是由抗生菌发酵产生的、具有农药功能的代谢产物，例如井岗霉素、春雷霉素等可以用来防治真菌病害；土霉素可以用来防治细菌病害；浏阳霉素可以用来防治蛾类；最新开发的阿维菌素可以用来杀灭害虫、畜体内外的寄生虫。活体微生物农药是有害生物的病原微生物活体，即用了这些活的微生物可使有害生物本身得病而丧失危害生物体的能力。

微生物农药具有安全、不产生抗药性、不污染环境等优点，正被人们广泛应用于无公害农产品的生产中。

在生产实践中，掌握以下几个使用要点，可有效提高微生物农药的使用效果。一、科学保管。微生物农药是活体制剂，必须保存于避光、低温、通风、干燥的地方，不能和杀菌剂、抗病毒剂及碱性物质混合存放。二、春天用药。春天温度在10至27摄氏度之间，随着气温的升高，害虫取食量和吸收量增加，从而更快致病死亡。三、加强病虫预报，比化学农药提前3至5天使用。另外要对症用药，才能收到理想的效果。

微生物农药显成果

随着科学技术的不断发展和进步，减少使用化学农药、保护人类生存环境的呼声日益高涨。目前，开发利用有益微生物及其代谢产物防治作物病虫害已取得了较为理想的效果。

【百科链接】

抗药性：

又称耐药性，指生物（尤指病原微生物）对抗生素等药物产生的耐受和抵抗能力。

Part 6
人体篇

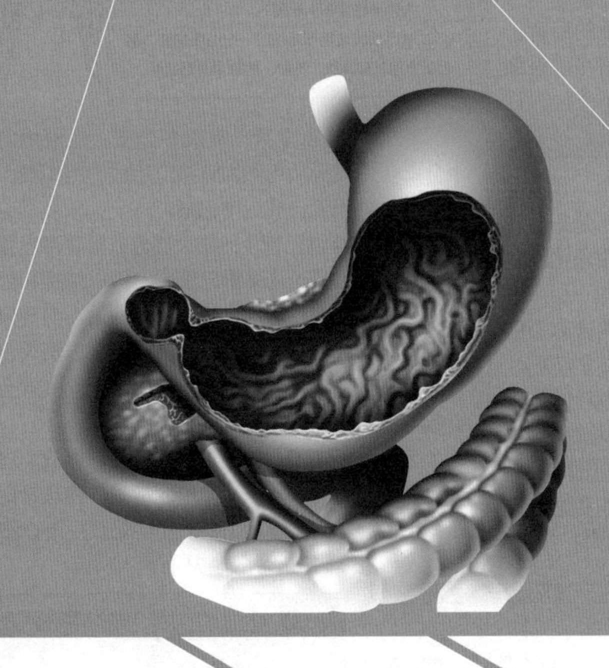

人体的自卫防线

皮肤：人体的第一道防线

皮肤是人体最大的器官，总重量占体重的5%至15%。它由表皮、真皮和皮下脂肪层构成，并含有附属器官补充水分。

皮肤有防卫功能。皮下脂肪层好像人体表面覆盖的一层软垫，在人体受到碰撞时起到缓冲作用，可以防止人体内脏和骨骼受到外界的直接侵害。

皮肤能散热和保温。当外界温度升高时，皮肤血管就扩张、充血，血液带着体热通过皮肤向空气发散，同时汗腺也大量分泌汗液，通过汗液的蒸发带走体内多余的热量；当外界温度下降时，皮肤血管就收缩，散热速度放慢，有助于体温保持恒定。

此外，皮肤能吸收涂在人体表面的药膏，皮脂腺的分泌物中还有一些能够抑制和杀灭细菌的物质。

毛发：皮肤的卫士

毛发分为毛干和毛根两部分。毛干是露出皮肤之外的部分，即毛发的可见部分，由角化细胞构成，其组织可分为表皮、皮质及毛髓三层。毛干由含黑色素的细长细胞构成，胞质内含有黑色素颗粒。毛发的色泽与黑色素含量的多少有关。

毛根是埋在皮肤内的部分，是毛发的根部。毛根长在皮肤内看不见，并且被毛囊包围——毛囊是上皮组织和结缔组织构成的鞘状囊，外面包覆一层由表皮演化而来的纤维鞘。

人体的各种毛发都有自己的作用：睫毛阻挡沙尘和小虫侵入眼睛，汗毛保护皮肤，头发保护头部。

头发

头发除了具有美化作用之外，主要功能是保护头部，夏天可防烈日，冬天可御寒冷。细软蓬松的头发具有弹性，可以抵挡较轻的碰撞，还可以帮助头部蒸发汗液。

淋巴系统：看不见的防线

淋巴系统是循环系统的一部分。由淋巴管，输送淋巴液的淋巴管和产生淋巴细胞，生成抗体的淋巴结，扁桃体、脾、胸腺和消化管内的各种淋巴组织等淋巴器官组成。

人体淋巴分布示意图

淋巴系统是循环系统的一个组成部分。淋巴器官包括扁桃腺、胸腺、脾脏和淋巴结等。

淋巴管遍布全身，有很多分支。血液中的水分、蛋白质等从毛细血管渗出后成为组织液，再渗入微淋巴管，成为淋巴液。

淋巴结是淋巴管上的膨大部分，沿着淋巴管分布，里面聚集了许多淋巴细胞，可以捕捉和处理血液中的外来物，是人体内的过滤站。病菌侵入人体时，首先会被过滤到淋巴结中加以消灭，人体就不会生病。如果病菌不能全部消灭，就会引起淋巴结发炎，称为“淋巴结肿大”。

淋巴系统中淋巴液的流动叫作淋巴回流。这种运动能把一些血液循环中未能带走的物质带回血液中去。淋巴系统最主要的功能是产生淋巴细胞，参与机体的免疫活动，从而消灭病菌。

【百科链接】

组织液：

存在于组织间隙中的体液，是细胞生活的内环境。

脾脏：最大的淋巴器官

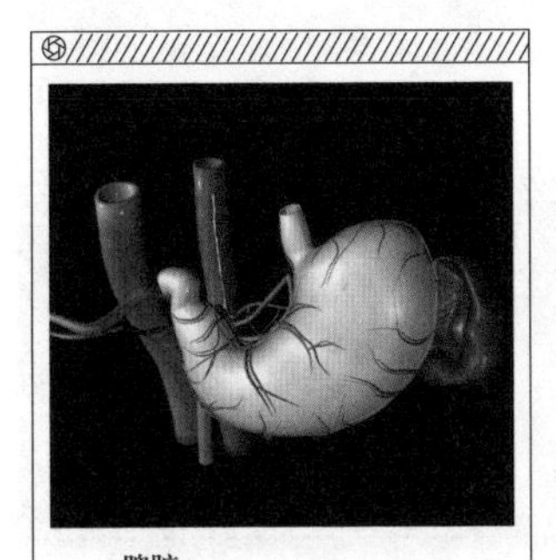

脾脏

脾脏是机体细胞免疫和体液免疫的中心，通过多种机制发挥免疫作用。脾的肿大对于白血病、血吸虫病和黑热病等多种疾病的诊断有参考价值。

脾脏是人体最大的免疫器官，位于左下腹部，含有大量的淋巴细胞和巨噬细胞。

脾脏的表面有一层致密的结缔组织被膜。被膜及由被膜伸入脾脏实质而形成的小梁共同构成脾脏的支架。被膜与小梁之间为脾实质，又称脾髓，可分为白髓和红髓。白髓主要由密集淋巴组织构成，呈球状或长筒形；红髓分布在白髓之间，由排列成索状的淋巴组织和血窦构成。

脾脏是血液循环中重要的过滤器官，能清除血液中的异物、病菌以及衰老死亡的细胞，特别是红细胞和血小板。脾脏还有储血、调节血量和产生淋巴细胞的功能。

扁桃体：忠实的门卫

扁桃体是口咽部上皮下的淋巴组织团块。在舌根、咽部周围的上皮下有很多淋巴组织，按其位置分别称为腭扁桃体、咽扁桃体和舌扁桃体，其中以腭扁桃体最大，通常所说的扁桃体即指腭扁桃体。腭扁桃体有一对，位于舌腭弓与咽腭弓之间，卵圆形，表面为复层鳞状上皮。

扁桃体可产生淋巴细胞和抗体，故具有抗细菌、抗病毒的防御功能。咽部是饮食和呼吸的必经之路，经常接触也比较容易隐藏病菌和异物，扁桃体就起到了防御、保护的作用。当

扁桃腺检查

扁桃体发炎时，常以咽痛为主要症状，伴有畏寒、发热、头痛等，应及时就医。

【百科链接】

血小板：

哺乳动物血液中的成分之一，在止血、伤口愈合、炎症反应、血栓形成及器官移植排斥等生理和病理过程中有重要作用。

机体因过度疲劳、受凉等原因而抵抗力下降、腺体分泌机能降低时，扁桃体就会遭受细菌感染而发炎。若扁桃体炎反复发作并对全身产生不利影响时，可以考虑手术摘除扁桃体。

胸腺：免疫中枢

胸腺是重要的淋巴器官，位于胸腔前纵隔，胸骨后面，紧靠心脏，呈灰赤色；扁平椭圆形，分左、右两叶，由淋巴组织构成；青春期前发育良好，青春期后逐渐退化，为脂肪组织所代替。

胸腺是造血器官，能产生淋巴细胞。造血干细胞经血流迁入胸腺后，先分化成淋巴细胞，其中大部分淋巴细胞死亡，小部分继续发育进入髓质，成为成熟淋巴细胞的一个亚群，即T淋巴细胞。整个淋巴器官的发育和机体免疫力都必须有T淋巴细胞参与，所以胸腺为周围淋巴器官正常发育和机体免疫所必需。

胸腺能分泌胸腺素和激素类物质。其中胸腺素能刺激T淋巴细胞的成熟，平衡和调节免疫功能，提高人体抵抗疾病的能力。人成年后，胸腺逐渐萎缩，胸腺素的分泌也会减少或停止。

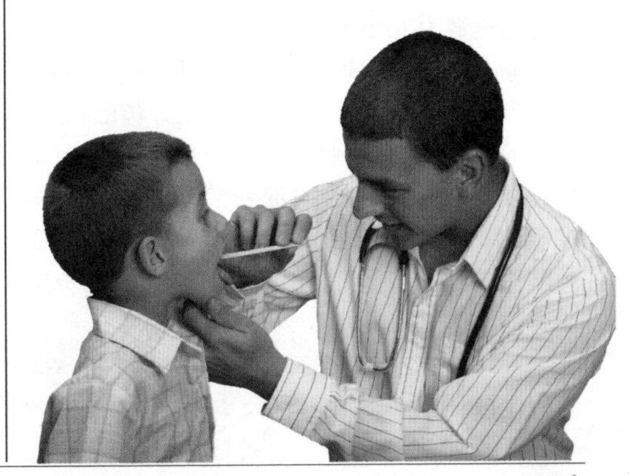

消化系统

牙齿：食物粉碎机

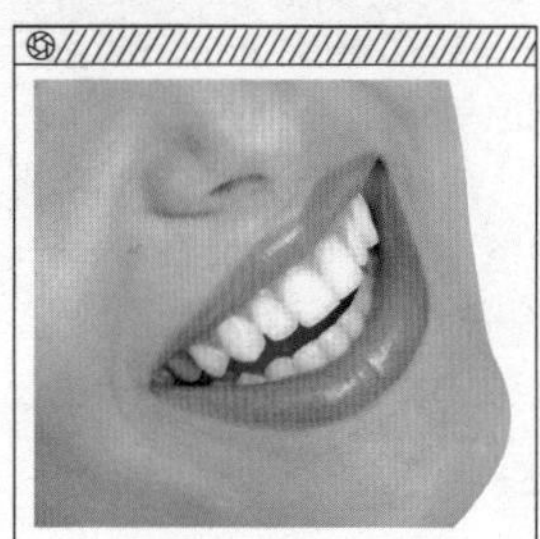

牙齿

整齐而洁白的牙齿能展现出人的健康和美丽。

牙齿是具有一定形态的高度钙化的组织，按形态可分为切牙、尖牙和磨牙。切牙的功能是切断食物，尖牙用以捣碎食物，磨牙则能磨碎食物。

牙齿不仅能咀嚼食物、帮助发音，还是衡量健康与美的重要标志之一。要想有一口健康的牙齿，必须注意牙齿的保健，要多吃含钙丰富的食物，多吃蔬菜。常吃蔬菜能使牙齿中的钼元素含量增加，增强牙齿的硬度和坚固度；还能防止龋齿，因为蔬菜中含有90%的水分及一些纤维物质，咀嚼蔬菜时，蔬菜中的水分能稀释口腔中的糖质，使细菌不易生长；纤维素能对牙齿起清扫和清洁作用。此外，多吃些较硬的食物有利于牙齿的健康。

唾液：金津玉液

唾液是口腔内三对较大的唾液腺、下颌下腺和舌下腺所分泌液体的混合物，正常人每天分泌的唾液为1000至1500毫升。

唾液的基本生理功能是湿润和清洁口腔，消灭产生齿垢的细菌，溶解有害于牙齿的物质，软化食物以便于吞咽，还能分解淀粉，有消化作用。如果唾液中的淀粉酶减弱，就会影响食物的消化，并由于无法保护胃黏膜免受胃酸损害，易导致胃肠炎症或胃溃疡。

唾液中含有淀粉酶、溶菌酶、过氧化物酶、黏液蛋白、磷脂、磷蛋白、氨基酸、钠、钾、钙、镁等物质。这些物质具有消化食物、杀菌、抗菌、保护胃黏膜等作用，每天吞咽自己的唾液能起到祛病延寿的作用。

【百科链接】

溃疡：

皮肤或黏膜表面组织的限局性缺损、溃烂，由感染、外伤、结节或肿瘤的破溃等所致。

胃：食物加工中继站

胃是指消化管中食管与小肠之间的膨大部分。其主要功能是储存食物与初步消化食物。

胃包括前、后两壁以及胃大弯和胃小弯。胃壁上有斜的、环形和纵行的平滑肌，它们的收张形成了胃的蠕动，从而把食物进一步加工磨碎。

人在空腹时，胃中常有10至70毫升清晰无色的液体，叫做胃液，主要由盐酸和胃蛋白酶组成。胃蛋白酶刚分泌出来时是没有消化能力的，但在盐酸的作用下会变成具有活力的消化酶，能够分解蛋白质，使蛋白质类食物在胃中得到初步消化。

盐酸在胃中还有许多作用，它能杀菌，有助于人体对铁质的吸收。此外，盐酸进入小肠后，还可以促进胰液、胆汁等消化液的分泌，加速人体对蛋白质、脂肪等物质的消化吸收。

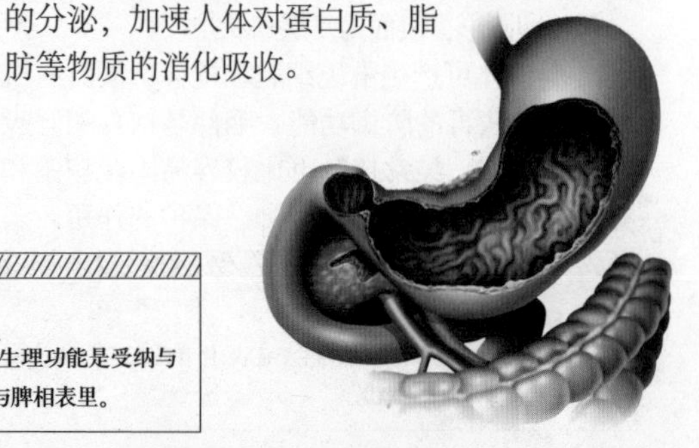

胃

中医认为，胃的主要生理功能是受纳与腐熟水谷，胃以降为和，与脾相表里。

盲肠 大肠中最粗、最短、通路最多的一段。盲肠处易发盲肠炎，大都是阑尾在盲肠的出口受阻，继发细菌感染所致。

肝脏：人体的化工厂

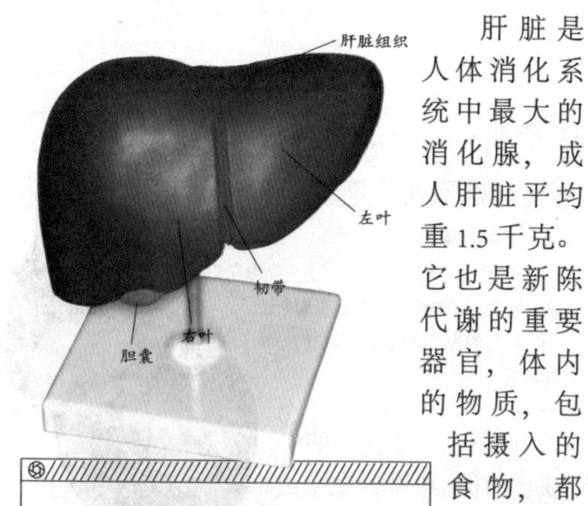

肝和胆位置关系示意图

胆囊仅仅是胆汁的聚集处，并不是胆汁的制造者。胆汁来源于肝脏。

肝脏是人体消化系统中最大的消化腺，成人肝脏平均重 1.5 千克。它也是新陈代谢的重要器官，体内的物质，包括摄入的食物，都在肝脏内进行重要的化学变化：有的物质经受化学结构的改造，有的物质在肝脏内被加工，有的物质经转变而排出体外，有的物质如蛋白质、胆固醇等在肝脏内合成，肝脏可以说是人体内的一座化工厂。肝脏还能将一些有毒物质转化后排出体外，从而起到解毒作用。

肝脏能分泌胆汁，胆汁是一种特殊体液，它对脂肪的消化和吸收具有重要作用。胆汁中的胆盐、胆固醇和卵磷脂等可降低脂肪的表面张力，使脂肪乳化成许多微滴，利于脂肪的消化；胆盐还可与脂肪酸、甘油一酯等结合，形成水溶性复合物，促进脂肪消化产物的吸收。在非消化期间，胆汁存于胆囊中；在消化期间，胆汁则直接由肝脏和胆囊大量注入十二指肠内。

【百科链接】

消化酶：

参与消化的酶的总称，由消化腺分泌，一般消化酶的作用是水解，有的也参与细胞内消化。

小肠：营养吸收集中地

小肠位居腹中，主要生理功能是受盛、化物和泌别清浊。

受盛即接受或以器盛物的意思。化物，是变化、消化、化生的意思。小肠接受由胃初步消化的食物，并对其作进一步消化。小肠的这一功能异常，可导致消化吸收障碍，表现为腹胀、腹泻、便溏、营养不良等。

食物经过小肠进一步消化后，分为水谷精微和食物残渣两部分，小肠吸收食物的精华，而将食物残渣向大肠输送；同时也吸收大量的水液，而无用的水液则经大肠再吸收后排出体外。因而，小肠的泌别清浊功能还影响到大便、小便的正常与否。

大肠：残渣出口

大肠是从盲肠到肛门段的总称，肠腔表面有许多囊状膨隆，分为盲肠、结肠和直肠三部分。大肠壁由黏膜、黏膜下层、肌层和浆膜层组成。

大肠的主要功能是吸收水分和贮存食物残渣，形成粪便。大肠黏膜的腺体能分泌浓稠的呈碱性的黏液，可中和粪便的发酵产物。大肠分泌液不含消化酶，但有溶菌酶。来自口腔的细菌经过胃时大部分被胃酸杀死，在盲肠、结肠中，由于弱碱环境的关系又能繁殖。这些细菌能产生各种酶，可继续分解食物残渣和植物纤维，又能利用肠内某些简单物质，合成少量 B 族维生素和维生素 K，对人体的营养吸收具有重要的意义。

胃与大小肠位置关系示意图

小肠主要功能是消化和吸收食物，大肠则是进一步吸收水分和电解质，形成、贮存和排泄粪便。

循环系统

血液循环：生生不息

血液循环是维持生命的基本条件，生命不息，循环不止。整个血液循环由体循环和肺循环两部分组成。

体循环的过程是，由左心室射出的动脉血流入主动脉，经动脉各级分支流向全身的毛细血管，再借助组织液与组织细胞进行物质和气体交换，使动脉血变成静脉血，再经过小静脉、中静脉和上、下腔静脉流回右心房。

肺循环的过程是，从右心室射出的静脉血入肺动脉，经过肺动脉及各级分支，流至肺泡周围的毛细血管网，在此进行物质和气体交换，使静脉血变成动脉血，再经肺静脉注入左心房。

血液循环的主要功能是运输、运送营养物质和氧到全身，运送代谢产物到排泄器官，保证机体新陈代谢的不断进行和内环境的相对稳定；运送内分泌激素、白细 胞和其他生物活性物质到相应的靶细胞，实现体液调节和血液的免疫防卫功能。

血液循环一旦停止，人体各器官、组织将因为失去正常的物质转运而发生新陈代谢障碍。同时，一些重要器官的结构和功能将受到损害，尤其是对氧敏感的大脑皮层。只要大脑中血液循环停止 3 至 10 分钟，人就会丧失意识；停止 4 至 5 分钟，半数以上的人将发生永久性的脑损害；停止 10 分钟，人的智力即使没有全部毁掉，也会毁掉绝大部分。

血液循环路径示意图

血液循环是一个整体，循环系统包括心脏和血管。心脏是动力枢纽，血管是管道系统。

心脏：循环的动力站

心脏模型

心脏如同本人的拳头大小，分为左心房、左心室、右心房、右心室四个腔。图中红色的为动脉血管，蓝色的为静脉血管。

心脏是位于胸部的中空肌性纤维器官，主要由心肌构成，有左心房、左心室、右心房、右心室四个腔。左右心房之间和左右心室之间由间隔隔开，互不相通；心房与心室之间有瓣膜，这些瓣膜使血液只能由心房流入心室，而不能倒流。

心脏是循环系统的动力站，它的作用是推动血液流动，向器官、组织提供充足的血流量，以供应氧和各种营养物质，并带走代谢的终产物，使细胞维持正常的代谢和功能。心脏还能通过血液循环将人体内各种内分泌的激素和一些其他体液运送到靶细胞，实现体液调节，维持人体内环境的相对恒定。

正常人在安静状态下，心脏每分钟约跳 70 次，每次泵血 70 毫升，则每分钟约泵 5 升血。如此推算，一个人的心脏一生泵血所做的功，大约相当于将 3 万千克重的物体举到喜马拉雅山顶峰所做的功。

【百科链接】

白细胞：

人体和动物血液及组织中的无色细胞，有细胞核，能做变形运动，能吞噬异物产生抗体。

动脉　运送血液离开心脏的血管，从心室发出后，反复分枝，越分越细，直到毛细血管。根据动脉管径的大小分为大动脉、中动脉、小动脉、微动脉。

血管：血液的通路

血管是指血液流过的一系列管道。

按构造功能，血管分为动脉、静脉和毛细血管三种。动脉起自心脏，不断分枝，口径渐细，管壁渐薄，最后分成大量的毛细血管，分布到全身各组织和细胞间。毛细血管再汇合，逐级形成静脉，最后返回心脏。动脉和静脉是输送血液的管道，毛细血管是血液与组织进行物质交换的场所，动脉与静脉通过心脏连通，全身血管构成一个封闭式管道。

血管在运输血液、分配血液和物质交换等方面有重要的作用。

血液：生命之液

血液是在心脏和血管内循环流动的液体，由液体成分（血浆）和悬浮在其中的血细胞（包括红细胞、白细胞和血小板）组成。

血浆是复杂的水溶液，内含少量的黄色素，黄色素量的多少决定着颜色的深浅。

红细胞是两面凹的扁圆形体，无细胞核，可被迫改变形状。白细胞是有核无色的细胞，比红细胞大，按核的形态和原生质中有无可着色颗粒，可分嗜中性、嗜碱性和嗜酸性三种颗粒白细胞，以及两种无颗粒白细胞，在机体免疫中起重要作用。血小板体积很小，呈圆盘状、椭圆状或杆状，组织损伤出血时，血小板能释放与血液凝固有关的物质，促使血凝块生成，堵塞伤口。

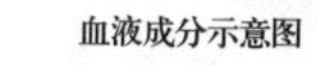

血液成分示意图

血液是流动在心脏和血管内的不透明的红色液体，主要成分为血浆、红细胞、白细胞和血小板四种。其中红细胞占大部分，里面含有血红蛋白，因此看起来

血型：输血的依据

血型是以血液抗原形式表现出来的一种遗传性状。根据细胞特征性抗原的不同或者有无，可将血液分为若干血型系统，目前已经确认的血型系统有15种，其中A、B、O血型系统是发现最早、与临床医学关系最密切、最常应用的。此系统根据红细胞膜上含有的A和B凝集原的不同，将人类血液分为A、B、AB、O四种基本血型：红细胞膜上仅具有A凝集原的就是A型血，仅具有B凝集原的为B型血，A、B两种凝集原均具有的就是AB型血，O型血无A或B凝集原。

研究发现，相同的凝集原和抗凝集素结合会使红细胞凝集成团，并在血管中发生溶血反应，所以输血时主要考虑供血者的凝集原与受血者的抗凝集素有无凝集反应，最好是同型输血，输血之前应做配血试验。

动脉血管

动脉血管管壁较厚，能承受较大的压力。大动脉管壁弹性纤维较多，有较大的弹性。

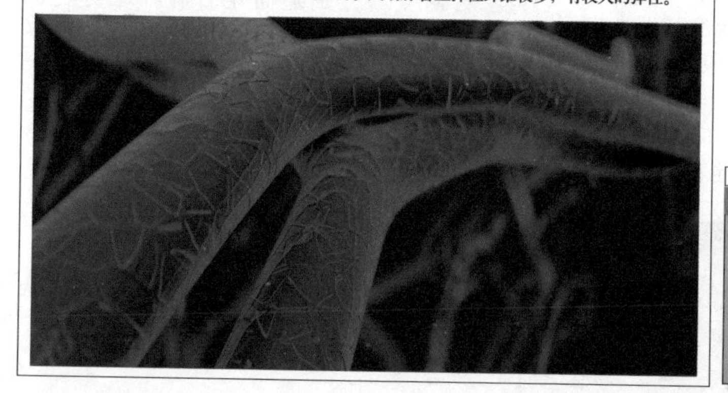

【百科链接】

溶血：

红细胞破裂，血红蛋白逸出称红细胞溶解，简称溶血。

呼吸系统

呼吸：吐故纳新的活动

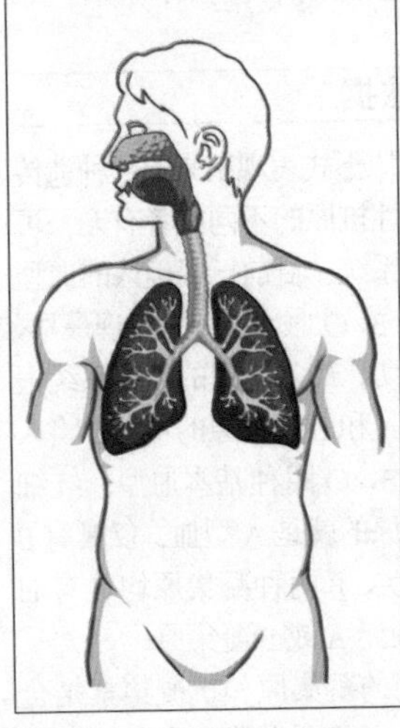

呼吸系统示意图

人靠呼吸空气而生活，人的呼吸系统包括呼吸道（鼻腔、咽、喉、气管、支气管）和肺两大部分。

呼吸是人体从其生活的环境中获得氧气和排出二氧化碳的气体交换过程。

人的呼吸系统是由鼻腔和喉咙中的通气管、两个肺叶，以及一条连接喉咙与肺部的长长的气管组成的。气管的底端分成了两条支气管，每条支气管都与一个肺叶相连。支气管又细分为更小的气管，首先是细支气管，然后是终末细支气管。终末细支气管的末端有许多细小的充满空气的小泡，叫作肺泡。

通过呼吸运动，呼吸器官从外界环境中获得氧气，排出二氧化碳；呼吸膜、呼吸器官和血液进行氧和二氧化碳的交换；血液循环系统将氧送到各器官、组织，各器官产生的二氧化碳经血液运回到呼吸器官；细胞外液和细胞进行氧和二氧化碳的交换。

呼吸是人体的基本生理功能之一，与所有器官都有不可分割的联系，也和体温调节、体液的酸碱度调节以及水分调节相关，是使人体内环境保持相对恒定的重要系统。

【百科链接】

咳嗽：

咳嗽是保护性的反射动作，能清除呼吸道中的异物或分泌物。

咽：交通要塞

咽介于口腔和食管之间，既属于消化系统又属于呼吸系统。对于人体而言，咽是消化道与呼吸道的共同通道，呈前后略扁的漏斗形肌性管道。咽的后壁与侧壁较完整，前壁自上而下分别与鼻腔、口腔和喉腔相通，因此，咽可分为鼻咽、口咽和喉咽三部分。

咽喉是人体呼吸系统的重要组成部分，外界的新鲜空气自鼻腔进入咽喉，而后才能进入肺里进行新旧气体的交换，进而完成物质交换。

气管和支气管

气管在食道的前面，从喉向下进入胸腔。气管的管壁从外向内可分为外膜层、黏膜下层和黏膜层。外膜层由15至20个带缺口的软骨环和周围的肌肉组成。黏膜下层有许多气管腺，能分泌使气管湿润的黏液。黏膜层表面长满了细细的纤毛，能把吸入的尘粒、细菌等和气管腺分泌的黏液一起送到咽部，这就是痰，人通过咳嗽将其排出体外。

支气管是气管的分枝。气管下端分成左右两支，分别通向左右肺。左支气管又分成两支肺叶支气管，右支气管分成三支，经肺门进入各肺叶。在肺叶中支气

气管和肺部支气管示意图

支气管是由气管分出的各级分枝。一级支气管，即左、右主支气管。左主支气管较细长，走向倾斜；右主支气管较粗短，走向略直。

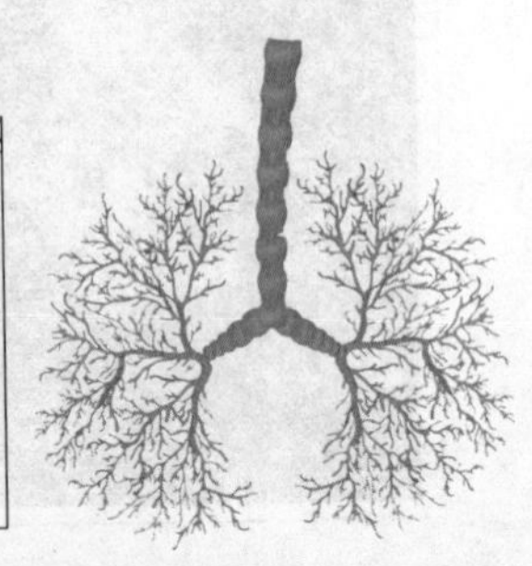

鼻涕 鼻腔黏膜所分泌的液体。鼻涕能湿润鼻腔膜，并粘住由空气中吸入的粉尘、微尘和微生物，对鼻腔起到保护作用。

管一分再分，成为各级支气管。支气管与气管结构相似，只是越分越细，管壁也越来越薄。

气管和支气管受到病菌感染或冷风、烟尘等刺激时，黏液的分泌和排出就会增多，使人不断咳嗽或吐痰，有时还会引起哮喘。

肺：气体交换中心

肺是进行气体交换的器官，位于胸腔内纵隔的两侧，左右各一。

人体在新陈代谢过程中需要不断地从环境中摄取氧气，并排出二氧化碳，而人与环境的这种交换离不开肺。肺组织里有一套结构巧妙的换气站。新鲜的空气经鼻、咽、喉、气管、

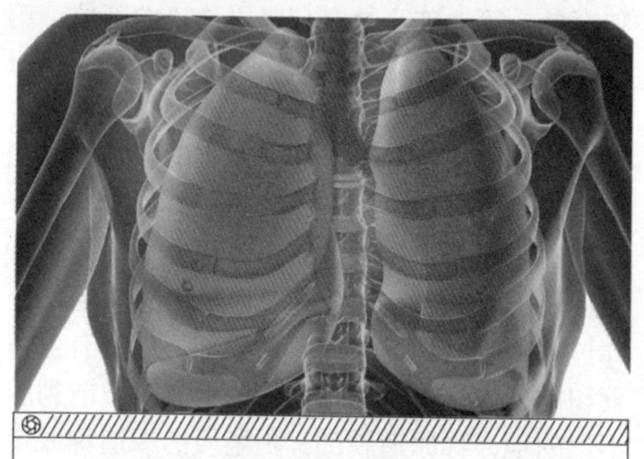

肺

肺是体内外气体交换的主要场所，人体通过肺，从自然界吸入清气，呼出体内的浊气，从而保证人体新陈代谢的正常进行。

支气管的清洁、湿润和加温作用，最后到达呼吸结构的末端——肺泡。肺泡与毛细血管的血液之间有一道呼吸膜相隔，薄薄的呼吸膜只允许氧气和二氧化碳自由通过。氧经肺泡，通过呼吸膜，进入毛细血管，进而入动脉随血流到全身；二氧化碳则由静脉经毛细血管，通过呼吸膜到肺泡，经肺排出体外。如此反复呼吸，人体就能源源不断地从外界获取氧气，排出二氧化碳。

肺活量是肺的通气容量指标。一般成年男子肺活量平均为3.5升，成年女子平均为2.5升。肺活量的大小受年龄、性别和健康状况的影响，一般男性大于女性，运动员大于一般人，青壮年大于老年人。

【百科链接】

毛细血管：

由细胞和大量细胞间质构成，它在体内广泛分布，具有连接、支持、营养、保护等多种功能。

鼻子：空气预处理站

鼻子是外界气体进入人体呼吸系统的重要门户，也是空气的预处理站，它能对通过鼻腔的空气起到温暖、湿润和洁净的作用。

鼻腔黏膜的毛细血管十分丰富，能随着体内外环境的改变而进行自我调节。当外界冷空气进入鼻腔时，血管里的血液就增多，流动也加快，从而使空气变得温暖。同样，它也可将干燥的空气变湿润，以维持呼吸道的正常生理活动。

鼻孔里长有鼻毛，能挡住空气中的许多灰尘。空气里的刺激性气体如果刺激了鼻腔里的神经组织，人就会打喷嚏，将粗粒灰尘和有害气体喷出来。此外，鼻腔分泌的黏液即鼻涕中还含有一种溶菌酶，能够抑制和溶解细菌。

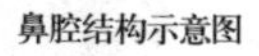

鼻腔结构示意图

鼻腔是呼吸道的首端和门户。鼻毛对空气中较大的粉尘颗粒有过滤作用；鼻黏膜下有海绵状血窦，可调节鼻内气体温度；鼻腔黏膜腺体可分泌大量液体，用来提高吸入空气的湿度，防止呼吸道黏膜干燥。

泌尿与生殖系统

肾脏：人体清洁机

人体在新陈代谢过程中，不断地产生二氧化碳、尿酸、尿素、水和无机盐等代谢产物。这些物质在体内积聚多了，就会影响正常的生理活动，甚至危及生命。这些废物的排出，主要依靠人体的“对称净化器”——肾脏来完成。

肾脏为成对的扁豆状器官，位于腹膜后脊柱两旁浅窝中。

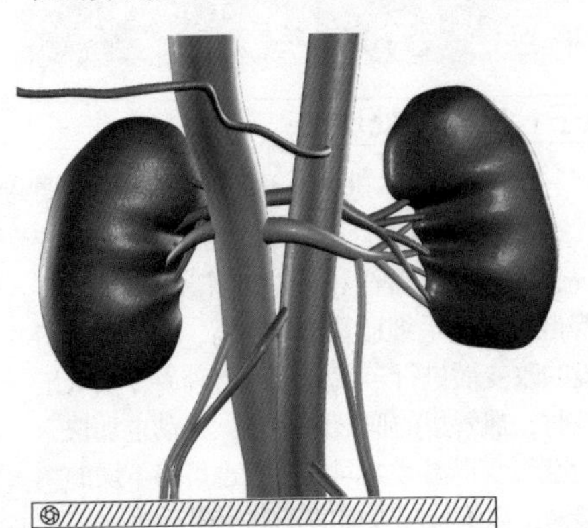

肾脏

肾脏位于腰部，脊柱两旁，左右各一，主要作用是分泌尿液，排出代谢废物。

肾脏的基本组成和功能单位称为肾单位，每个肾单位由肾小体和肾小管组成。肾小体内有一个毛细血管团，称为肾小球，由肾动脉分枝形成。肾小球外有肾小囊包绕。肾小囊分两层，两层之间有囊腔与肾小管的管腔相通。肾小管汇成集合管，若干集合管汇合成乳头管，尿液由此流入肾小盏。

【百科链接】

前列腺：

男性特有的性腺器官，由腺组织和肌组织构成。前列腺的分泌物是精液的主要组成部分。

肾脏担负着艰巨的清洁血液的任务，所以肾脏的血液供应很丰富，每分钟流经肾脏的血液相当于心脏输出量的20%至25%，它的平均血流量比体内其他任何器官都多。一旦肾脏的功能出现障碍，会使血液中尿酸等含量过多而出现尿毒症，严重时人会昏迷，甚至死亡。

输尿管、尿道和膀胱

输尿管的功能是输送尿液。输尿管有三个狭窄处：第一狭窄处在与肾盂连接的部位，第二狭窄处在跨越髂动脉入小骨盆处，第三狭窄处在穿入膀胱壁处。当肾结石随尿液下行时，容易卡在输尿管的狭窄处，产生输尿管绞痛和排尿障碍。

尿道是排泄尿液的管道。男性尿道兼有排精作用，全长16至20厘米。尿道的起始部分穿过前列腺，称为尿道前列腺部，后壁有射精管和前列腺开口，是排精液的地方。离前列腺不远的地方称尿道膜部，阴茎段的尿道称尿道海绵体部。女性尿道长3至4.5厘米，起自尿道内口，开口于阴道外口的前方。女性尿道的特点是短直而宽，后方邻近肛门，因而易患尿路逆行感染。

膀胱是贮存尿液的囊性器官，一般在小骨盆腔内。空虚时膀胱顶不超过耻骨联合上缘；充满时则高出耻骨联合上缘，在下腹部可摸到。膀胱位于盆腔前部，其后方

肾与输尿管示意图

输尿管位于腹膜后，为一肌肉黏膜所组成的管状结构，上起自肾盂，下终止于膀胱三角。男性输尿管长为27至30厘米，平均为28厘米；女性输尿管长为25至28厘米。

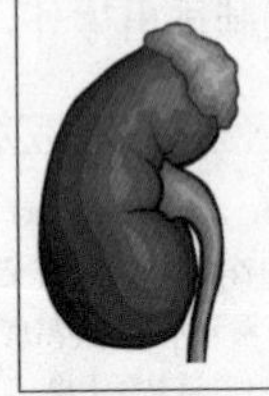
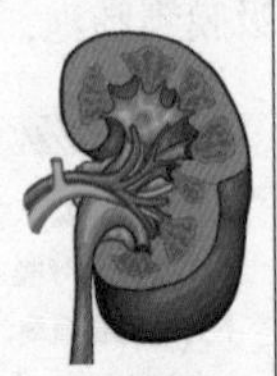

为直肠（男）或子宫、阴道（女）。尿道内口周围的膀胱环肌较发达，称为膀胱括约肌。排尿时，膀胱壁的肌肉收缩，出口处的括约肌放松，尿液随即排出体外。

■生殖器官：繁衍后代

生殖系统是产生生殖细胞、繁殖后代、分泌性激素和维持副性征的器官的总称。按生殖器官所在部位，又分为内生殖器和外生殖器。

男性内生殖器包括睾丸、附睾、输精管、射精管、前列腺、精囊腺和尿道球腺，外生殖器为阴茎和阴囊。

睾丸是男性生殖腺，是产生雄性生殖细胞的器官，也是产生雄性激素的主要内分泌腺。附睾由附睾管在睾丸的后缘盘曲而成。精索是从睾丸上端至腹股沟管腹环之间的圆索状物，包含输精管、动脉、静脉、神经及蜂窝组织。输精管是精子从附睾被输送到前列腺部尿道的唯一通路。前列腺为一个栗子状腺体，称为前列腺前括约肌，具有防止逆行射精的功能。

女性内生殖器包括卵巢、输卵管、子宫及阴道，外生殖器包括阴唇、阴蒂及阴道前庭。卵巢呈卵圆形，它的功能是产生成熟的卵子和分泌雌激素。输卵管连于子宫底两侧，是输送卵子进入子宫的弯曲管道，管壁亦由黏膜、肌层及外膜三层组成。子宫位于骨盆腔内，在膀胱与直肠之间，形状似倒置的梨子，前后略扁，上端宽大，高出输卵管内口的部分称为子宫底，中间膨大部分为子宫体，下端变细呈圆柱形的部分为子宫颈，其末端突入阴道内。阴道为肌性管道，为性交器官及月经排出与胎儿娩出的通道。

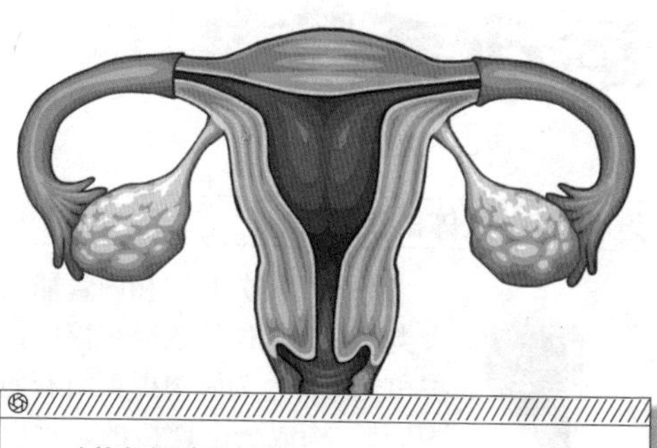

女性生殖器官示意图

女性内生殖器包括卵巢、输卵管、子宫和阴道；外生殖器有阴蒂、阴唇、阴道前庭等。

■青春期与第二性征

青春期是指个体的性机能从不成熟到成熟的阶段，在生物学上是指人体由不成熟发育到成熟的转化时期，也就是一个人由儿童到成年的过渡时期。

一般来说，女孩子的青春期比男孩子早。由于个体差异很大，所以通常把 10 至 20 岁这段时间统称为青春期。

在这一时期，个体性发育逐渐成熟。由此可以看出，青春期主要是以生理上的性成熟为标准而划分出来的一个阶段，它与从心理或社会方面划分出的人生阶段有重叠。在人体生长发育阶段，青春期占一半或更长的时间。

第二性征又称副性征，是人和动物性成熟所表现出的外表特征。男性表现为生胡须、喉结突出、骨骼粗大、声音低沉等；女性表现为乳腺发达、骨盆宽大、皮下脂肪丰富、嗓音尖细等。性腺分泌性激素是第二性征出现的前提。

第二性征

进入青春期后，男女的身体会发生很大的变化：男性嗓音发生变化，喉结突起，慢慢长出了胡须；女性阴毛出现、乳房发育、月经出现等，这些都称为第二性征。

【百科链接】

括约肌：

分布在人和动物体某些管腔壁的一种环形肌肉。人体内的括约肌见于消化道和泌尿系统。

运动系统

骨骼：人体的支架

骨骼可分外骨骼和内骨骼两大类，它为人体的软组织提供保护和支持，也为肌肉提供附着的基础，构成一个连接的、可以运动的杠杆系统。动物各种动作的完成主要是由肌肉收缩作用于骨骼的结果，运动是以骨骼为杠杆、关节为枢纽、肌肉收缩为动力来完成的。

骨骼的功能主要是：供肌肉附着，作为动物运动的杠杆；支持躯体，维持一定的体型；保护体内柔软的器官，如颅骨保护脑和延髓、胸廓保护心和肺等；协助维持体内钙、磷代谢的正常进行；骨髓腔中的红骨髓有制造血细胞的功能。

人体骨骼

人体的骨骼由 206 块骨头连接而成，骨骼肌有 600 多块，分别附着在不同的骨面上。它们共同起着运动、保护体型、支持体重的作用。

肌肉：运动的发动机

肌肉是以肌肉组织为主构成的，通过本身收缩使动物机体产生各种动作的结构，是动物进行运动和内部多种生理活动的基础。

肌肉分为骨骼肌、心肌和平滑肌，我们说的肌肉一般是指骨骼肌。人体大约有 600 多块肌肉，占体重的 40%。肌肉两端是白色的肌腱，分别固定在骨骼的不同部位上。肌肉由肌纤维组成，其间分布着许多血管和支配肌肉的神经。人体的一切活动都要靠肌肉这个“发动机”通过收缩，牵拉相应的骨骼来完成。

体育锻炼可以使全身的肌肉都参与活动，使肌肉里的毛细血管网开放以供给肌肉更多的营养，从而让肌肉变得强健有力。

关节：人体轴承

骨与骨之间的连接部分称为关节，能活动的叫活动关节，不能活动的叫不动关节。一般所说的关节是指活动关节，如四肢的肩、肘、指、髋、膝等关节。

肌肉组织

根据肌细胞的形态与分布的不同，可将肌肉组织分为三类，即骨骼肌、心肌与平滑肌。骨骼肌一般通过肌腱附于骨骼上，心肌分布于心脏，平滑肌分布于内脏和血管壁。

关节由关节囊、关节面和关节腔构成。关节囊包围在关节外面，关节内的光滑骨面称为关节面，关节内的空腔部分为关节腔。正常时，关节腔内有少量液体，以减少关节运动时的摩擦。关节有病时，可使关节腔内液体增多，形成关节积液或肿大。

关节最容易产生的疾病是关节炎，这是一种常见的慢性疾病，最常见的是骨关节炎和类风湿关节炎两种。我国目前的关节炎患者估计有 1 亿以上，且人数还在不断增加。另据统计，我国 50 岁以上人群中，半数患骨关节炎，65 岁以上人群中，90% 的女性和 80% 的男性患骨关节炎。

【百科链接】

肌纤维：

又称肌细胞，指构成肌肉组织的呈纤维状的细长细胞，是肌肉组织的最小物质单位。

胚胎 在母体内初期发育的动物体。以人为例，卵子在受精后的2周内称孕卵或受精卵，受精后的第3至8周称为胚胎。

神经系统

大脑：最高的司令部

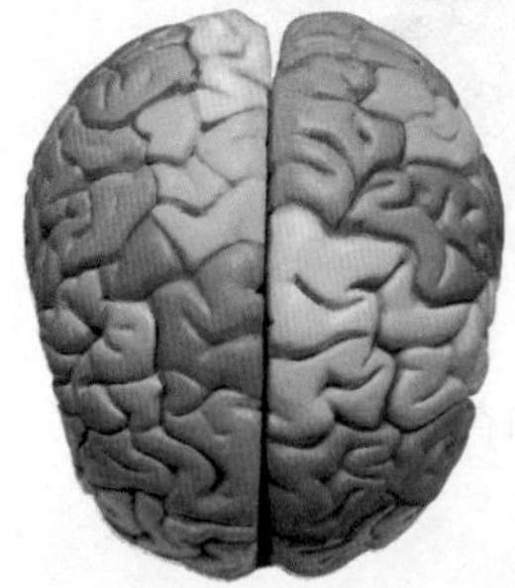

人体大脑模型

大脑主要包括左、右大脑半球，是中枢神经系统的最高级部分。人类的大脑是在长期进化过程中发展起来的形成思维和意识的器官。

大脑又称端脑，是控制运动、产生感觉及实现高级脑功能的高级神经中枢。

大脑在胚胎时是神经管头端薄壁的膨起部分，以后发展成大脑两半球，主要包括大脑皮层和基底核两部分。大脑皮层是覆在大脑表面的灰质，主要由神经元的胞体构成。皮层的深部由神经纤维形成的髓质或白质构成。髓质中的灰质团块即基底核。

人的大脑是一个由约140亿个神经元组成的繁复的神经网络。通常大脑左半球以言语机能为主，右半球以空间图像知觉机能为主。

小脑：使动作协调

小脑位于大脑后下方，是维持躯体平衡和运动协调的重要中枢器官。

从外观上看，小脑中间有一条纵贯上下的狭窄部分，蜷曲如虫，称为蚓部。蚓部两侧有两个膨隆团块，称为小脑半球。小脑蚓部和半球表面有一些近乎平行的沟和裂，这些沟裂将小脑分成许多回、叶和小叶。从结构上看，小脑表面分布着灰质，称为小脑皮层；小脑内部由白质和少数由灰质块构成的神经核构成。

小脑通过神经纤维与脊髓、脑干和大脑相连。大脑中枢发出的命令和从脊髓传来的信息都传入小脑。小脑对这两种信息进行比较后对运动进行调整，以起到协调运动和保持人体平衡的作用。若小脑受伤，人的运动就会变得不准确、不协调，走路会歪歪斜斜，站立也会不稳。

【百科链接】

神经元：

又叫神经细胞，是高等动物神经系统的结构单位和功能单位。

间脑与脑干

间脑位于中脑和大脑半球之间，主要由丘脑和下丘脑构成。丘脑是除嗅觉外一切感觉冲动传向大脑皮层的转换站，也是重要的感觉整合机构之一。丘脑在维持和调节意识状态、警觉和注意力方面也起重要作用。下丘脑是大脑皮层以下管理和调节植物神经的高级中枢，控制着进食、体温等重要生理活动。

脑干位于间脑以下、脊髓以上，由延髓、脑桥、中脑三部分组成，上面连有第3至12对脑神经。脑干的结构是白质在外，内部包埋着许多灰质块，负责管理躯体和内脏的感觉及运动。白质由上、下行的传导神经构成，是大脑、小脑与脊髓相互联系的重要通路。

脑干的主要作用是调节个体心跳、呼吸、消化、体温、睡眠等重要生理功能，许多基本的生命活动的反射调节都在脑干中完成。

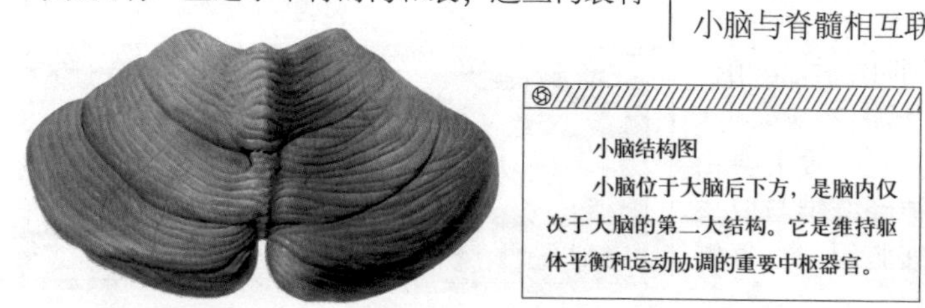

小脑结构图

小脑位于大脑后下方，是脑内仅次于大脑的第二大结构。它是维持躯体平衡和运动协调的重要中枢器官。

■ 脊髓：脊柱中的神经

脊髓位于椎管中，呈长圆柱状，近中心部位是神经元胞体集中的灰质，中央纵贯一根很细的中央管，外部是神经纤维密布的白质。脊髓两侧成对发出的脊神经分布到皮肤、肌肉和内脏器官。

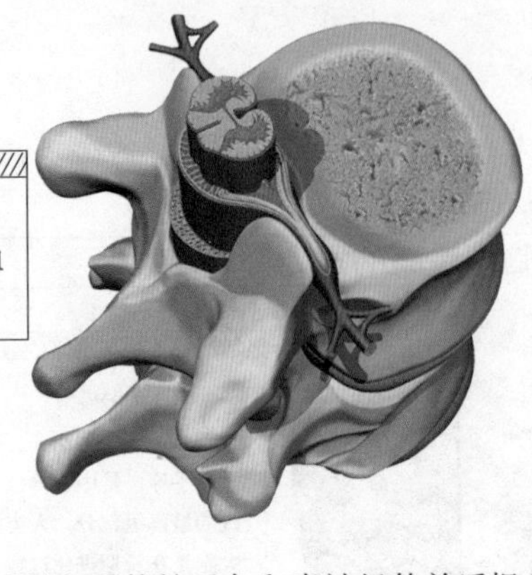

脊髓

脊髓是中枢神经的一部分，位于脊椎骨组成的椎管内，呈长圆柱状，全长41至45厘米。

脊髓是外周神经系统与脑之间的通路，也是一些简单反射的中枢，它在与高级中枢隔断的情况下也能保留某些简单的反射，但在正常情况下，脊髓的神经活动（包括反射）都是在高级中枢的控制下进行的。

在脊髓各节段的横切面上都可见到中央呈蝶形的灰质，周围有白质包围。灰质内主要是神经细胞体、神经纤维与胶质细胞。许多部位的神经细胞体集合成群，形成核团或反射中枢。蝶形灰质的后突部分叫作后角，感觉性传入纤维即由脊神经后根进入脊髓的后角。灰质的前部构成前角，中枢的运动性传出纤维即由脊髓的前角经脊神经前根发出到达外围效应器。位于胸部和上腰部的脊髓，前后角之间还有侧角，自主性神经由此发出后到达内脏器官。从脊髓整体看，后角、前角和侧角实为柱状结构，故也可分别叫作后柱、前柱及侧柱。

人体神经系统示意图

人体的神经系统是非常复杂的，分布在人体的各个部位。其中，大脑是整个神经系统的中枢。

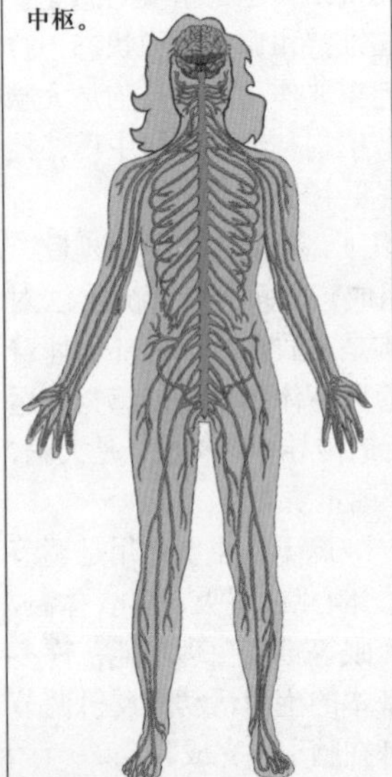

白质主要由神经纤维与胶质细胞组成，每侧白质被灰质的前后角和脊神经的前后根分为后索、侧索和前索。

■ 植物神经：独立作战

植物神经系统又名自主神经系统，因不受人的意志支配而得名。其中，脊神经由脊髓发出，主要分布于躯干、四肢，管理运动与感觉。内脏神经由脑和脊髓发出，主要分布在内脏，控制与协调内脏、血管、腺体等的功能。

植物神经在功能上分为交感神经和副交感神经。它们互相协调，维持人体的平衡。如交感神经使心脏跳动加快，副交感神经使心跳变慢。在其他内脏器官中，植物神经也起着相辅相成、维持平衡的作用。

在脑内有一个部位叫丘脑下部，是植物神经最集中的部位。这里发生病变，人就会出现很多症状，如失眠或嗜睡、多食或厌食、高热或低温、过胖或消瘦等。有些是严重的植物神经局限性功能失调引起的疾病，如红斑性肢痛症、雷诺病、原发性体位性低血压、原发性多汗症等，这些病的原因尚不清楚。

【百科链接】

机体反射：

机体在中枢神经系统的参与下，对内外环境刺激所作出的规律性反应。

声波 声源体发生振动时引起四周空气振荡，这种振荡方式就是声波。声波主要借助空气向四面八方传播，空气、水、金属、木头等媒质都能够传递声波。

眼睛与视觉

眼睛是人体最灵敏的感觉器官，由眼球、眼睑、结膜、泪器及使眼球运动的眼外肌等结构组成。

眼球是眼睛最重要的部分，近似球形，位于眼眶内。眼球包括眼球壁、眼内腔、内容物、神经、血管等组织。

眼球壁由外、中、内三层膜组成。外层包括角膜和巩膜。角膜内含丰富的神经，感觉敏锐，是光线进入眼内和折射成像的主要结构。巩膜为致密的胶原纤维结构，对眼球内部结构起着保护作用。中膜由前向后分为虹膜、睫状体和脉络膜。虹膜俗称黑眼球，含有色素细胞。睫状体通过睫状肌的收缩与舒张控制晶状体。脉络膜的作用如同照相机的暗箱，使进入眼球的光线在视网膜上成像。内膜即视网膜，由感光细胞和神经纤维构成，是视觉形成的神经信息传递的第一站。

眼球内容物包括房水、晶状体和玻璃体，它们与角膜一起组成眼睛的折光系统。

耳朵与听觉

人耳可分为外耳、中耳及内耳三部分。

外耳包括耳壳和听管。人的耳壳不能转动，在辨别声音的方向以及收集音波等方面，不如其他哺乳动物有效。听管内有脂腺的分泌物，管壁内层有毛，两者皆可阻止异物入耳。

听管与中耳交界处有一薄膜，称为鼓膜，由外耳传来的声波可以振动鼓膜。中耳为小空腔，三块小骨横越中耳腔，依次为锤骨、砧骨和镫骨。由外耳传来的声波振动鼓膜后，可经由这三块小骨向内耳传递。

人耳内部结构

听觉系统包括外耳、中耳、内耳及听觉神经系统。听觉神经系统包括听觉神经和大脑听觉区。

内耳为复杂而曲折的管道，分耳蜗、前庭和三个半规管。耳蜗和听觉有关，前庭和半规管则与平衡觉有关。耳蜗内有听觉受器，由中耳传来的声波振动，会刺激听觉感受器而产生冲动，再经听神经传至大脑皮层而产生听觉。

舌头与味觉

舌位于口腔，前2/3叫舌体，后1/3叫舌根。正常人的舌表面有一层薄薄的白色舌苔。

舌面上有许多小突起，称为舌乳头，舌乳头里有味觉感受器——味蕾。每个味蕾由若干个味细胞组成，味细胞通过顶端的纤毛伸出味蕾小孔，感觉口腔中食物的味道。味细胞末端连接着传入神经，当味细胞兴奋时，冲动就沿着传入神经传入大脑的味觉中枢，产生味觉。

感受甜味的味觉细胞多集中在舌尖，舌的两侧中部对酸味最敏感，舌的两侧前部对咸味最敏感，对苦味最敏感的是舌根。

舌结构图

舌是口腔中可随意运动的器官，位于口腔底，以骨骼肌为基础，表面覆以黏膜构成。它具有搅拌食物、协助吞咽、感受味觉和辅助发音等功能。

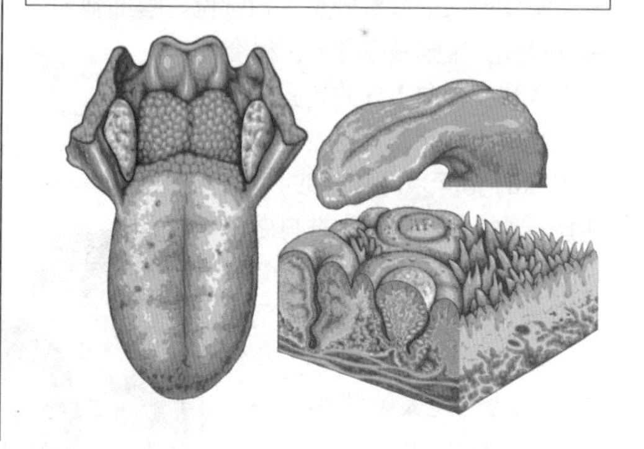

鼻子与嗅觉

花香

人在闻气味时总是短而急促地吸气。这是因为构成嗅觉感受器的嗅细胞所在地是一个隐窝，只有急促吸气，气流才会到达此处。

鼻是呼吸道的起始部位，又是嗅觉器官的所在地，分为外鼻、鼻腔和鼻旁窦。

外鼻由骨和软骨构成支架，外覆皮肤。鼻腔由鼻中隔分为左、右二腔。两侧鼻腔均分为前后两部，前部为鼻前庭，后部为固有鼻腔。鼻前庭内面有鼻毛，能阻挡灰尘。固有鼻腔即通常所说的鼻腔。鼻腔外侧壁有三个突出部分——上鼻甲、中鼻甲和下鼻甲，将鼻腔分隔成上、中、下鼻道。鼻腔内面覆盖有黏膜，黏膜区因结构和机能不同，又分为嗅区和呼吸区。

嗅区位于上鼻甲及其相对应的鼻中隔处，能感受嗅觉刺激的嗅细胞就在该部位。嗅细胞为双极神经元，细胞核呈圆形，树突呈细棒状，伸向上皮的表面，末端突起呈小泡状，称为嗅泡。嗅泡表面的10至30根纤细的嗅毛能感受到有气味物质的刺激，它们受到悬浮在空气中的微粒或溶于水及脂质中的物质刺激时，就会产生神经冲动，并将这种冲动传向大脑的嗅中枢，从而使人产生嗅觉。

皮肤与感觉

皮肤的真皮和表皮层分布着许多种不同的感受器，因此皮肤能接受许多种不同的刺激

【百科链接】

树突：

细胞体的延伸部分产生的分枝称为树突，它是接受从其他神经元传入的信息的入口。

而产生各种感觉。皮肤具有冷、热、痛和触觉等感觉，这四种不同的刺激各由不同的微小感觉器接收而传至大脑。但每种感觉器的数目不同，而且分布在全身各部位的密度也不一样。总的来说，密度越高的地方，感觉越敏锐。因此，当皮肤感觉到冷或热时，身体就会发挥调节的功能。触觉还可以使人了解一些东西的形态，如判断一个物体是光滑的还是粗糙的。

总体而言，皮肤的感觉可以分为两类：一类是单一感觉，皮肤内的多种感觉神经末梢将不同的刺激转换成具有一定时空的神经动作电位，沿相应的神经纤维传入神经中枢，产生不同性质的感觉，如触觉、压觉、痛觉、冷觉和温觉；另一类是复合感觉，即皮肤中不同类型的感觉神经末梢将共同感受的刺激传入神经中枢后，由大脑综合分析形成的感觉，如干、湿、光、糙、硬、软等。这些感觉经大脑分析判断，作出有益于机体的反应，如手触到烫物的回缩反应，可使机体免受进一步伤害。

受伤的皮肤

表面没伤而皮肤乌青，是皮下组织的毛细血管破裂，造成红细胞死亡的结果。死亡的红细胞时间长了就会变为青紫色。

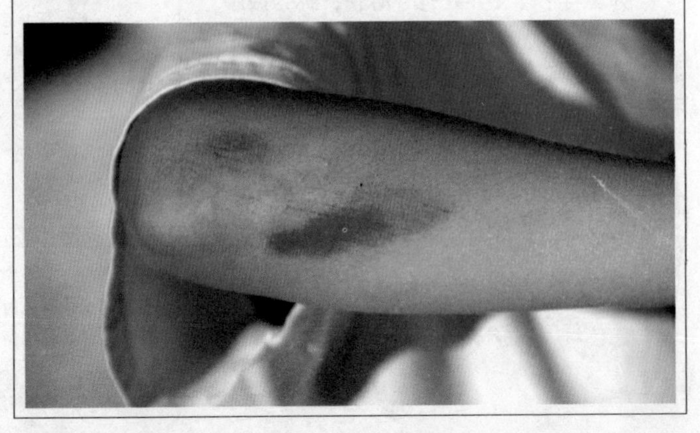

内分泌系统

脑垂体：最重要的分泌腺

在人体下丘脑的腹侧，悬垂着一个大小如蚕豆、重仅0.5至0.6克的小器官，它就是脑垂体。

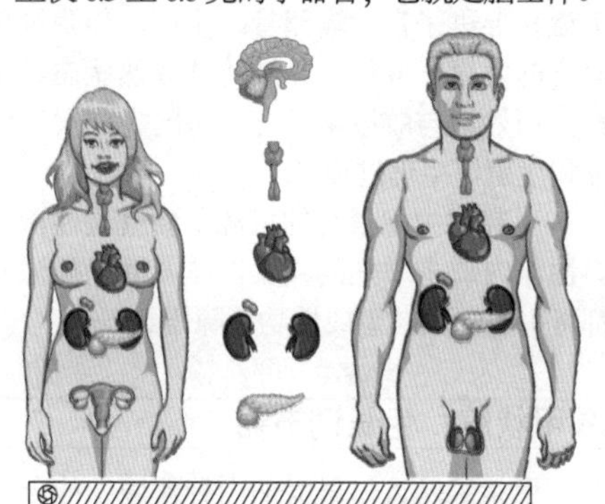

内分泌系统

人体主要的内分泌腺有甲状腺、甲状旁腺、肾上腺、垂体、松果体、胰岛、胸腺和性腺等。

脑垂体分为两部分：前部由腺体组织构成，具有分泌功能，叫腺垂体；后部是下丘脑的延伸，由神经组织构成，叫神经垂体。

腺垂体分泌的激素中含量最多的是生长激素，生长激素能促进骨骼生长和蛋白质合成，还能抑制糖的分解。生长激素和甲状腺素一起促进人体的生长。

腺垂体还分泌促甲状腺激素、促肾上腺激素和两种促性腺激素，这些促激素一方面调节相应腺体内激素的合成和分泌，另一方面还能维持相应腺体的正常生长发育。腺垂体分泌的催乳素能促使乳腺发育成熟、分泌乳汁；黑色素细胞刺激素能促使皮肤里的黑色素细胞合成黑色素，使皮肤颜色变深。

神经垂体不能合成激素，它所释放的抗利尿激素和催产素是由下丘脑的神经分泌细胞分泌的，沿神经纤维运到神经垂体。抗利尿素具有减少尿量和升高血压的作用，催产素有促进子宫强烈收缩和促进排乳的作用。

肾上腺：作用巨大

肾上腺是人体相当重要的内分泌器官，包括肾上腺皮质和肾上腺髓质两部分。

肾上腺皮质较厚，位于表层，约占肾上腺的80%，从外往里可分为球状带、束状带和网状带三部分。

球状带紧靠被膜，约占皮质厚度的15%，细胞呈低柱状或立方形，排列成球形细胞团，核小而圆，染色深，胞质少，弱嗜碱性，含少量脂滴。

束状带约占皮质厚度的78%，由多边形的细胞排列成束。细胞体积大，细胞核染色浅，位于中央，胞质内充满脂滴。

网状带约占皮质厚度的7%，紧靠髓质，细胞排列成不规则的条索状，交织成网。细胞较束状带的小，细胞核亦小，染色深，胞质弱嗜酸性。

肾上腺皮质分泌的皮质激素有三类：球状带细胞分泌盐皮质激素，束状带细胞分泌糖皮质激素，网状带细胞分泌性激素。

髓质位于肾上腺的中央部，周围有皮质包绕，上皮细胞排列成索，吻合成网，细胞索间有毛细血管和小静脉。此外还有少量交感神经节细胞。

肾上腺髓质分泌肾上腺素和去甲肾上腺素。前者的主要功能是作用于心肌，使心跳加快、加强；后者的主要作用是使小动脉平滑肌收缩，从而使血压升高。

肾上腺素的化学结构

肾上腺素能使心脏收缩力增强，心脏、肝和筋骨的血管扩张和皮肤、黏膜的血管缩小。肾上腺素用做药物，可以在患者心跳停止时用来刺激心脏，或是在患者哮喘时用来扩张气管。

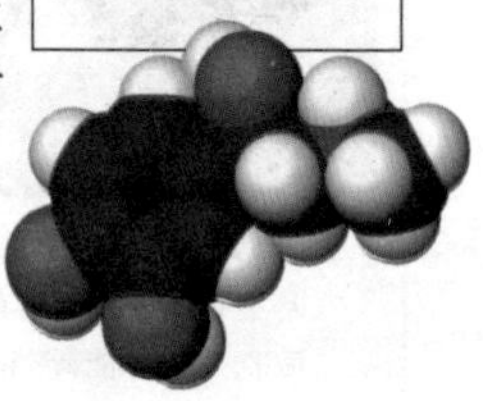

碘

其单质呈紫黑色，有金属光泽、性脆、易升华、有毒性和腐蚀性，主要用于制造药物、碘酒、试纸等。碘是人体必需的微量元素之一，人体缺碘会导致甲状腺肿大。

胰岛：调节血糖

胰岛是指存在于胰腺中能分泌胰岛素的一些特殊的细胞团。胰腺在胃的后面，胰岛则是胰腺内散布的团，有 100 万至 200 万个。

每一个胰岛都包含至少四种细胞：A 细胞分泌胰升糖素，B 细胞分泌胰岛素，D 细胞分泌生长激素和抑制激素，PP 细胞分泌胰多肽。其中 B 细胞含量最大，分泌激素也最多，而胰岛素在调节机体糖代谢、脂肪代谢和蛋白质代谢方面有重要作用，是使血糖维持在正常水平的主要激素之一。A 细胞分泌的胰升糖素既能快速、直接地升高血糖，又能刺激胰岛素的分泌，对血糖的调节有很重要的作用。

胰岛素

胰岛素是机体内唯一能降低血糖的激素，也是唯一能同时促进糖原、脂肪、蛋白质合成的激素。胰岛素可调节糖代谢、脂肪代谢及蛋白质代谢等。

睾丸和卵巢：分泌性激素

男性的睾丸和女性的卵巢都是性腺，能产生类固醇样的物质。这种类固醇样物质与人体的性器官发育和性功能等有密切关系，所以人们把它叫作性激素。男性睾丸里产生的性激素叫雄性激素，主要是睾丸酮，女性卵巢里产生的性激素叫雌性激素，主要是雌激素和孕激素。

雄性激素可促进男子主性器官和副性器官的发育、成熟，并维持其成熟状态。雌激素可刺激和促进子宫、输卵管、阴道、外阴等生殖器官的发育、成熟，并维持其成熟状态。孕激素能巧妙地与雌激素配合，协同完成女子的月经和生殖等生理过程。

引起性中枢兴奋的根源主要就是性激素，男性体内缺少睾丸酮或女性体内缺少雌激素，都可引起性欲减退或性功能障碍。

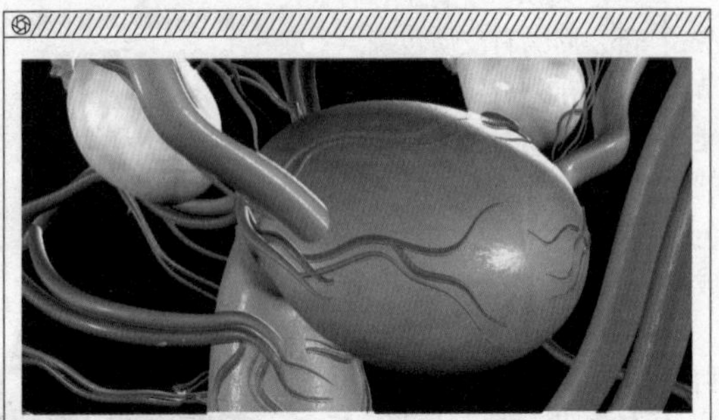

卵巢与子宫示意图

卵巢是女性的性腺器官，内有许多卵泡，能产生并排出卵子，分泌性激素。性激素能刺激和促进子宫发育成熟。

甲状腺：生长调节器

甲状腺是人体最大的内分泌腺，能分泌甲状腺激素，调节机体的新陈代谢和生长发育。

甲状腺紧贴在喉与气管上端 4 至 6 个软骨环的前面和两侧。两侧部较大，叫左、右侧叶，由较细的峡部相连接。甲状腺外面有两层结缔组织被膜：内层紧贴腺体实质，其中有丰富的血管网；外层是气管前筋膜的一部分。甲状腺上分布有甲状腺上动脉、甲状腺下动脉各 1 对及 3 对静脉。

甲状腺被膜延伸到腺体实质中，把腺体分成许多小叶，每个小叶由 20 至 40 个叫作甲状腺滤泡的囊状小泡组成。甲状腺激素合成活动增强时，滤泡细胞变高呈柱状。在静息阶段，滤泡细胞变低呈立方形或扁平状。滤泡细胞既是甲状腺激素的合成工厂，又是其贮存库。甲状腺激素既可促进生长发育，又能加速糖和脂肪代谢。

【百科链接】

子宫：

雌性生殖器官的一部分，是人和动物胎儿生长发育的场所。

佝偻病 患者多为婴幼儿，由于缺乏维生素 D，肠道吸收钙、磷的能力降低等引起。症状是头大、鸡胸、驼背、两腿弯曲、腹部膨大、发育迟缓。也叫软骨病。

发育与遗传

人的生长发育

从出生到 1 岁是个体身心发展的第一个加速时期，即婴儿期。婴儿期的特点是婴儿生长特别快，1 年内体重长到了出生时的 3 倍，身高可达到出生时的 2 倍。此时要注意为婴儿加强营养，预防营养不良及消化不良，否则易发生佝偻病等。

1 至 3 岁为幼儿前期，此时幼儿身体生长速度比婴儿期慢，但语言、行动与表达能力明显提升。

3 至 7 岁是学龄前期或幼儿期，该时期幼儿生长发育变慢，但动作及语言能力逐步提高。

7 至 12 岁是儿童期。此阶段儿童脑的发育基本完成，智力发展较快，能较好地综合分析、认识自己。

12 至 18 岁是青春期。体格发育首先加快，人的形态、机能、性器官、第二性征等都发生了重大变化。各种激素分泌增加，生殖器官迅速发育，男女两性特征开始出现。青春期还是身体成熟、心理急剧变化的时期，要特别注意青春期的卫生和心理培养。

18 至 25 岁是青年期。女子开始停止长高，男子到 20 至 23 岁停止长高。这时，身体的各个方面都已基本发育成熟，开始独立生活，参与比较复杂的社会活动。

以上的各年龄期按顺序衔接，不能跳越。前一年龄期的发育为后一年龄期的发育奠定必要的基础。任何一个阶段的发育受到障碍，都会对后一个阶段产生不良影响。

人的生长发育

青春期是人各方面迅速发育的时期，这一时期，人的身高、体重在增长，内部器官也在进一步发育，智力、体力都在迅速增长。

遗传密码 DNA

双螺旋结构 DNA 示意图

1953 年 4 月 25 日，美国科学家詹姆斯·沃森博士和弗朗西斯·克里克博士公布了 DNA 的基本结构——双螺旋结构模式，使人们能够想象基因是如何复制并携带信息的。

DNA 是脱氧核糖核酸的缩写，又称去氧核糖核酸，是染色体的主要化学成分，同时也是组成基因的材料。它有时也被称为遗传微粒，因为在繁殖过程中，父代把自己 DNA 的一部分复制传递到子代中，从而完成性状的遗传。

DNA 存在于细胞核中，DNA 片断并不像人们通常想象的那样是单链的分子，而是由两条单链像葡萄藤那样相互盘绕成双螺旋形。根据螺旋的不同分为 A 型 DNA、B 型 DNA 和 Z 型 DNA。其中 B 型的水结合型 DNA 在细胞中最为常见。

【百科链接】

性状：

生物体（或细胞）的任何可以鉴别的表型特征。

DNA有四种不同的核苷酸结构：腺嘌呤（缩写为A）、胸腺嘧啶（缩写为T）、胞嘧啶（缩写为C）和鸟嘌呤（缩写为G）。在双螺旋的DNA中，分子链是由互补的核苷酸配对组成的，两条链依靠氢键结合在一起。由于受氢键键数的限制，DNA的碱基排列配对方式只能是A对T或C对G，因此，一条链的碱基序列就决定了另一条的碱基序列。在DNA复制时也是采用这种互补配对的原则进行的：当DNA双螺旋被展开时，每一条链都用做一个模板，通过互补的原则补齐另外的一条链。

【百科链接】

碱基：

嘌呤和嘧啶的衍生物，是核酸、核苷、核苷酸的组成成分。

双胞胎的奥秘

双胞胎分异卵双胎和单卵双胎两种。通常情况下，妇女每次排卵一个，但有时会因某种原因同时排出两个卵子并同时受精，就产生了两个不同的受精卵。这两个受精卵各有自己的一套胎盘，相互间没有什么联系，叫作异卵双胎。产妇将生出两个婴儿，他们比较相似，而且往往是异性的。这种异卵双胎比较多见。

单卵双胎的形成则与上面不同，它是一个精子与一个卵子结合产生的一个受精卵。但这个受精卵一分为二，形成了两个胚胎。由于他们出自同一个受精卵，接受完全一样的染色体和基因物质，因此他们性别相同，不仅外形相似，而且血型、智力，甚至某些生理特征、对疾病的易感性等都很一致。我们常说的连体婴儿，实际上就是这种单卵双胎，只是由于受精卵分裂不完全造成了某些部位的相连。

双胎妊娠有家族遗传倾向，随母系遗传。有研究表明，如果孕妇本人是双胎之一，她生双胎的几率为1/58；若孕妇的父亲或母亲也是双胎，她生双胎的几率就大大提高。另有研究报道，双胎的母亲有4%为双胎，而双胎的父亲仅有1.7%是双胎。

双胞胎

孕妇在妊娠初期，很容易利用超声波检查出自己怀的是双胞胎，而怀双胞胎时身体的不适和反应往往比怀单胎更加明显。

返祖现象

返祖是指有的生物体偶然出现了祖先的某些性状的遗传现象。例如有短尾的孩子、长毛的人、多乳头的女子等。这些现象表明，人类的祖先可能是有尾的、长毛的、多乳头的动物。所以，返祖现象也是进化论的一种证据。

关于返祖现象，现代遗传学有两种解释：一是决定某种性状所必需的两个或多个基因，在物种形成期间分开后通过杂交或其他原因又重新组合起来，于是该性状又得以重新表现出来；二是决定这种性状的基因，在进化过程中被以组蛋白为主的阻遏蛋白所封闭，后由于某种原因产生出的特异非组蛋白与组蛋白结合而使阻遏蛋白脱落，被封闭的基因恢复了活性，又重新转录和翻译，表现出祖先的性状。

至于返祖现象出现的具体诱因，现在还是一个谜。

营养与健康

七大营养素

人体必需的营养素可分为七类：蛋白质、脂肪、糖类、水、维生素、无机盐和膳食纤维。

蛋白质：是一切生命的基础，可在体内不断地进行合成与分解，是构成、更新、修补人体组织和细胞的重要成分。它参与物质代谢及生理功能的调控，保证机体的生长、发育、繁殖、遗传并供给能量。

脂肪：是能量的重要来源之一，它协助脂溶性维生素的吸收，保护和固定内脏，防止热量散失，维持体温。

糖类：是人体的主要能源物质，人体所需能量的 70% 以上由糖类供给，它也是组织和细胞的重要组成成分。

富含蛋白质的大豆与豆制品

大豆蛋白的营养价值与肉类蛋白非常接近，而且具有肉类蛋白所不具有的保健价值，是迄今所知的优质蛋白质的最佳来源之一。

水：是维持生命所必需的，是人体内体液的主要成分，约占体重的 60%，具有调节体温、运输物质、促进体内化学反应和润滑等作用。

维生素：是维持人体健康所必需的物质。它们对维持人体正常生长发育和调节生理功能至关重要。

无机盐：是骨骼、牙齿和某些人体组织的重要成分，能活化激素及维持主要酵素系统，对人体生理机能具有十分重要的调节作用。

膳食纤维：是指植物性食物中不能被消化吸收的成分，是维持健康不可缺少的要素。它能软化肠内物质，刺激胃壁蠕动，辅助排便，并能降低血液中的胆固醇和葡萄糖的含量。

维生素

维生素是指维持生物正常生命现象所必需的一类小分子有机物。

维生素在人体内的含量很少，但在人生长、代谢、发育过程中却发挥着重要的作用。许多维生素本身就是辅基或辅酶的组成部分。

与糖类、脂肪和蛋白质三大物质不同，维生素在天然食物中仅占极少比例。维生素大多不能在人体内合成，人必须从食物中摄取。维生素本身不提供热能。

根据溶解性，可把维生素分为两大类：水溶性维生素，包括 B 族维生素及维生素 C；脂溶性维生素，包括维生素 A、维生素 D、维生素 E、维生素 K 等。

水果蔬菜

水果和蔬菜中含有丰富的维生素，经常食用新鲜的水果蔬菜对健康极为有利。

【百科链接】

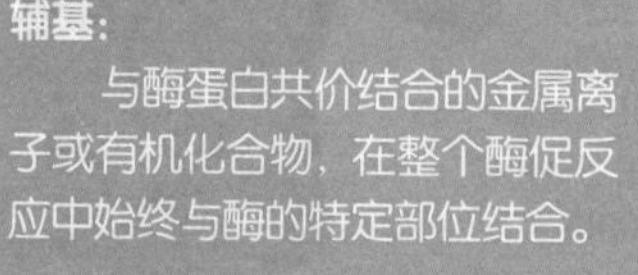

辅基：

与酶蛋白共价结合的金属离子或有机化合物，在整个酶促反应中始终与酶的特定部位结合。

维生素可调节物质代谢。缺乏维生素时，细胞内的一些代谢反应不能进行，使平衡失调，影响细胞及组织功能，甚至引起生物死亡。

维生素的种类很多，化学结构与生理功能各不相同，如果食物中的维生素含量不足或吸收不良，人们就很容易发生维生素缺乏症。

微量元素

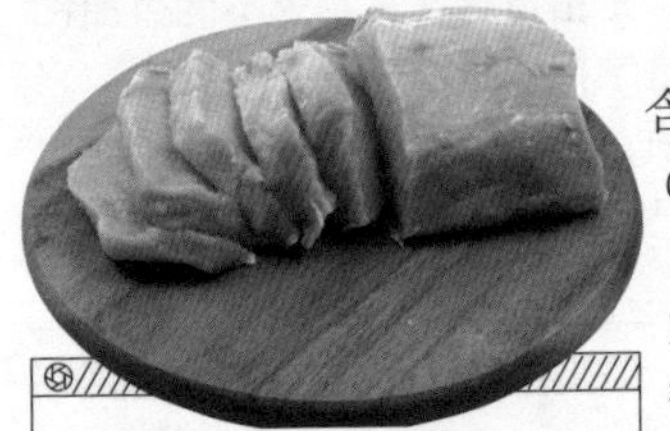

瘦肉

平时的饮食中要注意微量元素的摄取。瘦肉中就含有丰富的铁。

在人体内含量低于体重0.01%的那些元素称为微量元素。人体内的微量元素虽然含量很少，但对人体健康却起着重要的作用。它们作为酶、激素、维生素、核酸的成分，参与生命的代谢过程。

某些微量元素是激素或维生素的成分和重要的活性部分，如缺少这些微量元素，就不能合成相应的激素或维生素，相应的生理功能就必然会受到影响。

某些微量元素在体内有输送普通元素的作用。如铁是血红蛋白中氧的携带者，没有铁就不能合成血红蛋白，氧就无法输送，组织细胞就不能进行新陈代谢。

微量元素在体液内，与钾、钠、钙、镁等离子协同，可起到调节渗透压和体液酸碱度的作用，从而保证人体的生理功能正常进行。

核酸是遗传信息的携带者，核酸中含有相当多的铬、铁、锌、锰、铜、镍等微量元素，这些微量元素可影响核酸的代谢。因此，微量元素在遗传中也起着重要的作用。

有些微量元素有一定的防癌、抗癌作用。如铁、硒等对胃肠道癌有抵抗作用，镁对恶性淋巴病和慢性白血病有抵抗作用，锌对食管癌、肺癌有抵抗作用，碘对甲状腺癌和乳腺癌有抵抗作用。

【百科链接】

激素：

音译为荷尔蒙，由高度分化的内分泌细胞合成并直接分泌入血的化学信息物质。

预防细菌性食物中毒

食物中毒按病原物可分为细菌性、真菌性、动物性、植物性和化学性五种。

细菌性食物中毒具有明显的季节性，多发生在气温高、湿度大、适合细菌生长繁殖的春季和夏季。细菌在被污染的食物中大量繁殖，产生大量毒素，包括肠毒素和细菌裂解后释放出的内毒素，它们是发生食物中毒的基本条件。食物中毒者的临床表现基本相似，一般表现为急性胃肠炎症状，如腹痛、腹泻、呕吐等。

预防细菌性食物中毒的关键是抑制细菌繁殖，大致要注意以下几点：

挑选食品，要选择新鲜、无变质的；蔬菜、水果在食用前应充分浸泡和清洗；为防止熟食被细菌污染，切生食和熟食所用的刀、砧板要分开；剩饭、剩菜常温下保存时间不得超过2小时；消灭苍蝇、蟑螂等细菌的传播媒介。

如果发现自己或者他人出现了细菌性食物中毒的症状，可通过以下几种方法应对：

补充体液；补充因上吐下泻所流失的电解质，如葡萄糖；忌用制酸剂；不要催吐；不要急于止泻，让体内毒素排出再咨询医生；饮食要清淡。

食物中毒

食物中毒者最常见的症状是剧烈地呕吐、腹泻，同时伴有中上腹部疼痛。症状轻者可让其卧床休息，重者应立即就医。

扁鹊　战国时代名医，精于内、外、妇、儿、五官等科，看病采用“望、闻、问、切”四诊法，能用针灸、按摩、热熨等法治疗疾病，被后人尊为“医祖”。

神奇的中医

传统四诊法

四诊法是中国战国时期的名医扁鹊根据民间流传的经验和他自己多年的医疗实践，总结出来的诊断疾病的四种基本方法，即望诊、闻诊、问诊和切诊。

望诊，是用肉眼观察病人的神、色、形、态以及各种排泄物（如痰、粪、脓、血、尿和月经等），来推断疾病的方法。

闻诊，是医生通过听觉和嗅觉，以病人说话的声音和呼吸、咳嗽散发出来的气味等，作为判断疾病的参考。

问诊，是医生通过跟病人或知情人谈话，了解病人的主观症状、疾病发生及演变的过程、治疗经历等情况，作为诊断依据的方法。

切诊，主要是切脉，也包括对病人体表一定部位的触诊。中医切脉大多是用手指切按病人的桡动脉处，根据病人体表动脉搏动显现的部位、频率、强度、节律和脉波形态等因素组成的综合征象，来了解病人所患病症的内在变化。

以上诊断疾病的四种方法不是孤立的，是相互联系的。这就是说，医生必须将四诊收集到的病情进行综合分析，然后作出科学判断。

中医诊脉

通过脉象的变化，既可以搜集病情资料，又可以了解正气的强弱，还有助于预测病情是趋于好转或是趋向恶化。

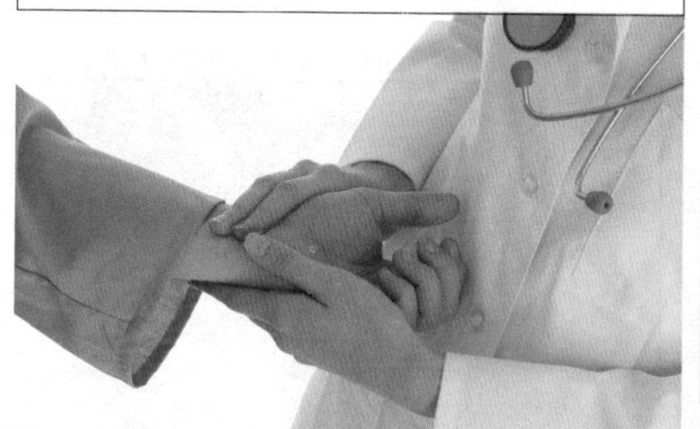

经络与穴位

经络是经脉和络脉的总称，是人体联络、运输和传导的体系。经，有路径的含义，经脉贯通上下，沟通内外，是经络系统中的主干；络，有网络的含义，络脉是经脉的分枝，较经脉细小，纵横交错，遍布全身。

经络将人体脏腑组织器官联系成为一个有机的整体，并使人体各部的功能活动保持协调和相对平衡。针灸临床治疗也以经络理论为依据。经络对生理、病理、诊断、治疗等方面有重要意义。

经络穴位图

经络内连脏腑，外连肢节，是气血运行的能量通道、通路。经络具有流通气血，营养全身，调节机体各种功能的作用。

经络学说在2000多年前已基本形成。它是研究人体经络系统的循行分布、生理功能、病理变化及其与脏腑相互关系的一种理论，多年来一直指导着中医各科的诊断与治疗，与针灸学关系尤为密切。

穴位是指神经末梢密集或神经干线经过的地方。穴位的学名是腧穴，别名包括气穴、气府、节、会、骨空、脉气所发、砭灸处等。

【百科链接】

脉搏：

浅表动脉的搏动。正常人的脉搏和心跳是一致的，成年人每分钟70至80次。

人体穴位既与神经系统密切相关，又与血管、淋巴管、肌肉等组织有关。至于穴位的具体结构或它的实质到底是什么，科学家们仍是各持己见，众说纷纭，没有一个明确答案。

■ 中草药

中药主要由植物药（根、茎、叶、果）、动物药（内脏、皮、骨、器官等）和矿物药组成，因植物药占大多数，所以中药也称中草药。目前，各地使用的中药达5000种左右，把各种药材相配而形成的方剂，更是数不胜数。

中药有“四气五味”。“四气”又称“四性”，是指药性的寒、热、温、凉。“五味”指药物的辛、酸、甘、苦、咸。中草药的气、味不同，其疗效也各异。

中草药的应用形式多种多样，有用药物加水煎熟后去渣留汁而成的汤剂，有研磨成粉末状的粉剂，还有丸剂、膏剂、酒剂、片剂、冲剂、注射剂等。

中国是中草药的发源地，目前我国大约有1.2万种药用植物，在中药资源上占据垄断优势。古代先贤对中草药和中医药学的深入探索、研究和总结，使中草药得到了广泛的认同与应用。中草药是中医所使用的独特药物，也是中医区别于其他医学的重要标志。

中草药

中草药在中国古籍中通称“本草”，有着独特的理论体系和应用形式，充分反映了我国自然资源及历史、文化等方面的特点。

展为一门学科。

针灸疗法包括针法、灸法和后世发展起来的腧穴疗法。在古代，凡是用各种针形工具刺入或按压腧穴和病变部位的医疗保健方法都称为针法；凡是用燃着的艾绒或其他可燃材料烧灼或温烤腧穴和病变部位的医疗保健方法都称为灸法。针法与灸法依据经络学说选穴施术，在临床上又经常配合使用，所以自古以来人们就将两者相提并论，合称为针灸。随着中医学的发展，针灸医疗技术日益丰富，针灸的含义也相应扩大，古代的药物薄贴和拔罐疗法，也逐渐发展为选穴施术。

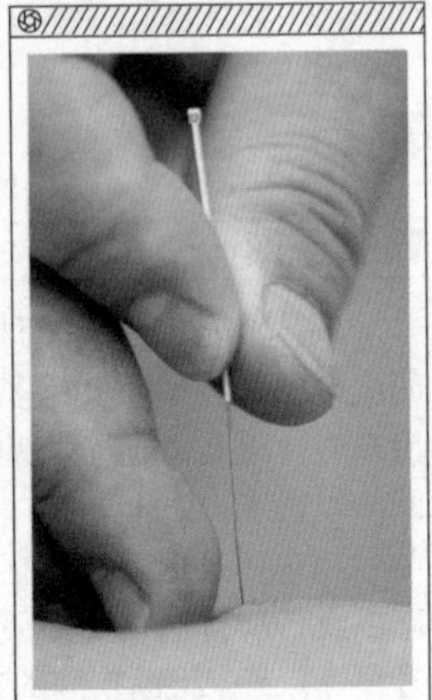

针灸

针法和灸法，简称针灸，是中医两种最古老、最具民族特色的医疗技法，是一种“从外治内”的治疗方法。

现代科学技术的发展，又使得电、磁、激光、红外线、微波等成为刺激腧穴的手段，从而衍生出电针疗法、腧穴药物注射疗法、梅花针疗法和温灸疗法等。因此，就今天的针灸学而言，凡是以针刺火灸为基本形式的医疗保健方法，都属于针灸疗法的范畴。

针灸虽然应用范围较广，但它不是万能的，应针对病症选择合适的治疗方法。

【百科链接】

艾绒：

又名艾草、艾叶，菊科，多年生草本植物。端午节时，人们总是将艾绒置于家中以辟邪。

推拿

推拿古称按摩、按跷等，是在人体体表上运用各种手法以及作某些特定的肢体活动来防治疾病的中医外治法，是中医学的重要组成部分，具有疏通经络、滑利关节、调整脏腑气血功能和增强人体抗病能力的作用。

推拿的适应症比较广泛，如外感的发冷发热、头痛、头晕以及昏厥的急救，饮食积滞的腹痛、腹泻，风、寒、湿侵犯人体出现的三痹、腰痛，中风偏瘫，高血压病，失眠健忘等，外伤科的扭、挫伤，颈椎病，椎间盘突出症，小儿科的疳积、急慢惊风、小儿麻痹后遗症，妇科的痛经等。

推拿所具有的独特医疗作用已引起国际医学界的重视，许多国家都开展了这方面的研究工作。

推拿

推拿是中国古老的医治伤病的方法，是中医学的一个组成部分。由于它方法简便，无副作用，治疗效果良好，所以几千年来在我国不断发展，而且越来越受到国内外的一致重视。

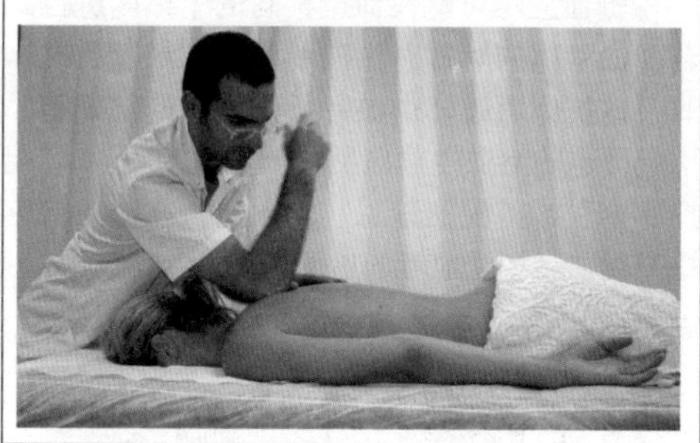

拔火罐

拔火罐又称火罐疗法，是我国流传很广、历史悠久的一种民间疗法。这是借用杯罐的吸力，吸附于人体穴位或某个疼痛的局部，造成皮肤红晕、紫红而达到治疗目的。

拔火罐分三种：闪罐、走罐、留罐，前两种较为专业，一般家庭则采用留罐的方法。拔火罐一般用镊子夹一小团棉球，蘸上适量酒精，罐口斜下，点燃棉球，伸入罐的底部绕1至3圈后抽出，并迅速将罐口按在皮肤上。注意不要让燃着的棉球碰到罐口，以免烫伤皮肤。在家拔罐最好用真空罐，容易操作，也不会发生烫伤。

拔火罐可以行气活血、疏经活络、消肿止痛、祛除风湿，常用于治疗腰背痛、颈肩痛、风湿痛、落枕、感冒、消化不良、失眠、更年期综合征以及部分皮肤病等。

【百科链接】

风湿：

中医指风和湿两种病邪结合而致的病症，头疼、发热、骨节酸痛等都是风湿病的主要症状。

食疗与药膳

中国民间有一种说法——药补不如食补，食疗胜似医疗。

食疗就是以食物当药。家里有人伤风感冒，切几片生姜，加几段葱白，用红糖煮汤，趁热喝下，发发汗，一般都能见效。平日养生有“上床萝卜下床姜”的说法，就是早上吃姜，晚上吃萝卜。

药膳则是以药为食，变用药为用餐的方式来治病、防病。常见的药膳有粥食、面点、羹汤和菜肴。这些药膳五花八门，但又各有讲究，比如说，用山药、薏仁和柿饼等加大米煮粥，可治小孩脾胃虚弱；“川贝陈皮清汤”可治风寒咳嗽；“参汁清汤”可用于病人和老人滋补养生。

药膳

药膳是以药物和食物为原料，经过烹饪加工制成的一种具有食疗作用的膳食。既将药物作为食物，又将食物辅以药用，药借食力，食助药威，既具有营养价值，又可防病治病、保健强身、延年益寿。

现代医学

注射

肌肉注射

肌肉注射是一种常用的药物注射治疗方法，但并不是什么情况下都能进行肌肉注射，如注射部位有硬结、受感染时，就不宜做肌肉注射治疗。

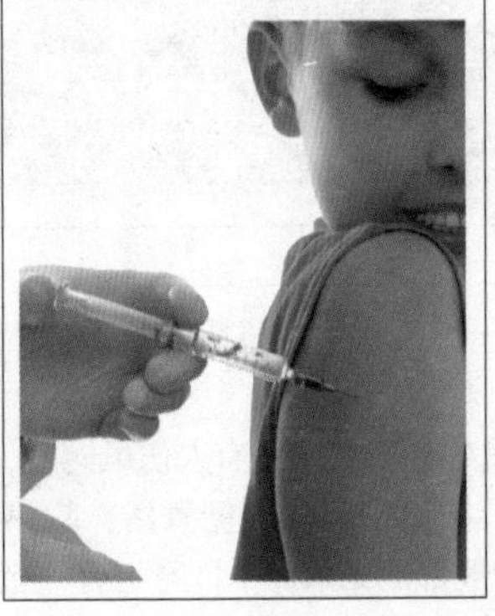

注射是最常用的医疗技术之一，即借助某种工具（如注射器）将液体或气体（限于特殊情况注入胸、腹腔，或溶于液体中微小气泡供造影使用）注入人体，以达到诊断、治疗或预防疾病的目的。

注射器通常为玻璃制品，也可为一次性塑料制品。注射液体为各种水剂、油剂、乳剂、血液及血液制品等。

药剂等经注射后可迅速到达血液并产生作用，故用量较少，剂量较准确。

按注射途径可分为皮内注射、皮下注射、肌肉注射、静脉注射（含静脉输液、输血）等。静脉注射产生效力最快，肌肉及皮下注射次之。

输液

输液是指将用于治疗、抢救和补充营养的液体输入人体内的一项医疗措施。输入途径主要是静脉滴入。

静脉滴入包括静脉注射点滴、静脉切开点滴和静脉穿刺置入并保留导管点滴。

输液时应根据丢失液体的量和性质，结合正常生理丢失量补充水分，并注意补充电解质（如钠盐和钾盐），务必使体内保持水及电解质平衡。

输液前必须做皮试，确定无不良反应后再输液。输液过程中如果出现呼吸困难、口鼻咳出白沫痰，应立即停止输液，并马上进行专业抢救。

【百科链接】

电解质：

在水溶液里或熔融状态下能导电的化合物。

输血

输血支持与代偿性的治疗措施，是主要用于补充血液成分的损失、破坏和缺乏，恢复和维持患者血液的带氧能力、容量、凝集特性和抗感染功能。

输血应尽可能在血型相同的个体间进行。若受血者体内有针对供血者血液红细胞的抗体时，该抗体可破坏供血者所供血液的红细胞，引起严重的溶血性输血反应，这种情况称为“配血不合”或“配血禁忌”。因此，在输血前应检查供血者和受血者的血型。

输血

输血是一种治病救命的有效手段，但输血有一定危险性，应由专业医护人员操作进行。

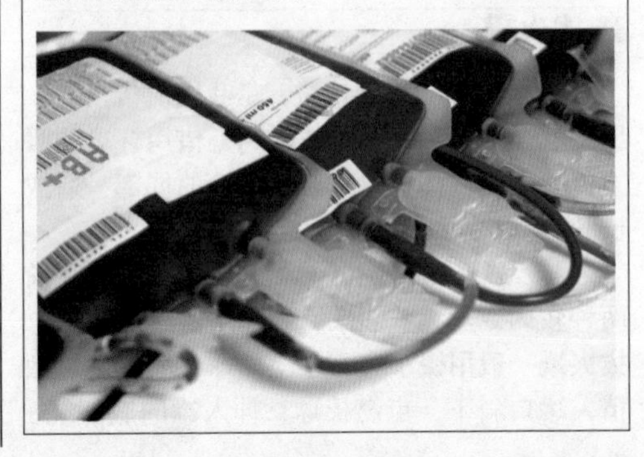

除了检查血型，在输血前，还要对血液进行基本传染病化验以确保安全。但没有绝对安全的血液，任何方式的输血，都有可能引起感染或并发症。

通过输血传播的疾病超过 60 种，其中以肝炎最突出，已成为重要问题，避免这一问题的关键在于严格选择供血者，做好相关的检查工作。

心电图

心电图是心脏搏动时产生的生物电流经心电图机记录下来的电位变化图。1856 年，生物学家克利克和米勒首先直接记录到心搏时产生的电流。1903 年，荷兰生理学家爱因托芬首次用弦线电流计加以描记，使测定技术规范化，并用罗马字母命名心电图各波。此法经过后人的改进很快被应用于临床心脏病的诊断。

心电图是反映心脏兴奋的发生、传播及恢复过程的客观指标，在心脏基本功能及其病理研究方面，具有重要的参考价值。心电图可以分析与鉴别各种心律失常，也可以反映心肌受损的程度和发展过程及心房、心室的功能情况。心电图在指导心脏手术进行及指示必要的药物处理上有参考价值。

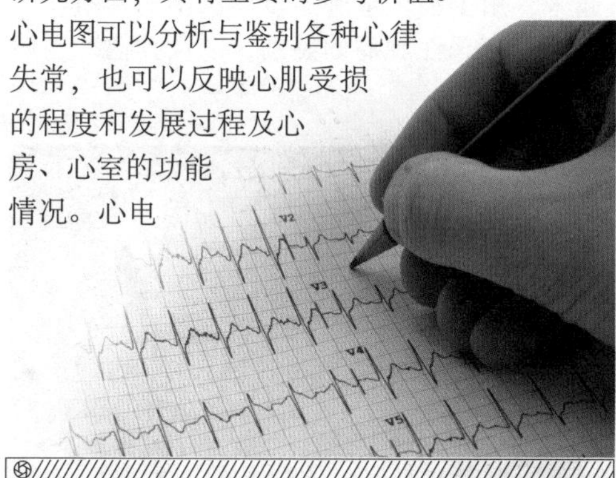

心电图

心电图是反映心脏兴奋的发生、传播及恢复过程的客观指标，是冠心病诊断中最早、最常用和最基本的诊断方法。

但是，心电图并非检查心脏功能状态的唯一指标，医生必须结合多种指标和临床资料，进行全面综合分析，才能对心脏的功能、结构作出正确的判断。

X 光

X 光又称 X 射线，是一种高能量光波粒子，穿透性很强，一般物体都挡不住。射线要被阻挡，关键由射线强度、频率、阻挡物质厚度、阻挡物质大小共同决定。

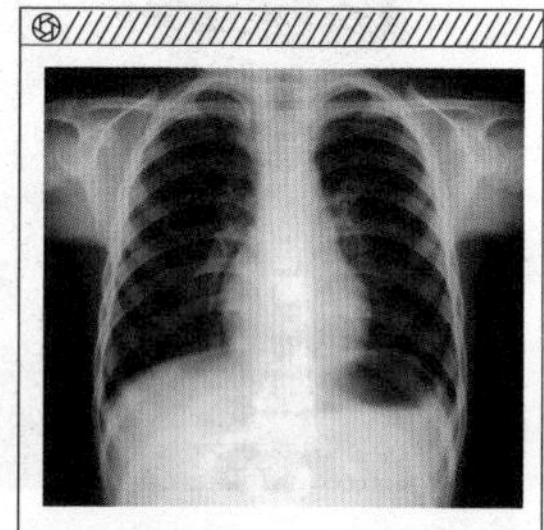

X 光透视

1895 年，德国菲试堡物理研究所所长兼物理学教授威廉·孔拉德·伦琴把新发现的电磁波命名为 X 光，后医学上用 X 光来投射人体器官及骨骼形成影像，以辅助诊断。

X 光可用于医学影像。原来，人体各部分组织的密度不同，厚度也不一致，因此，它们对 X 射线的吸收系数是不一样的。密度大、体积大的器官组织吸收的 X 射线多，在荧光屏上的影像为黑暗部分，在胶片上则因曝光少而呈白色；反之，密度小的器官影像在荧光屏上为明亮部分，胶片上因感光多而显黑暗。这样我们便得到了明暗不同的平面图像。不难想象，当某种组织器官发生病变或损伤时，对 X 射线的吸收也会不同于正常的组织，这时就会形成异常的 X 光平面图像，医生们根据这些平面图像，就可以发现体内病灶，从而作出正确的诊断。

抗体：

在抗原物质刺激下，由 B 细胞分化成的浆细胞所产生的、可与相应抗原发生特异性结合反应的免疫球蛋白。

B超诊断

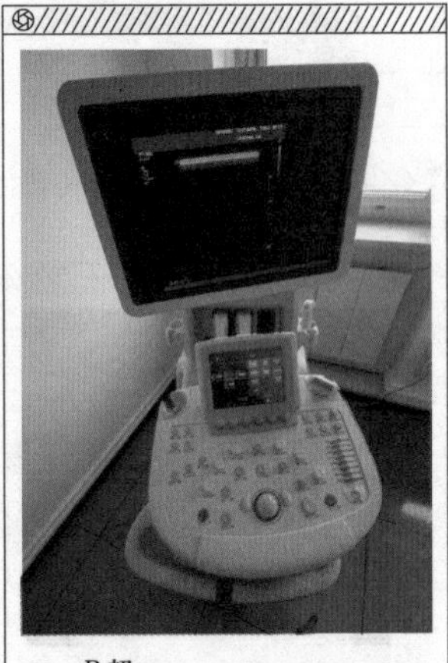

B超

B超可以清晰地显示各脏器及周围器官的各种断面像，由于图像富于实体感，接近于解剖的真实结构，所以应用B超可以早期明确诊断。

B型超声检查俗称B超，是患者在就诊时经常接触到的医疗检查项目。在临床上，它被广泛应用于心内科、消化内科、泌尿科和妇产科疾病的诊断。

B超能连续地、动态地追踪病变。B超能对实质性器官（肝、胰、脾、肾等）以外的脏器进行检查，还能结合多普勒技术监测血液流量、方向，从而辨别脏器的受损性质与程度。超声设备易于移动，对于行动不便的患者可在床边进行诊断，而且价格低廉。

医生认为，孕妇采用B超检查的次数不宜过多，以1至3次为宜，不要超过3次，检查时间一般安排在怀孕5至6个月以后，因为怀孕头3个月，胚胎细胞分裂处在旺盛时期，所以最好不要做B超检查。

内窥镜

早在20世纪50年代后期，一种叫做纤维内窥镜的仪器便已问世并应用于临床，它主要由光导纤维束与一个探头组成。随着电子学的发展，20世纪80年代出现了现代高科技产品——电子内窥镜，通过光敏集成电路摄像系统传像，不但影像质量好，光亮度强，而且图像大，可检查出更细小的病变。

内窥镜可以直接观察人体内部器官的病变，因此大大提高了疾病早期的检出率，这对于癌症的诊断尤为重要，因为癌症早期治疗的效果比晚期治疗的要好得多。

此外，内窥镜对于一些消化性疾病，如胃、十二指肠炎或是溃疡也能作出准确诊断。近年来，医生们又将内窥镜技术与超声技术结合起来，用于消化道肿瘤浸润深度的判断、良性肿瘤与恶性肿瘤的鉴别，以及其他一些病变的诊断。

【百科链接】

十二指肠：

小肠中长度最短、管径最大、位置最深且最为固定的部分，呈“C”形，主要功能是消化和吸收营养物质。

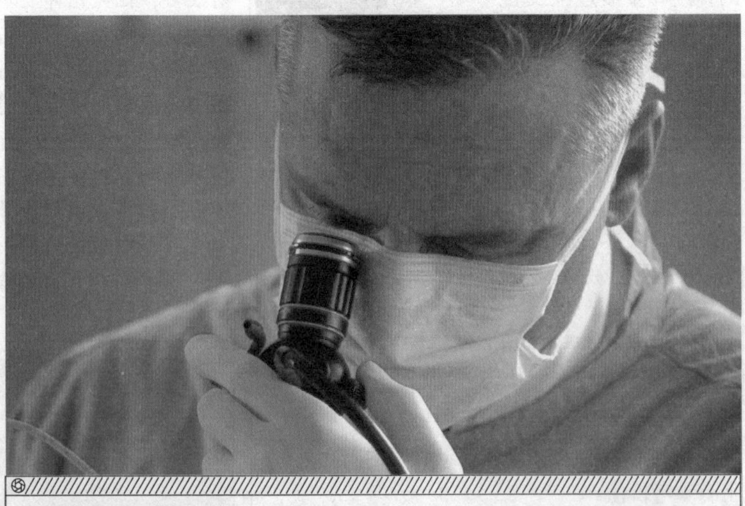

内窥镜检查

内窥镜是一种光学仪器，由体外经过人体自然腔道送入体内，对体内疾病进行检查，可以直接观察脏器内腔的病变，确定其部位、范围，并可进行照相、活检或刷片，大大提高了诊断准确率，并可进行某些治疗。

CT与核磁共振

CT是一种功能齐全的病情探测仪器，是电子计算机X射线断层扫描技术的简称。

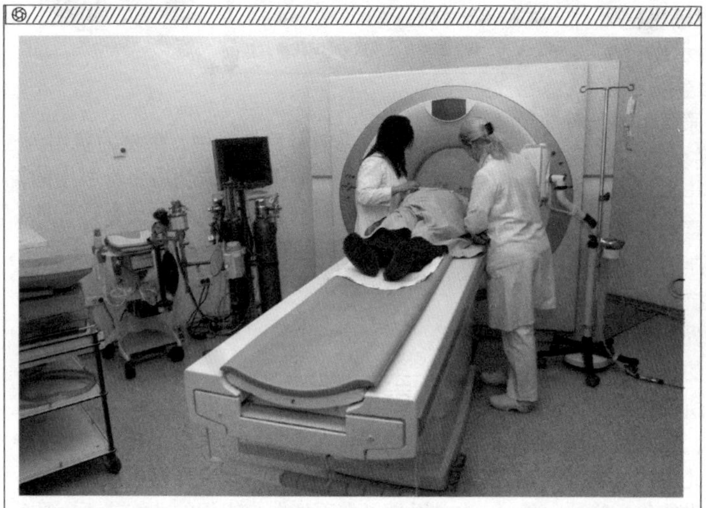

CT检查

1969年，英国科学家亨斯·费尔德首先设计成计算机体层成像装置，经神经放射诊断学家安普鲁斯应用于临床，获得了非常满意的颅脑横断层面图像，这种成像方法称为计算机体层成像，即CT。

CT根据人体不同组织对X射线的吸收与透过率的不同，应用灵敏度极高的仪器对人体进行测量，然后将测量所获取的数据输入电子计算机，电子计算机对数据进行处理后，就可摄下人体被检查部位的断面或立体的图像，发现体内任何部位的细小病变。

核磁共振全名核磁共振成像技术，其基本原理是将人体置于特殊的磁场中，用无线电射频脉冲激发人体内的氢原子核，引起氢原子核共振，并吸收能量。在停止射频脉冲后，氢原子核按特定频率发出射电信号，并将吸收的能量释放出来，被体外的接受器收录，经电子计算机处理获得图像。

核磁共振是一种物理现象，到1973年才被用于医学临床检测，但它的空间分辨率不及CT，且价格比较昂贵。

外科手术

外科手术指为医治或诊断疾病，以刀、剪、针等器械在人体局部进行的操作，是外科的主要治疗方式。

为了使手术顺利进行并达到预期疗效，防止术后并发症，医生必须做好术前准备工作。除思想准备之外，还应测定出凝血时间，检查患者的心、肺、肝、肾功能，测定血型和配血。患者必须在术前1日理发、沐浴、换衣、剃除手术区毛发、检查体温和月经情况。术前12小时禁食，术前4小时禁水，以防麻醉后呕吐，引起误吸或窒息。营养不良、高血压、糖尿病或心、肺、肝、肾功能不良者，应根据不同情况进行治疗，达到耐受手术标准后，方能进行手术。

大中型手术后24小时内患者疼痛最剧烈，应安静休息，避免用力活动。术后可能轻度发热，不思饮食，3至5日即可恢复正常；若发热持续一周以上或不断升高，则应考虑并发感染出现的可能性。恶心、呕吐一般是麻醉反应，待麻醉药物作用消失后便可缓解。

外科手术

外科手术的分类方法很多。按学科分为普通外科手术、骨科手术、泌尿系手术等。按病情的急缓，又分为择期手术、限期手术和急症手术。

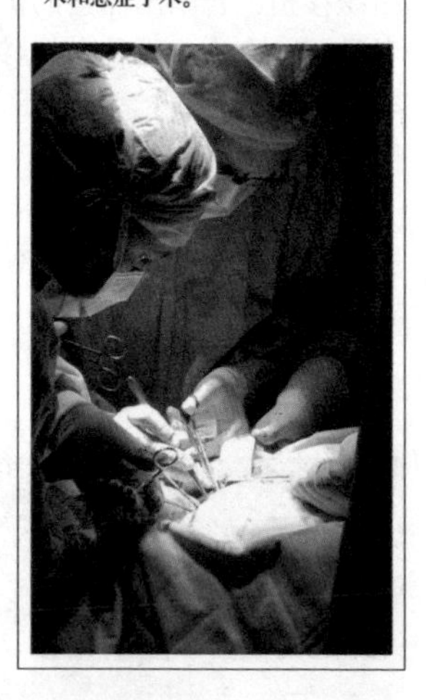

抗生素：杀菌高手

很早以前，人们就发现某些微生物对另外一些微生物的生长繁殖有抑制作用，并把这种现象称为抗生。随着科学的发展，人们终于揭示出抗生现象的本质，于是把某些微生物在生活过程中产生的、对某些病原微生物具有抑制或杀灭作用的一类化学物质称为抗生素。

青霉素

青霉素是抗生素的一种，是指从青霉菌培养液中提制的、能破坏细菌的细胞壁并在细菌细胞的繁殖期起杀菌作用的一类抗生素，是第一种能够治疗人类疾病的抗生素。

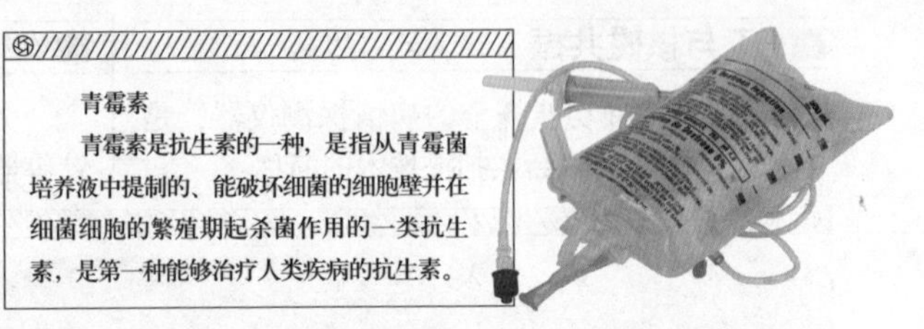

由于最初发现的一些抗生素对细菌有杀灭作用，所以人们一度将抗生素称为抗菌素。但是随着抗生素的不断发展，陆续出现了抗病毒、抗衣原体、抗支原体，甚至抗肿瘤的抗生素，抗菌素这个名字显然已经不妥，于是被正式更名为抗生素。抗肿瘤抗生素的出现，说明微生物产生的化学物质除了原先所说的抑制或杀灭某些病原微生物的作用之外，还具有抑制癌细胞的增殖或代谢的作用，因此现代抗生素的定义应当为：由某些微生物产生的化学物质，能抑制微生物和其他细胞增殖。

器官移植

器官移植是指将健康的器官移植到另一个人体内，使之迅速恢复功能的手术，目的是用来自供体的好的器官替代受体的损坏的或丧失功能的器官。广义的器官移植包括细胞移植和组织移植。若献出器官的供者和接受器官的受者是同一个人，则称自体移植；供者与受者虽非同一人，但供受者有着完全相同的遗传素质，叫作同质移植。

常见的移植器官有肾、心、肝、骨髓、角膜等。在发达国家，肾移植已成为良性终末期肾病的首选疗法。

器官移植的技术要求较高，费用也很惊人，以最常见的肾移植为例，每例的费用为3万至4万元，还不算手术成功后终身服用的抗排异的免疫抑制剂。肝移植费用更数倍于此。当然，并不是所有的器官移植手术都费用高昂，像角膜移植、皮肤移植等手术费用并不高而且疗效稳定。

【百科链接】

支原体：

又称霉形体，是目前发现的最小的最简单的细胞，也是唯一一种没有细胞壁的原核细胞。

人造器官

人造器官在生物材料医学上是指能植入人体或能与生物组织或生物流体相接触的材料，或者说是具有天然器官组织的功能或天然器官部件功能的材料。人造器官主要有3种：机械性人造器官、半机械性半生物性人造器官、生物性人造器官。

机械性人造器官是完全用没有生物活性的高分子材料仿造的器官，并借助电池作为器官的动力。半机械性半生物性人造器官将电子技术与生物技术结合起来，预计在今后10年内，这种仿生器官将得到广泛应用。生物性人造器官则是利用动物身上的细胞或组织，培育出一些具有生物活性的器官或组织。生物性人造器官又分为异体人造器官和自体人造器官。

前两种人造器官和异体人造器官，移植后患者可能产生排斥反应，因此科学家最终的目标是让患者都能用上自体人造器官。

角膜移植

角膜是位于眼球最前面的一块半球形的透明组织，角膜移植是将患病的眼角膜组织切除，换上正常的眼角膜。目前，角膜移植是所有器官移植中成功率最高的一种。

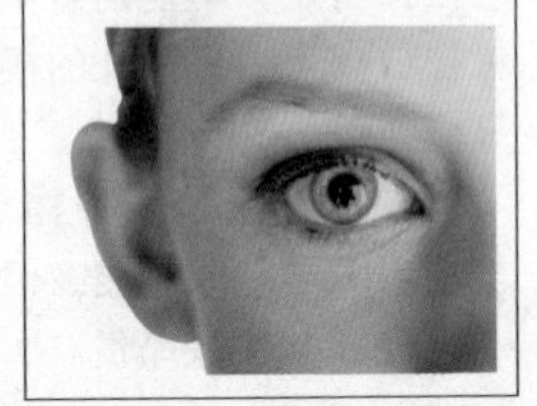

Part 7

环境篇

生命与环境

生态系统

茂密的森林

森林是陆地上生物总量最高的生态系统，其主要特点是生物种类繁多，群落结构复杂，种群的密度和结构能够长期稳定，在维持生物圈稳定、改善生态环境等方面起着重要作用。

生态系统是在一定的空间和时间范围内，在各种生物之间以及生物群落与其无机环境之间，通过能量流动和物质循环而相互作用的统一整体。

对任何一种生物来说，周围的环境都包括其他生物。例如，绿色植物吸取微生物释放在土壤中的营养元素，食草动物以绿色植物为食物，食肉动物又以食草动物为食物，各种动植物的残体则既是昆虫等小动物的食物，又是微生物的营养来源，微生物活动的结果又释放出植物生长所需要的营养物质。

生态系统的结构可以从两个方面理解。其一是形态结构，如生物种类、种群数量、种群的空间格局、种群的时间变化以及群落的垂直和水平结构等，形态结构与植物群落的结构特征相一致，外加土壤、大气中非生物成分以及消费者、分解者共同构成生态系统。其二为营养结构，它是以营养为纽带，把生物和非生物紧密结合起来，构成以生产者、消费者和分解者为中心的三大功能类群，它们与环境之间发生密切的物质循环和能量流动。

食物链与食物网

食物链指生态系统中不同生物之间主要围绕食物所发生的联系。例如，池塘中的藻类是水蚤的食物，水蚤又是鱼类的食物，鱼类又是人类和水鸟的食物。于是，藻类→水蚤→鱼类→人或水鸟之间便形成了一种食物链。食物链可分为捕食食物链、寄生食物链、腐生食物链等。食物链中的能量和营养素在不同生物间传递，能量在食物链的传递表现为单向传导、逐级递减的特点。食物链很少包括6个以上的物种，因为传递的能量每经过一阶段或一个食性层次就会减少一些。

食物网则指在同一生态系统中，各种食物链互相交错，形成复杂的营养关系，即食物网。在食物网中，同一消费者不只吃一种食物，如鸟既吃植物又吃昆虫；不同消费者可能吃同一种食物，如鹰和狼都将兔作为食物。

食物链

一个物种灭绝，会破坏生态系统平衡，引起其他物种数量的变化，因此食物链对环境有非常重要的影响。

【百科链接】

种群：

在一定空间范围内同时生活着的同种个体的集群。

生态平衡

生态平衡

生态平衡一旦遭到破坏（有些平衡甚至无法重建），带来的恶果可能是无法弥补的。因此人类要维护生态平衡，不要轻易去破坏它。

对一个系统而言，平衡是基本功能要求。生态系统中总是时刻不停地进行物质循环和能量交换，因此，系统内的各个因素都处于运动的状态。

如果一个生态系统的各个因素或成分在较长时间内保持相对协调的稳定状态，那么，该生态系统就处于稳定状态。也就是说，该系统中的生产者（绿色植物）、消费者（动物）和分解者（微生物）之间，或物质和能量的输入和输出之间，存在着相对平衡的关系，这就是我们通常所说的生态平衡。

衡量一个生态系统是否处于平衡状态，要考虑三个方面，即结构上的协调、功能上的和谐以及输出和输入物质数量上的平衡。一个生态系统具有了这三方面的平衡状态，就认为该系统处于生态平衡阶段。

如果一个生态系统受到的外界干扰、破坏超过了它本身的自动调节能力，该系统内的生物种类和数量就会发生变化，导致整个生态系统生产能力衰退，结构和功能失调，物质循环和能量交换受到阻碍，该系统的生态平衡即被破坏。

世界人口危机

人类已经在地球上生活了几百万年。在开始的岁月里，人口发展非常缓慢，公元初年时，全世界总人口只有2.7亿，1830年世界人口才达到10亿。从此以后人口开始猛增：1930年为20亿，1960年为30亿，1975年为40亿，1987年7月11日达到50亿。第二、三、四、五个10亿分别用了100年、30年、15年、13年。现在，世界上每秒增加2.5人，每天增加20多万人，每年增加8000万人。

【百科链接】

生态：

指生物在一定的自然环境下生存和发展的状态，也指生物的生理特性和生活习性。

随着人口的激增和消费水平的提高，人类对地球资源的需要量也越来越大。但是，地球环境的空间不会增加，资源的储量和再生能力有限。因此，人类对环境的压力与冲击就变得越来越大。

人口对环境的压力不仅表现在人口数量的增加上，还表现为人均消费水平的提高方面。人口增加和人均消费提高两者结合，对环境的冲击更为强烈。人口与环境的矛盾总是处在平衡与不平衡的动荡之中。人类无时无刻不对自然施加影响，或大或小地打破着原有的生态平衡，要求环境提供新的发展条件，以建立新的生态平衡。

拥挤的海滩

据联合国人口基金会统计，现在全世界总人口以每年8000万的速度增加。人类正面临着前所未有的人口压力。

无处不在的污染

大气污染
大气污染对人体的危害主要表现为呼吸道疾病；对植物可使其生理机制受抑制，生长不良，抗病抗虫能力减弱，甚至死亡。

大气污染

大气污染是指大气中的污染物浓度超过了环境质量标准，达到有害程度的现象。

大气污染物目前已知的有 100 多种。按其存在状态可分为两大类：一种是气溶胶状污染物，另一种是气体状污染物。气溶胶状污染物主要有粉尘、烟液滴、雾、降尘、飘尘、悬浮物等；气体状污染物主要有以二氧化硫为主的硫氧化合物，以二氧化氮为主的氮氧化合物，以二氧化碳为主的碳氧化合物以及碳、氢结合的碳氢化合物等。

大气污染对人体的危害主要表现为呼吸道疾病；对植物可使其生理机制受到抑制，生长不良，抗病虫能力减弱，甚至死亡。大气污染还能对气候产生不良影响，如降低空气能见度，减少太阳辐射而导致城市儿童佝偻病发病率提高等。酸雨的产生也和大气污染紧密相关。

水污染

人类的活动会产生大量的工业、农业和生活废弃物，这些废弃物排入水中，使水受到污染。目前，全世界每年约有 4200 多亿立方米的污水排入江河湖海，污染了 5.5 万亿立方米的淡水，这相当于全球径流总量的 14% 以上。

水污染有两类：一类是自然污染，另一类是人为污染。当前对水体危害较大的是人为污染。

目前，人们已意识到不能以破坏生态环境为代价来发展经济，我国已提出社会经济可持续发展和保护人民的身体健康的战略，采取了一系列措施来整治水污染。

土壤污染

人为活动产生的污染物进入土壤并积累到一定程度，引起土壤质量恶化，并进而造成农作物中某些指标超过国家标准的现象，称为土壤污染。

污染物进入土壤的途径是多种多样的：废气中含有的污染物质，特别是颗粒物，在重力

【百科链接】

粉尘：

悬浮在空气中的固体微粒。大气中的粉尘是地球能够保持温度的主要因素之一，但因工业生产等原因出现的粉尘则是人类健康的天敌，是多种疾病的主要诱因。

汞　又称水银，是唯一在常温下以液态存在的金属，常用于制造科学测量仪器，如气压计、温度计等。人吸入大量汞蒸气会导致中毒。

作用下沉降到地面渗入土壤；废水中携带大量污染物进入土壤；固体废物中的污染物直接进入土壤或其渗出液进入土壤。其中最主要的是污水灌溉带来的土壤污染。

土壤污染除导致土壤质量下降、农作物产量和品质下降外，更为严重的是土壤对污染物具有富集作用。一些毒性大的污染物，如汞、镉等富集到农作物果实中，人或牲畜食用后会中毒。

噪声污染

噪声污染是环境污染的一种，目前已经成为一大公害。

噪声对人的影响和危害跟噪声的强弱程度有直接关系。在建筑物中，为了减小噪声而采取的措施主要是隔声和吸声。隔声就是将声源隔离，防止声源产生的噪声向室内传播。吸声是声波经过材料表面时，部分能量被材料吸收的现象。

常用的吸声材料主要是多孔吸声材料，如玻璃棉、矿棉、膨胀珍珠岩、穿孔吸声板等。材料的吸声性能决定于它的粗糙性、柔性、多孔性等因素。另外，建筑物周围的草坪、树木等也都是很好的吸声材料。

噪声污染

噪声可损伤人的听力，并诱发多种疾病，干扰人们正常的工作和生活。特强的噪声还会对建筑结构、仪器设备构成威胁。

【百科链接】

场力：

仅由空间位置决定的力叫场力，场力是空间位置的函数，存在场力的空间叫力场。

电磁污染

电磁污染又称频谱污染或电噪音污染。它以电磁场的场力为特性，并和电磁波的性质、功率及频率等因素密切相关。

电磁辐射影响人体健康。微波对人体健康的危害最大，中长波最小。其生物效应，主要是机体把吸收的射频能转换为热能，形成由过热而引起的损伤。若长期生活在电磁辐射污染的环境中，会出现以乏力、记忆力减退为主的神经衰弱症候群和心悸、心前区疼痛、胸闷、易激动和月经紊乱等症状。

可采取如下措施防止电磁污染：在电磁场传递的途径中，安装屏蔽装置，使有害的电磁强度降低到容许范围内，这种装置为金属材料的封闭壳体，当交变电磁场传向金属壳体时，幅度衰减；使电磁污染源远离居民区；改进电气设备，在近场区采用电磁辐射吸性材料或装置，实行遥控和遥测，等等。

太空垃圾

太空垃圾的名目繁多：有已经寿终正寝，但仍在空间轨道上兜圈子的卫星、空间站等航天器；被遗弃的运载火箭推进器残骸；宇航员随处乱扔的垃圾；更多的则是极其微小的空间微粒，如航天器脱落的油漆颗粒等。

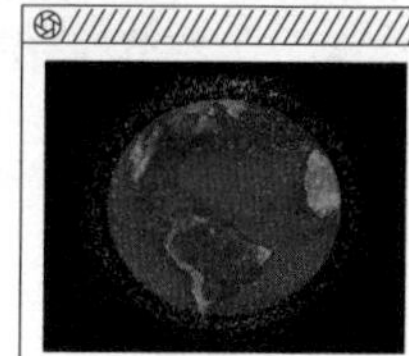

太空垃圾

太空垃圾在太空中发生碰撞的概率很小，但一旦撞上，造成的灾难就是毁灭性的，会对人类的航空事业构成严重的威胁。

不要小看这些太空垃圾，由于飞行速度极快（6000 米 / 秒 ~7000 米 / 秒），它们都蕴藏着巨大的杀伤力，若一块 10 克重的太空垃圾撞上卫星，卫星就会在瞬间被打穿或击毁。

这些垃圾就像高速公路上那些无人驾驶的汽车一样，你不知道它什么时候刹车，什么时候变线。它们是宇宙“交通事故”最大的潜在肇事者，对于宇航员和飞行器来说都是巨大的威胁。

淡水资源 由江河及湖泊中的水、高山积雪、冰川以及地下水等组成。我国的淡水资源总量仅占全球水资源的6%，处于世界第四位。

合理利用资源
环境监测

拯救地球

合理利用资源

合理利用资源是一门科学。人们为了应用方便，通常把资源归纳为八类：土地资源、淡水资源、矿产资源、能源资源、海洋资源、生物资源、大气资源、自然遗迹资源。

我国人口众多，人均资源相对短缺，科技水平不高，经济技术基础比较薄弱，保护生态环境面临的任务很艰巨。因此，在经济和社会发展中，我们必须努力做到以较少的投资和资源消耗获取较高的经济、社会效益，保护好环境。

保护和合理利用资源的工作，要按照"有序有偿、供需平衡、结构优化、集约高效"的要求来进行，以增强资源对经济社会可持续发展的保障能力。我们必须长期坚持保护和合理利用资源的方针，实行严格的资源管理制度，依靠科技进步，完善市场机制，推进资源利用方式的根本转变，处理好资源保护与经济发展的关系。要把节约资源放在首位，增强节约使用资源的观念，转变生产方式和消费方式，节约用地、节约用水、节约用油、节约用矿，节约各种自然资源。

环境监测

环境监测的基本目的是全面、及时、准确地掌握人类活动对环境影响的水平、效应及趋势。

环境监测是环境保护的基础性工作，具有涉及面广、专业性强和耗资大等特点。环境监测在监测污染物的同时，已扩展延伸为对生物、生态变化的大环境监测。环境监测机构按照规定的程序和有关标准、法规，全方位、多角度、连续地获得各种监测信息，实现信息的捕获、传递、解析、综合及控制。

环境监测

环境监测是环境保护工作的基础。通过环境监测，我们能够及时掌握污染物产生的原因和污染动向，提出防治污染的方法，进而制定保护环境的法规。

在我国，由国务院环境保护行政主管部门设置污染监测机构，制定统一的监测原则、程序和方法，组织监测网络，以开展环境监测工作，掌握和评价环境状况，为防治环境污染提供可靠的监测数据。

随着各项环境保护法律的实施，我国环境监测工作逐步开展和完善，在保护环境方面发挥着越来越重要的作用。

植树造林

为保护生态环境，我国高度重视植树造林工作，并把每年的3月12日定为植树节。

【百科链接】

可持续发展：

既满足当代人的需求，又不对后代人满足其需求的能力构成危害的发展方式。